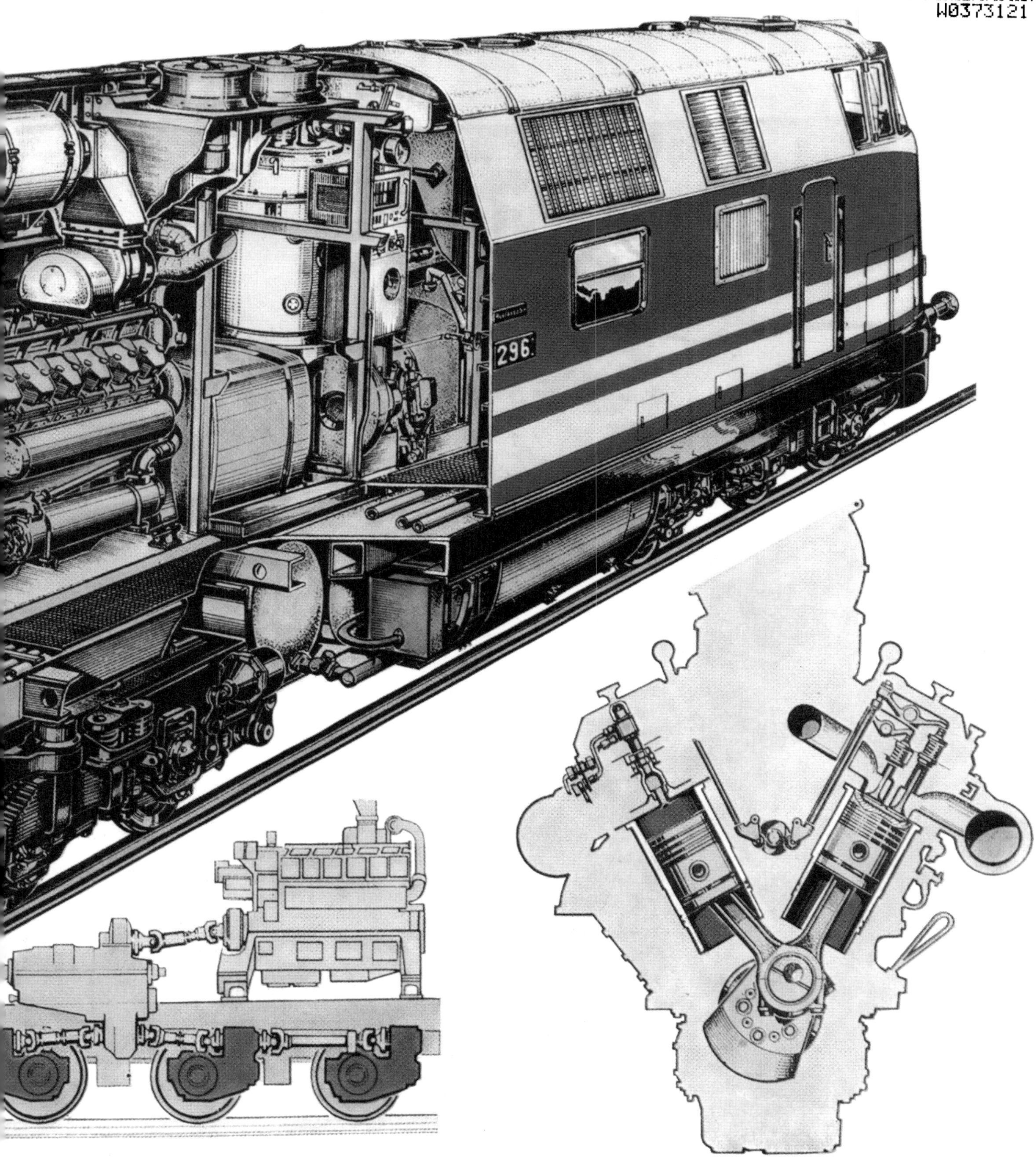
296

Schienenverkehr in der DDR Band I

Ausgewählte Beiträge aus den Eisenbahn-Jahrbüchern 1963 bis 1969

Herausgegeben von Horst Regling

Schienenverkehr in der DDR Band I

Herausgegeben von Horst Regling

transpress

Einbandgestaltung: Andreas Pflaum
Titelbild: Archiv der transpress

ISBN: 3-613-71156-7

Postfach 10 37 43, 70032 Stuttgart
Ein Unternehmen der Paul Pietsch Verlage GmbH+Co
2. Auflage 2002

Lektorat: Dirk Endisch, Steffen Wagner
Druck und Bindung: Fotolito LONGO Bozen
Printed in Italy

Inhalt

Vorwort

Beim transpress VEB Verlag für Verkehrswesen Berlin erschienen von 1963 bis 1985 in regelmäßiger Folge Eisenbahn-Jahrbücher. Sie sollten, wie der damalige Verkehrsminister Erwin Kramer in seinem Geleitwort zur ersten Ausgabe schrieb, »allen Eisenbahnern (...) politische, ökonomische und technische Eisenbahnprobleme (...) nahebringen und erläutern«. Damit wurde in den Führungsebenen der Deutschen Reichsbahn wohl auch ein propagandistischer Effekt für den größten und wichtigsten Verkehrsträger erwartet, zumal Publikationen des Verlages nicht nur im eigenen Land, sondern auch besonders im westlichen Ausland stets gefragt waren. Aus heutiger Sicht kann resümiert werden, dass die Mehrzahl der Autoren, die in den Jahrbüchern zu Wort kamen, und die Verlagslektoren weniger eine »Produktionspropaganda«, denn eine fachgerechte Darlegung von Sachproblemen im Auge hatten. Die Vielfalt der Themen bietet ein Bild des Eisenbahnbetriebes jener Jahre, in denen die Eisenbahner zunehmend an die Kapazitäten und Leistungsgrenzen gehende Anforderungen zu bewältigen hatten.
Eisenbahngeschichte erfreut sich nach wie vor eines regen Interesses. Der transpress-Verlag hat sich entschlossen, ausgewählte Beiträge aus den Jahrbüchern wieder zu publizieren und damit besonders der jüngeren Generation von Eisenbahnern und Eisenbahnfreunden nahe zu bringen. Dabei wird im Interesse der Vermittlung des Zeitkolorits auf eine Veränderung oder Interpretation der Texte verzichtet.
Das vorliegende Buch umfasst zunächst Artikel aus den Jahren 1963 bis 1969. Sie demonstrieren u. a. den begonnenen Wechsel von der Dampf- zur Dieseltraktion, die Elektrifizierung vorrangig im sächsischen Raum, den Auf- und Ausbau der Süd-Nordmagistrale im Zusammenhang mit dem Rostocker Überseehafen und die wachsenden Fährverkehre über die Ostsee.
Aktuelle Aufgaben im Güterverkehr waren die Bildung von Stückgut- und Wagenladungsknoten und die Einrichtung erster Containerzugrelationen. Im Reiseverkehr kamen Reko-Wagen zum Einsatz, auf Magistralen verkehrten erste Schnellverkehre. Ich hoffe, mit der getroffenen Auswahl den an der Historie der Reichsbahn zu DDR-Zeiten interessierten Lesern entgegen zu kommen.

Berlin-Köpenick im November 2000

Dr. Horst Regling

Verkehrspolitik

ZUM GELEIT

Mit der Herausgabe einer Jahrbuchserie über das Eisenbahnwesen, unserem größten und bedeutendsten Verkehrsträger, vervollständigt der Verlag in dankenswerter Weise seine bekannten und beliebten populärwissenschaftlichen Jahrbuchreihen über die Verkehrsträger.

Das Buch soll allen Eisenbahnern – gleich, in welchem Hauptdienstzweig der einzelne tätig ist – politische, ökonomische und technische Eisenbahnprobleme, von berufenen Autoren leicht verständlich geschrieben und anschaulich illustriert, nahebringen und erläutern.

Ferner bietet es dem Leser aus allen Bereichen der Volkswirtschaft Gelegenheit, sich über das eigene Fachgebiet hinaus Kenntnisse auf einem der führenden Zweige unserer Volkswirtschaft, dem Transportwesen, anzueignen und so das Allgemeinwissen zu vertiefen.

Das Programm der Sozialistischen Einheitspartei Deutschlands, das auf dem historischen VI. Parteitag im Januar 1963 beschlossen wurde, sieht eine Steigerung der Industrieproduktion bis 1970 auf 160% gegenüber 1963 vor. Dieser erhebliche Produktionsanstieg erfordert auch eine Leistungssteigerung der Eisenbahn besonders im Gütertransport unter optimaler Ausnutzung aller vorhandenen Kapazitäten.

Um diesen Anforderungen und seiner Verantwortung als führender Zweig der Volkswirtschaft gerecht werden zu können, ist eine umfassende sozialistische Rationalisierung notwendig. Eine wichtige Maßnahme dazu im Eisenbahnwesen ist die schrittweise Umstellung der Traktionsarten auf die elektrische und Dieselzugförderung.
Der Knotenpunktverkehr wird die Anzahl der Ladestellen verringern und die Voraussetzungen für eine komplexe Mechanisierung des Güterumschlages schaffen. Die erhöhte Streckenbelastung setzt wiederum eine verstärkte Erneuerung und Erhaltung des Gleisnetzes – vor allem der Magistralen – und eine Modernisierung der Signal- und Sicherungstechnik voraus. Die wachsende internationale sozialistische Arbeitsteilung und die auf den Prinzipien der friedlichen Koexistenz beruhende Politik des sozialistischen Weltwirtschaftssystems wirken sich auch auf den Warenaustausch zwischen den sozialistischen Staaten und den kapitalistischen Ländern aus, wodurch sich für die Eisenbahner der Deutschen Demokratischen Republik weitere große Aufgaben ergeben.

Mit ihren hervorragenden Arbeitsergebnissen in der Vergangenheit haben die Werktätigen des Transportwesens, besonders die Eisenbahner, vielfältig bewiesen, daß sie fest und unerschütterlich zu den Beschlüssen der Partei der Arbeiterklasse und der Regierung stehen.

Gestützt auf die große Kraft der Partei werden auch sie ihren Beitrag zum umfassenden Aufbau des Sozialismus in unserer Republik leisten.

Möge auf diesem Wege das „Eisenbahn-Jahrbuch" ein treuer Begleiter sein!

Dipl.-Ing. E. Kramer
Nationalpreisträger
Minister für Verkehrswesen der Deutschen Demokratischen Republik

Dipl. oec. HEINZ KLEINERT, Verdienter Eisenbahner, Direktor des Instituts für Verkehrsforschung, Berlin

Stellung und Entwicklungstendenzen der Deutschen Reichsbahn im einheitlichen sozialistischen Verkehrswesen der Deutschen Demokratischen Republik

Die Frage nach der Stellung und vor allem nach der Perspektive der Eisenbahn im Verkehrssystem eines Landes beschäftigt seit längerer Zeit gleichermaßen Verkehrspraktiker und Verkehrswissenschaftler. Das ist sowohl in den kapitalistischen als auch in den sozialistischen Ländern der Fall. Die Meinungen gehen dabei oft weit auseinander. Einige der Auffassungen besagen, daß die Eisenbahnen kaum noch eine entscheidende Rolle spielen werden, während andere davon sprechen, daß Eisenbahnen zwar auch in der Zukunft noch fahren werden, aber ihre Bedeutung gegenüber den übrigen Verkehrszweigen, auch den sich erst neu herausbildenden, wie zum Beispiel dem Rohrleitungstransport, sehr stark abnehmen wird. Schließlich gibt es die Meinung, daß die Eisenbahn, vor allem unter sozialistischen Produktionsverhältnissen, auch in der Zukunft eine wichtige Stellung im Verkehrssystem einnehmen wird.

Die Diskussionen begannen, als neben den Eisenbahnen, die einige Jahrzehnte lang gewissermaßen eine Monopolstellung im modernen Landverkehr hatten, der Kraftwagen aufkam. Damit entwickelte sich ein neues, ebenfalls leistungsstarkes und vor allem beförderungsschnelles Landtransportmittel, das – wenn auch in den einzelnen Ländern unterschiedlich schnell – sowohl im Güter- wie im Personenverkehr einen immer größeren Teil der Transportleistungen übernahm, und das unter bestimmten Bedingungen dem Eisenbahnverkehr wirtschaftlich überlegen ist.

Vor allem nach dem 2. Weltkrieg kam sowohl in den kapitalistischen als auch den sozialistischen Staaten der Luftverkehr, besonders für Personenbeförderungen über weite Entfernungen, immer stärker auf. Er übernahm Beförderungen, die früher allein dem Seeschiff oder der Eisenbahn vorbehalten waren.

Betrachtet man die Anteile der Verkehrszweige an der beförderten Gesamtgütermenge, so kann man feststellen, daß es sich im Binnenverkehr eines Landes, so in der Deutschen Demokratischen Republik, vorwiegend um Beförderungen auf der Schiene und auf der Straße handelt. Damit bezieht sich die eingangs gestellte Frage für die Eisenbahnen insbesondere auf die Gestaltung und die weitere Entwicklung des Verhältnisses von Schiene und Straße.

Die Art, wie diese Problematik in den verschiedenen Ländern gesehen und behandelt wird, ist entscheidend von den jeweils herrschenden gesellschaftlichen Verhältnissen abhängig.

In den kapitalistischen Staaten werden alle Transporte unter den Bedingungen eines sich ständig verschärfenden Konkurrenzkampfes zwischen den Verkehrszweigen, vor allem zwischen der Eisenbahn und dem Kraftverkehr, durchgeführt. Nicht die gesellschaftlich günstigste, sondern eine den Verkehrszweigen höchsten Profit sichernde Transportabwicklung ist vorherrschend. Sie kann nur durch verschärfte Ausbeutungsmethoden sowohl bei der Eisenbahn als auch bei den anderen Verkehrszweigen erreicht werden und geht zu Lasten der besonders im Verkehrswesen unbedingt erforderlichen Sicherheit. Zwar wird offiziell immer wieder betont, daß sich die Arbeitsteilung im Verkehrswesen und die Entwicklung der Verkehrszweige entsprechend den Interessen der Öffentlichkeit und der Eignung der einzel-

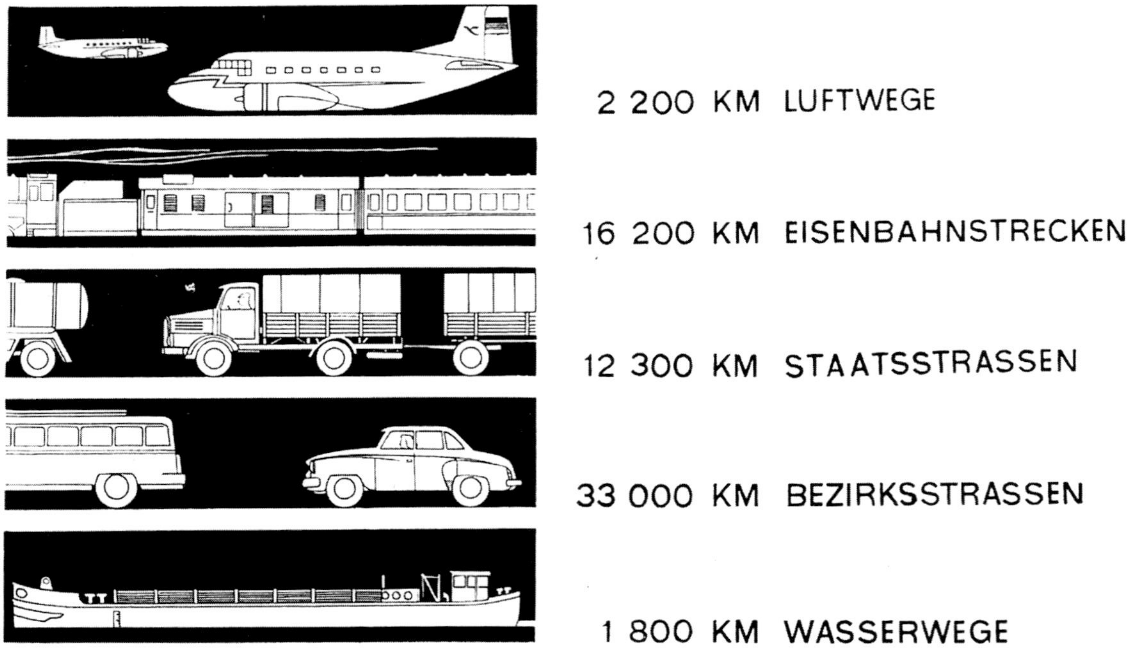

1

1 Das Verkehrsnetz der Deutschen Demokratischen Republik

2 Anteile der Verkehrszweige am Güterverkehr (ohne Seeverkehr, aber einschließlich Werkverkehr)

3 Anteile der Verkehrszweige am Personenverkehr (ohne kommunale Verkehrsbetriebe, Taxibetriebe und zivile Luftfahrt, aber einschließlich Berliner S-Bahn)

nen Transportmittel vollziehen. Tatsächlich aber kann auf Grund der staatsmonopolistischen und privatkapitalistischen Eigentumsverhältnisse an den Transportmitteln und -anlagen keinesfalls von einer Koordinierung oder gar Planung der Verkehrsentwicklung auf der Schiene, der Straße, dem Wasser und in der Luft gesprochen werden. Völlig anders liegen dagegen die Bedingungen unter sozialistischen Produktionsverhältnissen, denen jede Konkurrenz zwischen den Verkehrszweigen fremd ist, und die im volkswirtschaftlichen Gesamtinteresse jedem Verkehrszweig die Aufgaben zuweisen, für die er sich zur rationellsten Abwicklung aller Transportbedürfnisse technisch-ökonomisch am besten eignet.

Das Verkehrswesen der Deutschen Demokratischen Republik

Jede moderne, auf Arbeitsteilung aufgebaute Gesellschaft bedarf zur Befriedigung der sich daraus ergebenden Transportbeziehungen eines Verkehrswesens, das technisch und organisatorisch um so entwickelter und leistungsfähiger sein muß, je weiter sowohl in räumlicher als auch in produktionsmäßiger Hinsicht die Arbeitsteilung vorangeschritten ist.

Die Deutsche Demokratische Republik gehört zu den wirtschaftlich am weitesten entwickelten Ländern der Welt. In ihr ist die regionale Gliederung des gesellschaftlichen Reproduktionsprozesses auf Grund der politischen und ökonomischen Entwicklung sowie der gegebenen geographischen Bedingungen besonders groß. Auf einem Staatsgebiet von fast 108 000 Quadratkilometern mit einer Bevölkerung von 17,2 Millionen, was einer Bevölkerungsdichte von 159 Einwohnern je km^2 entspricht, wird ein jährliches Bruttoprodukt von über 135 Milliarden DM erzeugt. Dem räumlichen Austausch dieses Produktes sowie der Befriedigung der ständig wachsenden Reisebedürfnisse der Bevölkerung dient ein Netz von Eisenbahnlinien, Straßen, Wasserwegen und Luftverkehrsverbindungen, das mit zu den dichtesten in Europa, ja, der Welt überhaupt, zählt.

Das Eisenbahnnetz umfaßt rund 16 200 km, davon über 7300 km Hauptbahnen. Das Netz der Staatsstraßen (einschließlich der Autobahnen) ist 12 300 km lang. Dazu kommen über 33 000 km Bezirksstraßen. Die schiffbaren Flüsse und Kanäle besitzen zusammen eine Länge von etwas mehr als 1800 km. Die Luftwege für den zivilen Verkehr über dem Territorium der Deutschen Demokratischen Republik sind rund 2200 km lang.

Aus diesen Angaben kann man schlußfolgern, daß das Verkehrsnetz der Deutschen Demokratischen Republik auch in der Perspektive den Anforderungen entsprechen wird, und demzufolge kaum größere Veränderungen erforderlich sein werden. Das schließt nicht aus, daß durch die zu erwartende rasche Zunahme das Straßenverkehrs, insbesondere desjenigen mit nichtöffentlichen Fahrzeugen, das Autobahnnetz erweitert und vervollständigt wird. Vor allem im Norden der Republik, in dem gegenwärtig das gesamte Verkehrsnetz noch relativ weitmaschig ist, können im Zusammenhang mit der stärkeren industriellen Erschließung neue Straßen, eventuell auch neue Eisenbahnstrecken, erforderlich werden. Das Schwergewicht der Rekonstruktion des Verkehrsnetzes der Deutschen Demokratischen Republik liegt jedoch in der Erhöhung der Leistungsfähigkeit für den zu erwartenden künftigen Verkehrsumfang und der Anpassung an die technische Entwicklung der Transportmittel in den kommenden Jahrzehnten.

Das Verkehrsnetz der Deutschen Demokratischen Republik ist nicht nur von nationaler Bedeutung. Auf Grund ihrer zentralen Lage in Mitteleuropa führen wichtige internationale Verkehrswege auf der Schiene, der Straße und auch in der Luft über das Territorium der Deutschen Demokratischen Republik. Diese Transitstrecken und -straßen bedürfen einer besonderen Pflege und Unterhaltung.

Die sich immer enger gestaltenden wirtschaftlichen Beziehungen der im Rat für Gegenseitige Wirtschaftshilfe zusammengeschlossenen sozialistischen Staaten bestimmen die Verkehrsverbindungen zwischen diesen Ländern, die zwar heute noch vorwiegend auf der Schiene und über See, aber auch schon in zunehmendem Maße für leichtverderbliche und hochempfindliche Güter über die Straße durchgeführt werden.

Daraus ist die große Bedeutung und die Rolle zu erkennen, die das Verkehrswesen der Deutschen Demokratischen Republik an einem entscheidenden Grenzabschnitt der beiden Weltsysteme für die Festigung der politischen und ökonomischen Grundlagen unserer Arbeiter-und-Bauern-Macht und zur wirtschaftlichen Stärkung des gesamten sozialistischen Lagers spielt.

Diese Aufgaben im nationalen und im internationalen Maßstab erfordern ein zentral geleitetes, gut koordiniertes, leistungsfähiges und rationell arbeitendes modernes Verkehrswesen, das jederzeit den ihm gestellten politischen, wirtschaftlichen und kulturellen Anforderungen voll gerecht wird und seinerseits fördernd auf die Entwicklung der Gesamtwirtschaft einwirkt.

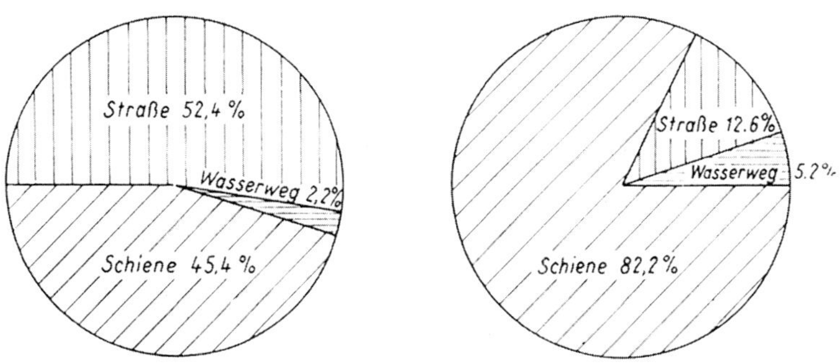

Gütermenge in t — Gütertransportleistung in tkm

2

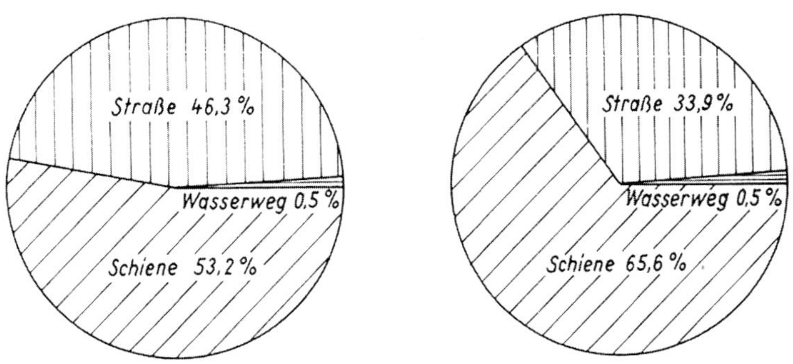

Personen — Personenbeförderungsleistung in Pkm

3

1961 wurden in der Deutschen Demokratischen Republik 547 Millionen Tonnen Güter (ohne Seeschiffahrt) befördert. Die Gütertransportleistung betrug 42,2 Milliarden Tonnenkilometer.

Im gleichen Jahre wurden fast 1,6 Milliarden Personen bei einer Beförderungsleistung von über 29,6 Milliarden Personenkilometern befördert.

Diese vom Verkehrswesen durchgeführte Transportarbeit stellt rund 4,8% des in der Deutschen Demokratischen Republik erzeugten gesellschaftlichen Gesamtprodukts dar.

Aber nicht nur der wertmäßige Umfang der jährlich durchzuführenden Transportleistungen charakterisiert das Verkehrswesen der Deutschen Demokratischen Republik. Kennzeichnend ist weiterhin der beachtliche Verbrauch von Transportmitteln, Ausrüstungen, Mechanismen, Energie und Baumaterialien verschiedener Art und der Bedarf an hochqualifizierten Arbeitern, Ingenieuren, Wirtschaftlern und anderen Kategorien von Beschäftigten.

Das Verkehrswesen erzeugt keine neuen stofflichen Produkte. Es führt in Fortsetzung des Produktionsprozesses die in Industrie und Landwirtschaft erzeugten Güter ihren Verbrauchern zu, verändert sie also nur in ihrem örtlichen Dasein. Daher muß angestrebt werden, den Transportbedarf der Volkswirtschaft möglichst niedrig zu halten sowie die gesellschaftlich notwendigen Transporte mit höchster Produktivität und niedrigstem Aufwand an vergegenständlichter und lebendiger Arbeit durchzuführen, ohne daß dabei die Qualität der Transportdurchführung (Sicherheit, Schnelligkeit, Pünktlichkeit) eingeschränkt, sondern im Gegenteil ständig weiter verbessert wird.

Das ist nur möglich, wenn zwischen den Verkehrszweigen eine optimale Aufgabenteilung und Kooperation erreicht wird. Dazu besteht in der Deutschen Demokratischen Republik auf Grund des sozialistischen Eigentums an den Transportmitteln und -anlagen im Gegensatz zu Westdeutschland, wo die monopol-kapitalistischen Besitzverhältnisse im Verkehrswesen bestimmend sind, die reale Möglichkeit, ja sogar die Notwendigkeit einer planmäßigen Koordinierung und komplexen Planung der Verkehrszweige. Das sind die wichtigsten Grundlagen für ein einheitliches sozialistisches Verkehrswesen, die in ihm die Vorteile der sozialistischen Ökonomik voll wirksam werden lassen. Dieses Ziel zu erreichen ist eine der Hauptaufgaben der Verkehrspolitik der Deutschen Demokratischen Republik.

Unter diesen Bedingungen erhält in der Deutschen Demokratischen Republik die Eisenbahn in ihrer mehr als 125jährigen Geschichte erstmalig die Möglichkeit, diejenige Stellung im Transportsystem einzunehmen, die ihr auf Grund ihrer technisch-ökonomischen Eigenschaften zukommt.

Dabei darf nicht außer acht gelassen werden, daß die Eisenbahnen in den meisten sozialistischen Staaten – auch in der Deutschen Demokratischen Republik – gegenwärtig noch immer mit Aufgaben belastet sind, die aus der Zeit der kapitalistischen Konkurrenz stammen und nicht schlagartig abgegeben werden konnten. Daß das jedoch geschieht, ist im Interesse eines in seiner Gesamtheit volkswirtschaftlich zweckmäßig und mit hohem ökonomischem Wirkungsgrad arbeitenden sozialistischen Verkehrssystems unbedingt erforderlich.

4 Die Zusammenarbeit der einzelnen Verkehrszweige ist besonders augenfällig im neuen Rostocker Überseehafen

Die Eisenbahn im Verkehrssystem der Deutschen Demokratischen Republik

Die Eisenbahn nimmt im Verkehrswesen der Deutschen Demokratischen Republik einen hervorragenden Platz ein. Sie ist der Hauptträger aller Transportleistungen sowohl im Güter- als auch im Personenverkehr. Mit ihrem außerordentlich dichten Streckennetz von 14,9 km/100 km^2, das zu den dichtesten Eisenbahnnetzen zählt, stellt sie nicht nur das wichtigste materielle Bindeglied zwischen Industrie, Landwirtschaft und Handel sowie von Stadt und Land dar, sondern unterstützt auch gleichzeitig aktiv den sozialistischen Aufbau im gesamten politischen, wirtschaftlichen und kulturellen Leben der Deutschen Demokratischen Republik.

Charakteristisch für das Eisenbahnnetz der Deutschen Demokratischen Republik ist die strahlenförmige Anordnung der Magistralen und der übrigen wichtigen Strecken, ausgehend von der Hauptstadt Berlin, die mit ihren weitverzweigten Eisenbahnanlagen und dem seit 1961 vollständig zweigleisig ausgebauten Berliner Außenring gleichzeitig den größten Eisenbahnknoten der Deutschen Demokratischen Republik darstellt. Diese Netzstruktur wiederholt sich bei weiteren wichtigen Knoten wie Leipzig, Halle (Saale), Magdeburg, Karl-Marx-Stadt, Erfurt und verleiht dem gesamten Netz die Form von Bienenwaben.

Dieses Netz umfaßt nicht nur leistungsstarke Strecken für den Binnenverkehr, sondern stellt in seinen Hauptverbindungen auch ein ausgesprochenes Transitnetz dar. Der Durchgangsverkehr wickelt sich besonders zwischen Ost- und Westeuropa ab. Seit der Spaltung Deutschlands in zwei selbständige deutsche Staaten nimmt auch die Nord-Süd-Relation ständig mehr an Bedeutung zu.

Das Gerippe des Eisenbahnnetzes bilden die Magistralen

Berlin – $\frac{\text{Halle}}{\text{Leipzig}}$ – Erfurt

Berlin – Dresden – Bad Schandau

Berlin – Magdeburg – Marienborn

Berlin – Frankfurt (Oder)

Berlin – Neustrelitz – $\frac{\text{Stralsund}}{\text{Lalendorf – Rostock}}$;

das sind hochleistungsfähige Strecken von nationaler und internationaler Bedeutung. Zu ihnen gehören auch die meisten Transitstrecken durch die Deutsche Demokratische Republik; die wichtigsten sind:

a) (Stockholm) – Saßnitz Hafen – Berlin – Bad Schandau – (Budapest)
b) (Stockholm) – Saßnitz Hafen – Herrnburg – (Lübeck)
c) (Stockholm) – Saßnitz Hafen – Berlin – Erfurt – Gerstungen – (Bebra)
d) (Hamburg) – Berlin – Bad Schandau – (Budapest)
e) Frankfurt (Oder) – Berlin – $\frac{\text{Marienborn}}{\text{Oebisfelde}}$ – (Hannover)

Über diese Strecken gehen auch die meisten TEEM-Verbindungen durch die Deutsche Demokratische Republik.

Der Haupteisenbahnknoten des Transitnetzes ist der Bahnhof Seddin, südwestlich von Berlin.

1961 wurden auf den Schienensträngen der Deutschen Demokratischen Republik fast 249 Millionen Tonnen Güter mit einer Leistung von 34,7 Milliarden tkm befördert. 830 Millionen Personen benutzten für ihre Fahrten zur und von der Arbeitsstätte, für Geschäfts- und Urlaubsreisen sowie andere Zwecke die Eisenbahn, wobei über 19,5 Milliarden Pkm geleistet wurden. Über 3 Millionen Güterzüge und rund 3,6 Millionen Reisezüge waren hierfür im Einsatz. An einem Tag wurden Entfernungen zurückgelegt, die einer fünfzehnfachen Reise um die Erde am Äquator entsprechen. Die hervorragenden Leistungen der Eisenbahner werden noch deutlicher, wenn man die Auslastung des Streckennetzes betrachtet. Sie liegt nicht nur um mehr als 75% über den Vorkriegswerten, sie ist auch mit über 7 Millionen Bruttotkm/km die höchste in Europa und übertrifft die der westdeutschen Bundesbahn um 10%. Von großer Bedeutung für die Erhöhung der Leistungsfähigkeit, vor allem der verkehrlich wichtigsten und am stärksten belegten Strecken, ist ihre Umstellung auf elektrischen Betrieb. Bis Ende 1961 wurden im südlichen Raum der Deutschen Demokratischen Republik rund 400 km elektrifiziert.

Diese Leistungen waren nur möglich durch die sozialistischen Methoden der Leitung und Organisation des Eisenbahnbetriebes, die seit 1945 ständig verbessert wurden, sowie durch die breite Entfaltung

Die Eisenbahntransportleistungen von 1950 bis 1961[1])

Jahr	Güterverkehr		Personenverkehr	
	Menge in Mill. t	Leistung in Mill. tkm	Menge in Mill. Personen	Leistung in Mill. Pkm
1950	128	15 064	954	18 576
1951	153	17 291	1 006	19 527
1952	158	19 077	1 056	20 801
1953	182	22 112	997	20 529
1954	191	23 182	1 008	22 632
1955	207	25 222	1 016	22 905
1956	210	27 334	1 022	22 560
1957	220	28 635	1 011	22 785
1958	227	30 101	980	21 399
1959	229	31 648	958	21 388
1960	237	32 860	943	21 288
1961	249	34 733	830	19 540

1) aus: Statistisches Jahrbuch der Deutschen Demokratischen Republik 1960/61

der Initiative der Eisenbahner zur Leitung ihres Betriebes und zur Erfüllung der von Jahr zu Jahr ständig angestiegenen Transportaufgaben.

Die Deutsche Reichsbahn – Träger des öffentlichen Eisenbahnverkehrs in der Deutschen Demokratischen Republik

Die Durchführung des gesamten öffentlichen Eisenbahnverkehrs in der Deutschen Demokratischen Republik liegt in den Händen der Deutschen Reichsbahn. Sie ist, wie es in der „Anordnung über das Statut der Deutschen Reichsbahn" vom 19. November 1960 heißt, ein einheitliches, zentral geleitetes, nach dem Prinzip der wirtschaftlichen Rechnungsführung arbeitendes staatliches Verkehrsunternehmen und als Ganzes juristische Person. Das von ihr verwaltete Vermögen ist staatliches Eigentum. Hervorgegangen aus einst privat-, später staatskapitalistischen Eisenbahnen, wurde die Deutsche Reichsbahn zur Eisenbahn des von Imperialismus und Faschismus befreiten Volkes. Mit rund 300 000 Beschäftigten ist die Deutsche Reichsbahn der weitaus größte Betrieb der Republik. Als einziges Eisenbahnunternehmen der Deutschen Demokratischen Republik verkörpert es gleichzeitig das Eisenbahnwesen als Zweig unserer sozialistischen Volkswirtschaft. Die Größe, die räumliche Ausdehnung über das gesamte Staatsgebiet und die Eigenart der Transportproduktion stellen besondere Anforderungen an die Leitung und Organisation eines solchen Betriebes.

Die Deutsche Reichsbahn umfaßt die Bereiche

Eisenbahntransport,
Fahrzeugausbesserung
und Eisenbahnbau.

Entsprechend dem technologischen Prozeß der Transportabwicklung ist der Bereich Eisenbahntransport in die Hauptdienstzweige Betriebs- und Verkehrsdienst, Maschinenwirtschaft, Wagenwirtschaft, Bahnanlagen sowie Sicherungs- und Fernmeldewesen untergliedert. Die unmittelbare Leitung und Organisierung der Transportabwicklung sowie die Erhaltung und Unterhaltung der Transportmittel und -anlagen erfolgt durch die oder in den örtlichen Dienststellen der Deutschen Reichsbahn. Das sind im wesentlichen die Bahnhöfe, Bahnbetriebswerke, Bahnbetriebswagenwerke, Bahnmeistereien, Hochbau-

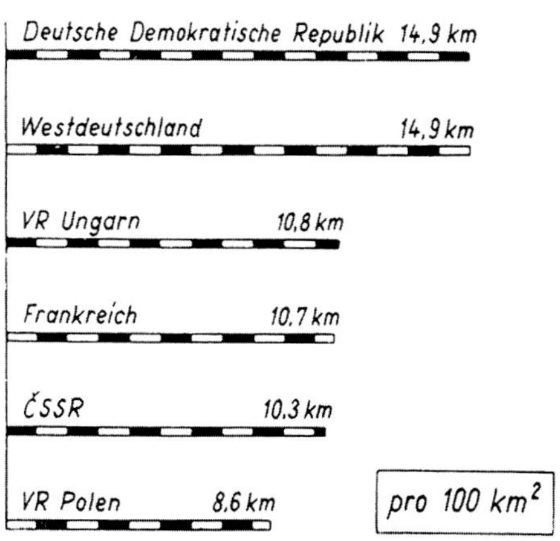

5

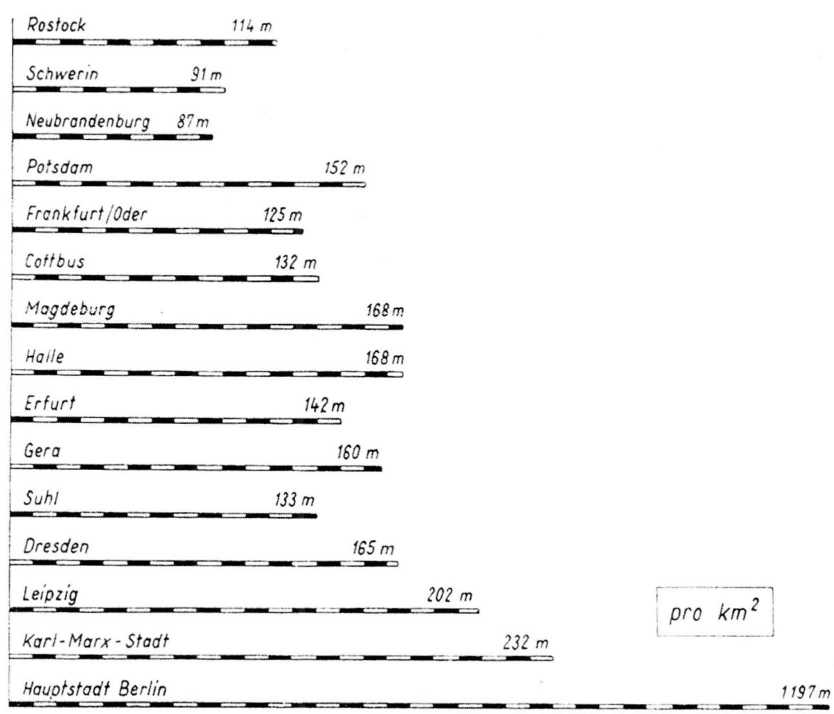

6

5 *Die Netzdichte einiger europäischer Eisenbahnen*

6 *Die Netzdichte der Deutschen Reichsbahn in den Bezirken der Deutschen Demokratischen Republik*

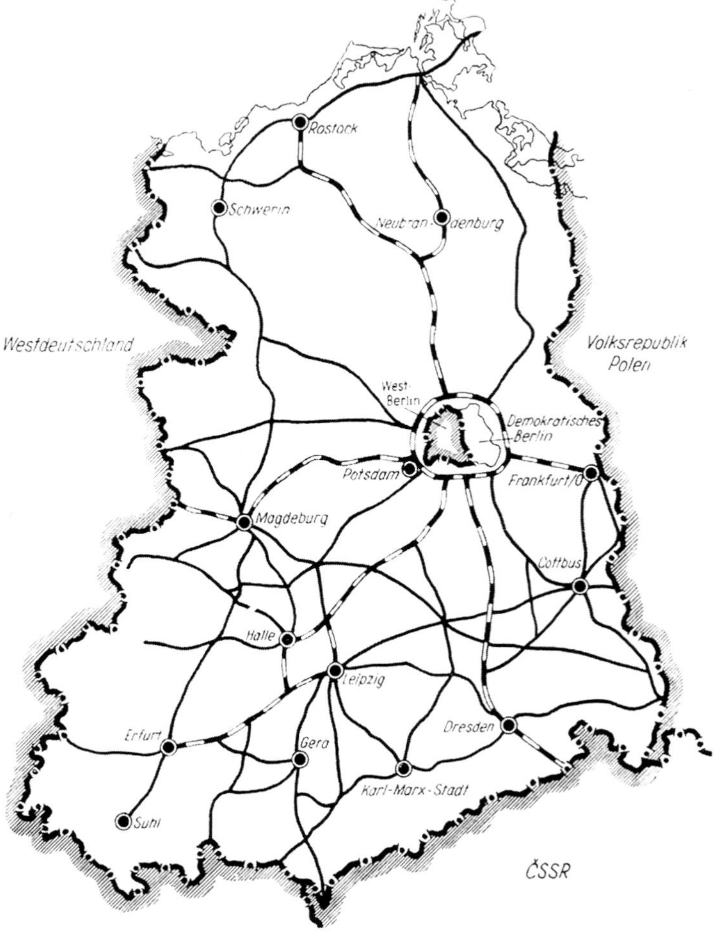

7

meistereien, Brückenmeistereien, Fahrleitungsmeistereien, Starkstrommeistereien sowie die Sicherungs- und Fernmeldemeistereien.

Die einheitliche Aufgabenstellung für die Deutsche Reichsbahn in ihrer Gesamtheit erfordert eine gut organisierte und einwandfrei funktionierende Leitung aller örtlichen Dienststellen. Ohne sie wäre keine pünktliche und störungsfreie Erfüllung der Transportaufgaben möglich. Dazu dienen die zentralen Leitungsorgane im Ministerium für Verkehrswesen (Hauptverwaltungen der Deutschen Reichsbahn für die Hauptdienstzweige und die zentralen Abteilungen). Da diese aber nicht unmittelbar auf die rund 3000 örtlichen Dienststellen des Bereichs Eisenbahntransport einwirken können, bedienen sie sich regionaler Zwischenleitungsorgane. Das sind die nach Hauptdienstzweigen gegliederten Reichsbahndirektionen und weiterhin die zum Betriebs- und Verkehrsdienst gehörenden Reichsbahnämter.

Zur Leitung, Lenkung und Koordinierung des operativen Betriebsdienstes, des operativen Lokeinsatzes und der Güterwagenregulierung wurde der Dispatcherdienst geschaffen. Sein Aufbau und seine Arbeitsweise entsprechen den neuen sozialistischen Leitungsmethoden, mit deren Hilfe die Eisenbahner in der Lage waren und sind, althergebrachte Auffassungen über die Leistungsfähigkeit der Deutschen Reichsbahn zu beseitigen und immer neue Leistungssteigerungen zu erreichen. Die Organe des Dispatcherdienstes sind ebenfalls nach regionalen Gesichtspunkten gegliedert. Die Hauptdispatcherleitung ist für den Gesamtbetrieb, die Oberdispatcherleitungen sind für die Reichsbahndirektionsbezirke und die Dispatcherleitungen für die Reichsbahnamtsbezirke verantwortlich. Auf größeren Bahnhöfen bestehen Bahnhofsdispatcherleitungen.

Zu den sozialistischen Leitungsmethoden der Deutschen Reichsbahn gehört weiterhin das Vier-Brigade-System, das im operativen Betriebs-, Lokfahr- und Wagendienst sowie im örtlichen Dienst der Triebfahrzeugbestellung eingeführt wurde. Danach geschieht die Ablösung der Schichtbrigaden auf allen Bahnhöfen der Deutschen Demokratischen Republik gleichzeitig, was wesentlich zur Senkung der früher bei der Dienstübergabe entstandenen Ausfallzeiten beigetragen hat. Durch das Vorhandensein fester Stammbrigaden wird die einheitliche Kommandogewalt im gesamten Betriebsdienst der Deutschen Reichsbahn voll wirksam.

Die sozialistische Leitungstätigkeit muß nicht zuletzt dazu dienen, immer engere Beziehungen zwischen der Deutschen Reichsbahn und den anderen Verkehrszweigen, der Industrie, der Landwirtschaft und dem Handel sowie den örtlichen und zentralen Organen der Staatsmacht herzustellen.

Schließlich kommt es darauf an, die Transportverordnung (TVO) als Leitungsinstrument zur Koordinierung der Transportaufgaben und Verbesserung der Zusammenarbeit aller an der Güterbeförderung Beteiligten zur vollen Wirkung zu bringen und mit Hilfe einer engen

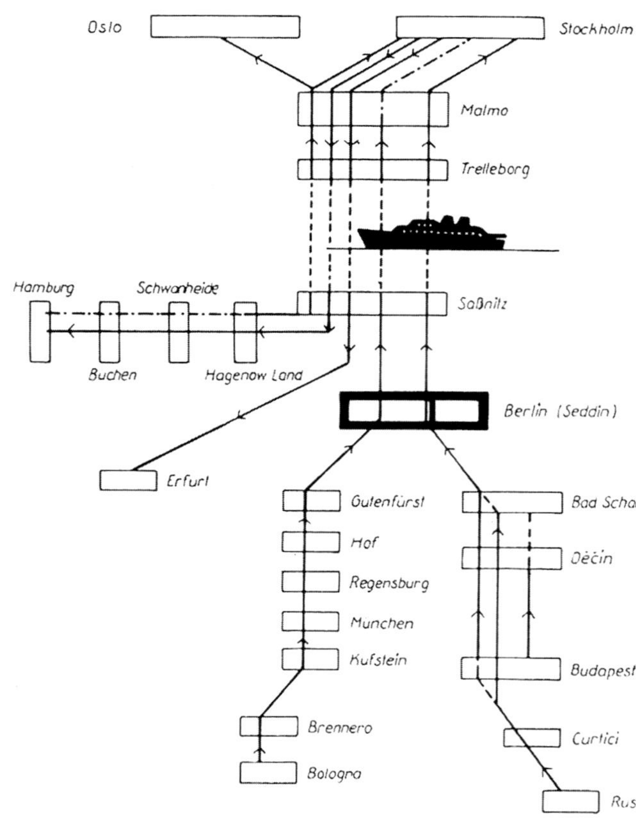

8

9

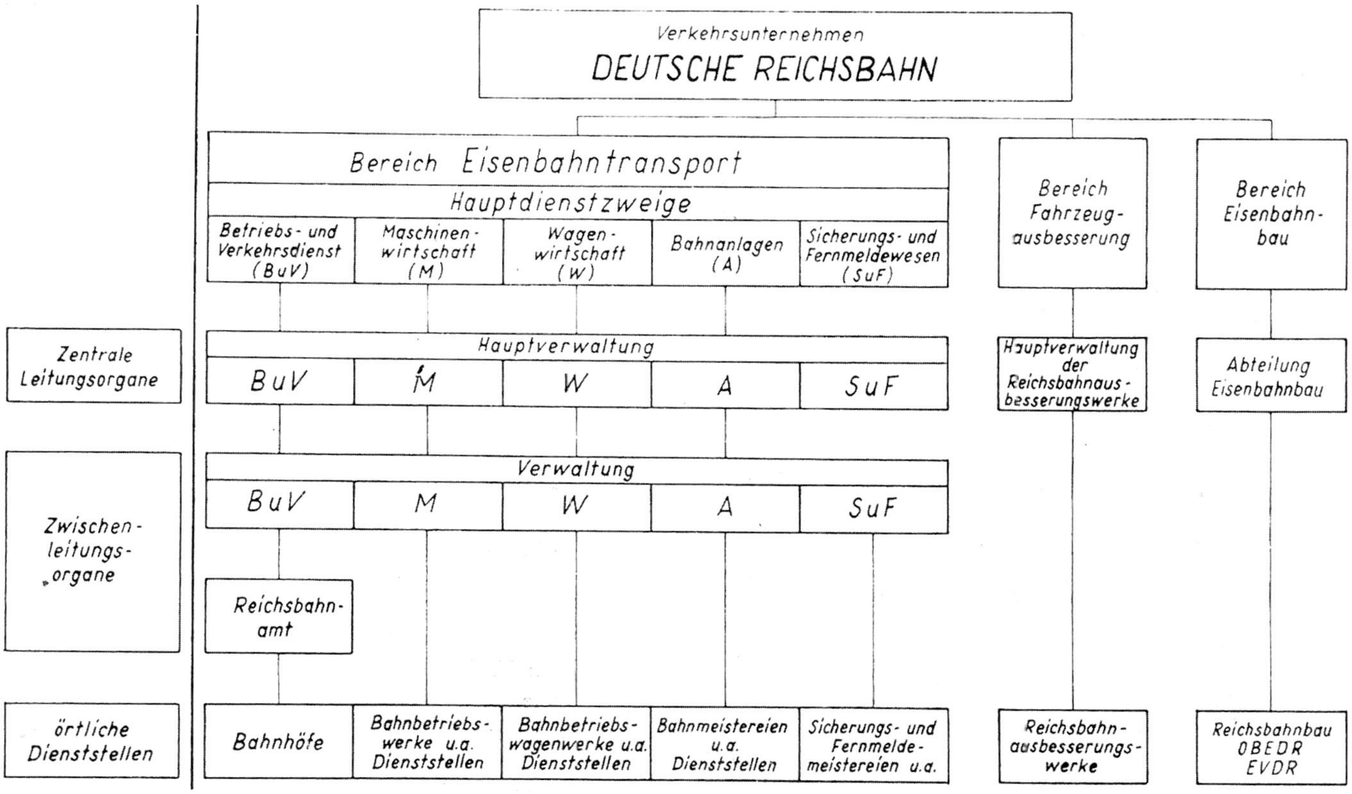

7 *Das Netz der Magistralen und wichtigsten Hauptstrecken mit den Bezirksstädten*

8 *Die TEEM-Verbindungen durch die Deutsche Demokratische Republik*

9 *Die Struktur der Deutschen Reichsbahn*

sozialistischen Gemeinschaftsarbeit alle dem Transport dienenden Reserven zu erschließen.

Der Deutschen Reichsbahn, aber auch den anderen Verkehrszweigen, werden in den nächsten Jahren nur in sehr geringem Umfang zusätzliche Transportkapazitäten zur Verfügung stehen. Das erfordert die Beseitigung aller volkswirtschaftlich nicht notwendigen und gegenläufigen Transporte. Weiterhin ist die gemeinsame Organisierung des durchgehenden kombinierten Verkehrs, vor allem zwischen der Eisenbahn und dem Kraftverkehr, und die radikale Verkürzung der unproduktiven Standzeiten während der Entladung notwendig.

Deshalb orientiert sich die Leitungstätigkeit in allen Ebenen und Dienstzweigen der Deutschen Reichsbahn insbesondere auf die volle Nutzung der vielfältigen schöpferischen Initiative, der Erfahrungen und Vorschläge der Eisenbahner, die täglich beweisen, daß die von der Partei der Arbeiterklasse und der Regierung der Deutschen Demokratischen Republik an ihre Einsatzbereitschaft, Ordnung und Disziplin gestellten Erwartungen zur Erreichung immer besserer betrieblicher Arbeitsergebnisse voll erfüllt werden.

Zur Deutschen Reichsbahn gehören weiterhin

im Bereich Fahrzeugausbesserung

die Reichsbahnausbesserungswerke zur Erhaltung der Transportmittel sowie der Geräte und Mechanismen des Güterumschlags und der Streckenunterhaltung,

im Bereich Eisenbahnbau

die Zentrale und die Betriebe des Reichsbahnbaus

die Oberste Bauleitung für die Elektrifizierung der Deutschen Reichsbahn und

das Entwurfs- und Vermessungsbüro der Deutschen Reichsbahn sowie zentrale Dienststellen für die Bereiche der Forschung und Entwicklung, der Qualifizierung der Eisenbahner, der Abwicklung bestimmter Verwaltungstätigkeiten und für weitere zentrale Aufgaben.

Das staatliche Verkehrsunternehmen Deutsche Reichsbahn arbeitet wie alle volkseigenen Betriebe nach dem Prinzip der wirtschaftlichen Rechnungsführung. Für den Bereich Eisenbahntransport trifft das nur in seiner Gesamtheit zu, da die Erlöse aus diesem Bereich nur zentral den hierfür erforderlichen Aufwendungen gegenübergestellt und damit auch nur zentral die Rentabilität und der Nutzeffekt der Eisenbahntransportleistungen ermittelt werden können.

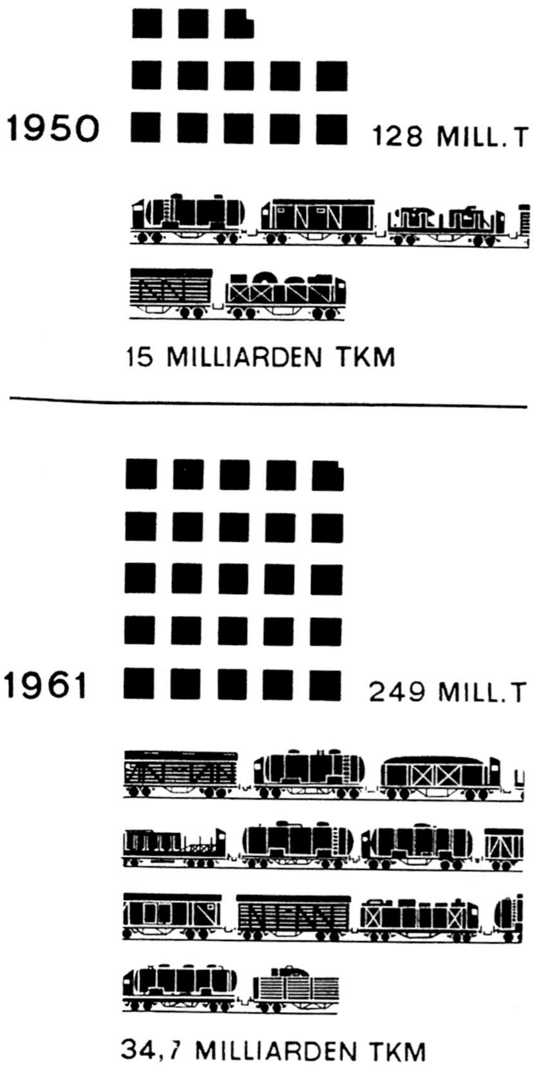

10 Die Transportleistungen im Güterverkehr der Deutschen Reichsbahn von 1950 bis 1961
oben: Gütermenge
unten: Gütertransportleistung

11 Diese Abbildung vermittelt einen Überblick über die Hauptgüterströme in der Deutschen Demokratischen Republik

Die Perspektive des Eisenbahnwesens der Deutschen Demokratischen Republik

Die Eisenbahn spielt gegenwärtig eine entscheidende Rolle im System der sozialistischen Volkswirtschaft der Deutschen Demokratischen Republik und ist daraus nicht wegzudenken.

Wird das auch weiterhin so sein? Diese Frage muß für die Perspektive unbedingt bejaht werden. Im sozialistischen Verkehrssystem der Zukunft wird auch die Eisenbahn eine hervorragende Bedeutung haben. Sie wird für die jetzt überblickbare Zeit in der Deutschen Demokratischen Republik weiterhin der Hauptträger der Transportleistungen bleiben.

Auf Grund der Veränderungen im Produktionsprofil der Deutschen Demokratischen Republik, der immer stärkeren Spezialisierung und Kooperation der Produktion im Rahmen der Mitgliedsländer des Rates für Gegenseitige Wirtschaftshilfe sowie der wirtschaftlichen Verwertung der Rohstoffe und der Primärenergie wird allerdings ein Strukturwandel der zu befördernden Güter eintreten. Der Anteil der transportraumaufwendigen Natur- und Rohstoffe wird zugunsten von weniger Transportkapazität erfordernden Halbfabrikaten und Fertigungserzeugnissen zurückgehen. Andere Transportmöglichkeiten werden stärker als bisher wirtschaftlich genutzt werden (Energiefernübertragung, Rohrleitungen und andere).

Die sich immer enger und planmäßiger gestaltende Aufgabenteilung und Zusammenarbeit zwischen den Verkehrszweigen, vor allem zwischen Eisenbahn und Kraftverkehr, werden ebenfalls nicht ohne Einfluß auf die künftigen Aufgaben der Eisenbahn und ihre Entwicklung bleiben. Das gleiche gilt für die Veränderungen, die sich in der Technologie der Transportabwicklung, besonders an den Nahtstellen der Transportprozesse, und durch den Einsatz neuer Transportmittel, wie Behälter, ergeben. Allerdings wird unter sozialistischen Produktionsverhältnissen der öffentliche Verkehr auf der Straße niemals der Eisenbahn den Rang ablaufen. Daß der Kraftverkehr unter kapitalistischen Bedingungen zum schärfsten Konkurrenten der Eisenbahn wurde, liegt im Kapitalismus selbst begründet. Solange außer der Eisenbahn nur das außerordentlich leistungsschwache Pferdefuhrwerk als Landtransportmittel existierte, mußten von ihr neben schon damals sehr produktiven Leistungen auch viele wesentlich unwirtschaftlichere Transporte durchgeführt werden, da es einen öffentlichen Straßenverkehr, wie wir ihn heute kennen, noch nicht gab. Der Landverkehr war deshalb in seiner Gesamtheit relativ unökonomisch.

Mit dem Aufkommen des Lastkraftwagens und seinem Einsatz im öffentlichen Verkehr ist die Möglichkeit gegeben, die Leistungsabgrenzung zwischen Schiene und Straße an dem Punkt des Transportprozesses vorzunehmen, an dem der Wirkungsgrad der Eisenbahn unter den eines anderen Transportmittels (zum Beispiel des Kraftverkehrs) absinkt. Damit steigen selbstverständlich die Leistungsfähigkeit und die Produktivität der Landtransporte insgesamt sprunghaft an. Doch lassen die erbarmungslose Konkurrenz und Anarchie zwischen den einzelnen Zweigen eines kapitalistischen Verkehrswesens eine solche Entwicklung nur bedingt zu. Sie kann erst in einem einheitlich geleiteten sozialistischen Verkehrswesen voll verwirklicht werden.

Der Kraftwagenverkehr macht nicht nur die horizontale Arbeitsteilung zwischen Schiene und Straße praktisch möglich, sondern bildet auch die Voraussetzung für eine den Gesamtverkehr wesentlich produktiver als bisher gestaltende vertikale Arbeitsteilung, womit eine ökonomisch richtige Kooperation zwischen ihnen gewährleistet wird.

Allerdings treten damit zwischen Schiene und Straße zusätzliche Umschlagsprozesse, die die ökonomische Zweckmäßigkeit der vertikalen

Eisenbahngüterströme
Gesamtübersicht

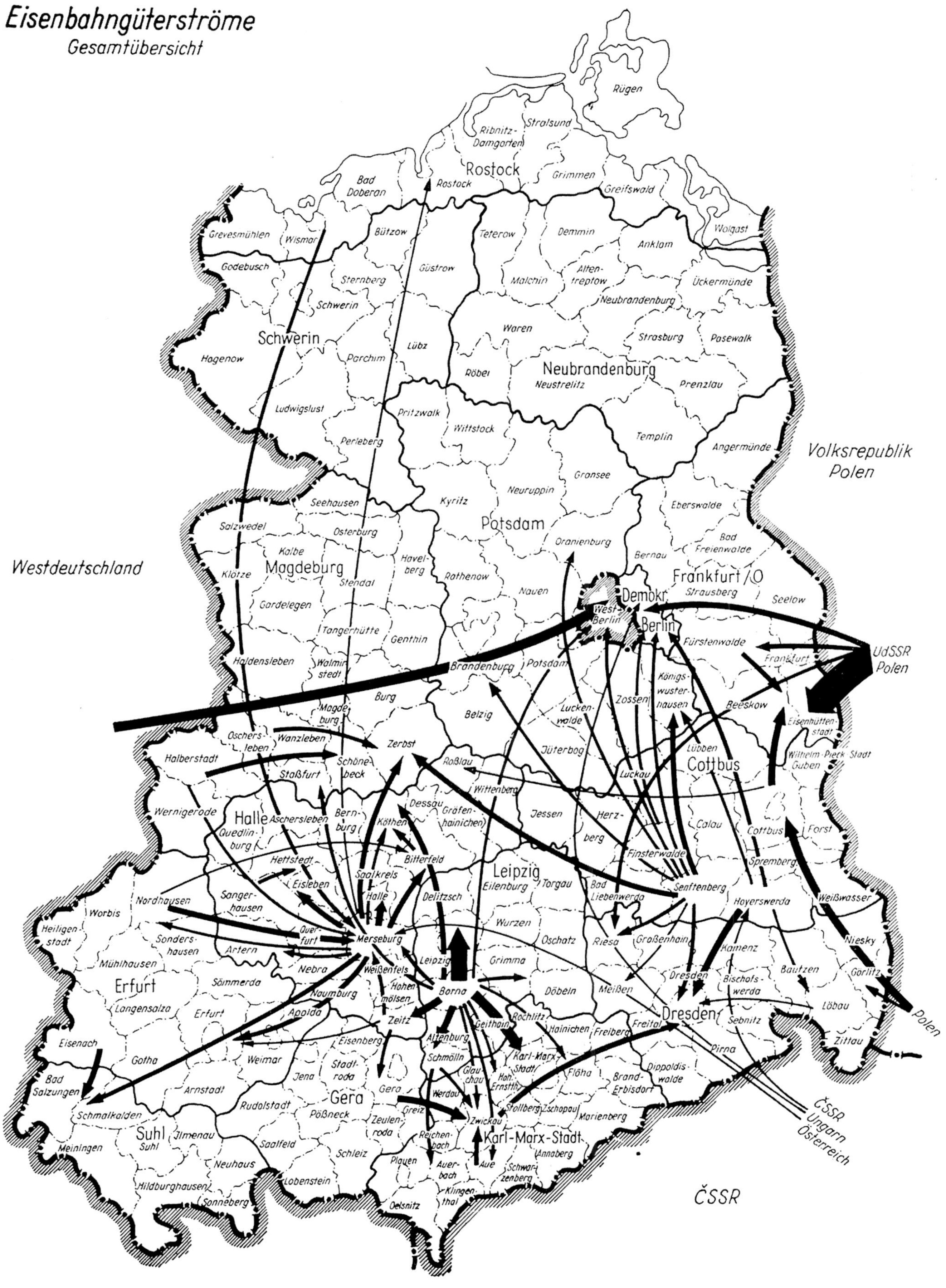

11

12 Die teilweise völlig neue Hafenabfuhrstrecke Rostock—Berlin

Arbeitsteilung dann bis zu einem gewissen Grade in Frage stellen können, wenn der kombinierte Verkehr höheren Aufwand bedingt als die direkte Beförderung auf der Schiene oder der Straße.

Deshalb ist es erforderlich, die Umschlagsprozesse weitestgehend zu mechanisieren, um die Güter schneller als bisher umschlagen sowie den Umlauf der Güterwagen und der Lastkraftwagen beschleunigen zu können. Der immer stärker aufkommende Klein-, Mittel- und Großbehälterverkehr wird ebenfalls in zunehmendem Maße die Transporttechnologie des kombinierten Verkehrs rationalisieren. Damit kann der spezifischen Eignung eines jeden Verkehrszweiges immer besser und umfassender entsprochen werden.

Das wird aber die Bedeutung der Eisenbahn im Verkehrssystem nicht mindern. Dennoch wird sie auch in der Deutschen Demokratischen Republik in den nächsten Jahren eine Wandlung erfahren. Als wichtigstes Merkmal dieser Wandlung wird die Eisenbahn in immer stärkerem Maße nur die ihr auf Grund ihrer technisch-ökonomischen Eigenschaften zukommenden Aufgaben wahrnehmen und aller anderen Aufgaben, die der Steigerung des Nutzeffekts eines modernen Eisenbahnwesens im Wege stehen, entledigt.

Die Eisenbahn ist auf Grund der technischen Eigenschaften ihrer Transportmittel und -anlagen sowie ihres straff organisierten und zentral geleiteten Betriebsablaufs heute und auch in der Zukunft der geeignete Verkehrszweig für Massengüter und Beförderungen über weite Entfernungen. Für Massenguttransporte in konzentrierter Abfuhr (ganze Züge und Wagenladungsgruppen) und für Beförderungen über Entfernungen von mehr als 75 km – möglichst in Durchgangsgüterzügen – weist die Eisenbahn einschließlich der Beförderungsselbstkosten bereits heute die ökonomisch günstigsten Kennziffern aus, obwohl noch der veraltete und unwirtschaftliche Dampfbetrieb vorherrschend ist.

Anders sieht es aus, wenn keine direkten Eisenbahntransporte vorliegen, wenn das Gut einmal oder wiederholt umgeladen werden muß, wenn die Sendungsmassen klein sind, wenn keine wirtschaftliche Zugbildung möglich ist und wenn keine konzentrierte Abfuhr erfolgen kann. Dann sind die ökonomischen Kennziffern der Eisenbahn wesentlich ungünstiger und überschreiten oft die vergleichbaren Kennziffern anderer Verkehrszweige, vor allem die des Kraftverkehrs.

Güterverkehr

Aus den erwähnten Gründen besteht das Ziel der Entwicklung des Güterverkehrs vor allem in der konzentrierten Beförderung der Güter mittels schwerer und schwerster Züge mit hohen Reisegeschwindigkeiten zwischen Eisenbahnknotenbahnhöfen.

Eine solche umfassende Rationalisierung des gesamten Transportprozesses setzt die Be- und Entladung der Güterwagen auf wenigen Bahnhöfen – Wagenladungsknotenbahnhöfen – voraus. Diese Konzentration bedingt ihrerseits, daß die bereits begonnene Entwicklung von Be- und Entladebetrieben verstärkt fortgesetzt wird. Ist sie abgeschlossen, kann auch die Zahl der heute vorhandenen Gütertarifbahnhöfe wesentlich gesenkt werden. In diesem Zusammenhang wird sich auch die Zahl der Zusatzanlagen und Anschlußbahnen stark verringern. Ihr Betrieb wird nur aufrechtzuerhalten sein, wenn das die künftige Gutmenge unter den veränderten technologischen Bedingungen wirtschaftlich noch rechtfertigt.

Auch der Stückgutverkehr wird im Zuge der Rationalisierung des

13

14

Eisenbahnverkehrs seine Form verändern. Mit der Entwicklung des Haus-Haus-Stückgutverkehrs erhält diese Beförderungsart für die Eisenbahn immer mehr den Charakter des Wagenladungsverkehrs und paßt sich damit den künftigen technologischen Bedingungen des Güterverkehrs an. Der Umschlag des Stückgutes sowie die Be- und Entladung der Stückgutwagen geschieht auf Stückgutknotenbahnhöfen. Rund 130 bis 140 solcher Knoten sind im Netz der Deutschen Reichsbahn vorgesehen.

Die Rationalisierung des Güterverkehrs wird auch weitgehendst vom künftigen Mittel- und Großbehälterverkehr bestimmt, der sich analog zum Wagenladungs- und Stückgutverkehr auf wenige Behälterknotenbahnhöfe konzentrieren wird.

Die Knotenbahnhöfe müssen, mit modernen und leistungsfähigen Betriebsanlagen sowie Lade- und Umschlagseinrichtungen versehen, eine vollmechanisierte und damit hochrationelle Behandlung sowie den schnellen und wirtschaftlichen Umschlag der Güter sowohl zwischen Produzent oder Konsument und Transportmittel als auch zwischen den Transportmitteln der verschiedenen Verkehrszweige ermöglichen.

Das System verschiedener Arten von Knotenbahnhöfen wird durch ein leistungsfähiges Netz von Magistralen und anderen wichtigen Strecken verbunden sowie durch wenige über das Netz zweckmäßig verteilte und mit moderner Rangiertechnik ausgerüstete Rangierbahnhöfe ergänzt.

15

13 Der neu entwickelte Großbehälter der Deutschen Reichsbahn hat eine Tragfähigkeit von fast 5 t

14 Gabelstapler, Paletten und Behälter geben den Güterabfertigungen das Gepräge

15 Horizontale und vertikale Arbeitsteilung zwischen der Eisenbahn und dem Kraftverkehr

E 11 001

Damit können die direkten Eisenbahntransporte noch wirtschaftlicher als gegenwärtig gestaltet werden. Außerdem ist die Herstellung der zweckmäßigsten Kooperationsbeziehungen zu den übrigen Verkehrszweigen, insbesondere dem Kraftverkehr, besser möglich. Das alles wird dazu beitragen, daß die Produktivität im Verkehrswesen insgesamt wesentlich ansteigt und damit der Nutzeffekt des Verkehrs innerhalb der Volkswirtschaft ständig wächst.

Auch im internationalen Verkehr wird sich zukünftig der Hauptteil der Gütertransporte auf der Schiene abwickeln, wenngleich in der Perspektive die internationalen Binnenschiffahrtstransporte ebenfalls an Bedeutung gewinnen werden. Internationale Straßentransporte beschränken sich dagegen vor allem auf sehr schnell und direkt vom Versender zum Empfänger zu befördernde leichtverderbliche sowie besonders hochwertige und beförderungsempfindliche Güter.

Personenverkehr

Dort, wo es gilt, schnell, pünktlich, sicher und mit einem entsprechenden Reisekomfort die Beförderung großer Menschenmengen zu gewährleisten, ist die Eisenbahn heute und auch in Zukunft das geeignetste Beförderungsmittel. Das trifft vor allem zu für den Berufsmassenverkehr in den großen Industriezentren, zum Beispiel im Raum Halle/Leipzig, den Urlauberverkehr in die Erholungszentren unserer Republik sowie den Städteschnellverkehr, der gegenwärtig zwischen der Hauptstadt Berlin und den wichtigsten Bezirksstädten Dresden, Karl-Marx-Stadt, Leipzig, Halle, Erfurt, Magdeburg und Rostock durchgeführt wird.

Im internationalen Reiseverkehr wird die Eisenbahn über nicht zu große Entfernungen weiterhin das Hauptverkehrsmittel bleiben, da sie bezüglich der Leistungsfähigkeit und der Wirtschaftlichkeit, aber auch der Pünktlichkeit und der Sicherheit den anderen Verkehrsmitteln noch längere Zeit überlegen sein wird. Besonderer Beliebtheit erfreuen sich dabei immer mehr die Schnelltriebwagentagesverbindungen zwischen der Hauptstadt Berlin und Warschau, Prag, Budapest sowie Wien.

Zug	Strecke	Entfernung km		Fahrzeit h	Reisegeschwindigkeit km/h
Berolina	Berlin – Warschau		563	8,3	68
Hungaria	Berlin – Prag –	Prag	383	5,9	65
	Budapest	Budapest	999	14,6	68
Vindobona	Berlin – Wien		735	11,5	64

Durch weitere Vereinfachung und Beschleunigung der Paß- und Zollkontrollen an den Staatsgrenzen und der damit verbundenen Verkürzung der heute noch relativ langen Grenzaufenthalte sowie durch Erhöhung der Streckengeschwindigkeiten werden die Vorzüge dieser Schnellverbindungen, aber auch der übrigen internationalen Züge, noch auffälliger als bisher.

Der Personenfernverkehr innerhalb der Republik und über ihre Grenzen hinweg sowie der Transitreiseverkehr wird sich vor allem auf den Magistralen abwickeln.

Streckennetz

Entsprechend der Perspektive des Güter- und Personenverkehrs wird das Streckennetz der Deutschen Reichsbahn keine wesentliche Erweiterung und Verdichtung erfahren. Im Laufe der Zeit können im Gegenteil unwirtschaftliche und den künftigen transporttechnologischen Bedingungen nicht mehr entsprechende Nebenbahnen, auch Schmalspurbahnen, und Unterwegsbahnhöfe stillgelegt oder geschlossen werden. Andererseits kann es im Zusammenhang mit politischen und wirtschaftlichen Veränderungen im Norden der Deutschen Demokratischen Republik, wie bereits erwähnt, auch zu einigen Erweiterungen des Streckennetzes und der Eisenbahnanlagen kommen.

Der Bau der Magistrale Rostock – Berliner Ring und des modernen Rostocker Übersee-Hafenbahnhofs sind Beispiele hierfür.

Die Rekonstruktion des Netzes wird sich vor allem auf den Ausbau der Magistralen und einiger weiterer wichtiger Verbindungslinien als den Hauptadern des künftigen Eisenbahnnetzes erstrecken. Das wird in folgender Weise geschehen:

– *Erhöhung der Geschwindigkeiten,* wobei zunächst für diese Strecken eine Höchstgeschwindigkeit von 120 km/h vorgesehen ist. Die Arbeiten werden aber so durchgeführt, daß zu einem späteren Zeitpunkt eine Erhöhung auf 160 km/h ohne wesentliche zusätzliche Bauarbeiten möglich wird, wie das beim Bau der Magistrale Rostock – Berliner Ring bereits berücksichtigt wurde.

– *Verstärkung des Oberbaus* für Achslasten von mehr als 20 Megapond, um den Einsatz der vorgesehenen schweren Diesellokomotiven und der elektrischen Lokomotiven sowie der modernen Großraumgüterwagen zu ermöglichen.

– *Erweiterung des Lichtraumprofils* auf die Lichtraumumgrenzung 1-SM für die Fahrzeugbegrenzung 1-WM. Mit dem von der UdSSR entwickelten Drehgestellwechselverfahren und den von der Deutschen Demokratischen Republik geschaffenen Spurwechselradsätzen für den umladungsfreien Übergang der Wagen von einer Spurweite auf die andere wird die Vereinheitlichung der Gabarite der sozialistischen Eisenbahnen dringend erforderlich. Auch der Einsatz großräumiger Güterwagen zwingt aus wirtschaftlichen Gründen zur Veränderung der Fahrzeugbegrenzungsmaße, die nicht ohne Erweiterung des Lichtraumprofils möglich ist. Deshalb wurde auf der Pekinger Tagung der Verkehrsminister der OSShD im Juni 1957 der Beschluß zur schrittweisen Einführung des Gabarits 1 SM / 1 WM gefaßt. Dieser Beschluß gilt generell für alle neu zu bauenden Strecken. Bestehende Strecken erhalten in der Regel bei Gleiserneuerung das neue Lichtraumprofil.

– *Elektrifizierung* der in der Perspektive am stärksten belasteten Strecken. Ausgehend von dem im Süden der Republik vorhandenen elektrifizierten Streckennetz, werden nach und nach alle Magistralen und wichtigen Hauptbahnen für den elektrischen Zugbetrieb hergerichtet, während auf den weniger stark befahrenen Strecken und Nebenbahnen moderne Diesellokomotiven fahren werden. Dabei sollen die beiden modernen Traktionen nicht nebeneinander bestehen, sondern zu einer volkswirtschaftlich zweckmäßigen Kombination vereinigt werden. Um den Vorteil einer elektrifizierten Strecke auch voll nutzen zu können, müssen möglichst viele Leistungen auf sie konzentriert werden. Obwohl in den nächsten Jahren das $16^2/_3$-Hertz-System beibehalten wird, sollte bei Neubauten die Möglichkeit des Übergangs auf Industriefrequenzen von 50 Hertz berücksichtigt werden.

– *Modernisierung der Sicherungs- und Fernmeldeanlagen.* Die heute noch weitgehend anzutreffenden mechanischen und elektromechanischen Stellwerke werden nach und nach durch Gleisbildstellwerke ersetzt. Anstelle von 2 bis 3 Stellwerken der herkömmlichen Bauarten wird in der Regel nur ein Gleisbildstellwerk erforderlich sein. Die Anwendung des automatischen Streckenblocks in Verbindung mit der Führerstandssignalisation erhöht die Sicherheit des Zugbetriebes, ermöglicht die Einrichtung unbesetzter Blockstellen sowie die Verkürzung der Signalabstände und gestattet damit eine dichtere Zugfolge. Schließlich wird in der weiteren Perspektive der Zugbetrieb auch in größerem Maße auf die Fernsteuerung ganzer Strecken und Knoten umgestellt werden.

Triebfahrzeuge

In den Jahren bis 1965 werden bei der Deutschen Reichsbahn die Voraussetzungen für die spätere vollständige Ablösung des unwirtschaftlichen und veralteten Dampfbetriebes durch die wesentlich leistungsfähigere und rationellere elektrische Zugförderung und die Dieseltraktion geschaffen. Dadurch verändert sich mit der Zeit das Gesicht des Lokomotivparkes grundlegend. Wenn auch die Dampflokomotive noch viele Jahre auf unseren Strecken und Bahnhöfen zu sehen sein wird, so ist doch sicher, daß für sie die Stunde des Abtretens geschlagen hat. Deshalb wurde auch in der Deutschen Demokratischen Republik bereits vor einigen Jahren der Neubau von Dampflokomotiven eingestellt.

Mit der fortschreitenden Elektrifizierung des Streckennetzes kommen

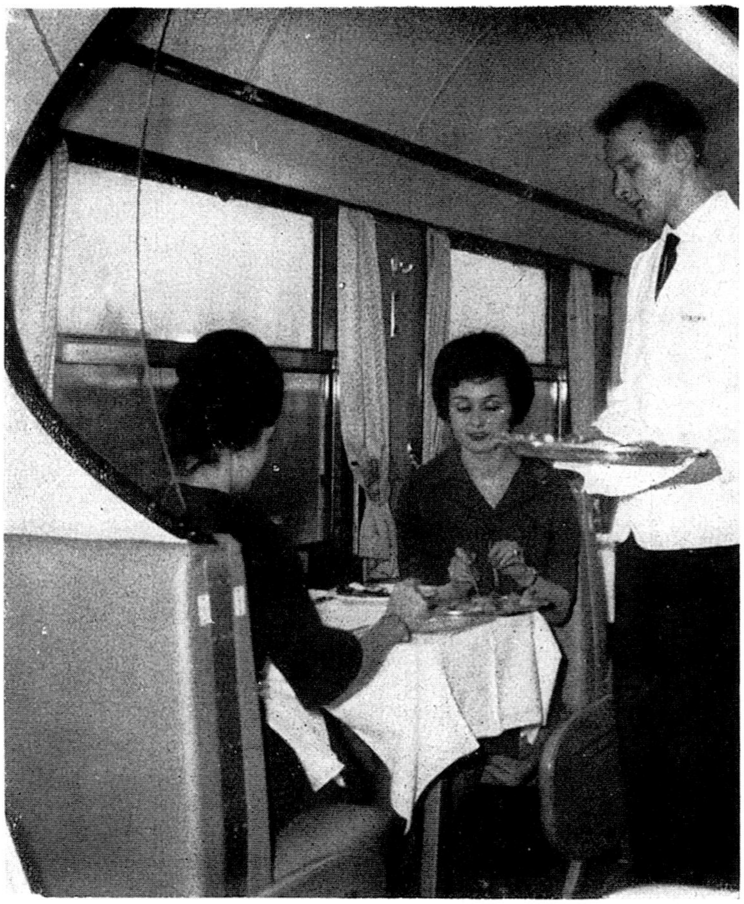

16

17

16 Angenehm ist der Aufenthalt im neuen Speisewagen der MITROPA

17 Die modernen Selbstbedienungsgaststätten auf den großen Bahnhöfen unserer Republik erfreuen sich bei allen Reisenden großer Beliebtheit

18 Zur Bewältigung des Berufsmassenverkehrs werden im verstärkten Maße Doppelzüge eingesetzt. Nicht alltäglich dürfte ein Doppelzug mit Dampf- und Ellok sein

18

neue mittelschwere und schwere elektrische Lokomotiven zum Einsatz. Zur Entwicklung und Erprobung von 50-Hertz-Lokomotiven für eine eventuelle spätere Umstellung des Netzes wurde 1962 die 23 km lange Versuchsstrecke Hennigsdorf bei Berlin—Wustermark in Betrieb genommen.

Den Rangierdienst wie auch die Zugförderung auf den nichtelektrifizierten Strecken werden Diesellokomotiven verschiedener Leistungsstärken und Baureihen versehen.

Güterwagenpark

Die vorgesehene umfassende Rationalisierung der Güterbeförderung erfordert auch umfangreiche Veränderungen am Güterwagenpark. Er muß sowohl durch die Rekonstruktion alter Wagen als auch durch den Bau neuer Wagen den künftigen Anforderungen angepaßt werden. Die Entwicklung des Güterwagenparks wird vor allem von der künftigen Struktur der zu befördernden Gutarten und ihren Sendungsmassen im Zusammenhang mit den wirtschaftlichen Veränderungen, die sich aus der immer engeren Wirtschaftsgemeinschaft der sozialistischen Staaten ergeben, bestimmt. Sämtliche Güterwagen der sozialistischen Staaten müssen in der Perspektive im gesamten sozialistischen Lager freizügig verfügbar sein und damit auch die Schwelle zwischen der Spurweite 1524 mm der UdSSR und der Spurweite 1435 mm der übrigen europäischen sozialistischen Staaten überwinden. Das erfordert eine weitgehende Standardisierung der Wagen und dabei die Lösung folgender international außerordentlich wichtiger technischer Probleme:

– die bereits behandelte Vereinheitlichung des Lichtraumprofils durch Anpassung an das in der UdSSR verbindliche Gabarit 1 SM / 1 WM.

– die Entwicklung und Einführung einer einheitlichen automatischen Kupplung, die gleichzeitig die Rangierer von der körperlich schweren und nicht ungefährlichen Arbeit des Kuppelns befreit.

– den Einsatz von Spurwechselradsätzen, wodurch die bisher zeitraubenden, oft mit Minderung der Qualität oder sogar Verlust des umzuladenden Gutes verbundenen Umladearbeiten beseitigt werden und der Übergang des Zuges von einer Spurweite auf die andere in wenigen Minuten vor sich gehen kann. Die in der Deutschen Demokratischen Republik durchgeführte Entwicklung solcher bereits 1961 im Betrieb erprobten Radsätze unter einem Erdölzug von Kuibyschew nach Leuna stellt eine Pioniertat auf diesem Gebiet dar.

Die rationelle Güterbeförderung und dabei vor allem ein vertretbares Verhältnis von Leerlauf zu Lastlauf der Güterwagen, was in der Deutschen Demokratischen Republik im Verhältnis zu anderen

19 Im Rahmen des Magistralenprogramms wurde 1962 auch die Strecke Berlin—Frankfurt/Oder völlig erneuert. Dabei fand die moderne jochweise Gleisverlegung Anwendung

Eisenbahnen gegenwärtig sehr ungünstig ist, hängt vor allem vom umfassenden Einsatz der Mehrzweckgüterwagen ab. Deshalb kommt ihrer Entwicklung und Benutzung in der Perspektive große Bedeutung zu.

In Zukunft wird deshalb bei der Deutschen Reichsbahn der mehrachsige und in Leichtbauweise ausgeführte Mehrzweckgroßraumgüterwagen mit niedriger Eigenmasse und hoher Tragfähigkeit, die über 60 t liegen wird, vorherrschend sein. Diese Wagen werden bewegliche Dächer, Stirnwandtüren und Einrichtungen zur Bodenentleerung haben und damit für alle in Frage kommenden Gutarten die mechanisierte Be- und Entladung ermöglichen.

Die Beförderung vieler Güter in Mittel- und Großbehältern wird sprunghaft ansteigen, da diese Beförderungsart gegenüber dem Wagenladungsverkehr mit vielen wirtschaftlichen Vorteilen, angefangen mit dem Wegfall der transportbedingten Verpackung des Gutes, weiterhin mit einem wesentlich rationelleren Umschlag und schließlich kaum noch mit Gutbeschädigungen während der Beförderung verbunden ist. Die Behälter werden am zweckmäßigsten mit Plattenwagen befördert. Deshalb ist auch das richtige Verhältnis zwischen Plattenwagen und Mehrzweckwagen für deren wirtschaftlichen Einsatz von großer Bedeutung.

Auch der Plattenwagen wird mit dem Anwachsen des Mittel- und Großbehälterverkehrs in seiner Form und Größe Veränderungen unterworfen sein und sich ebenfalls zum Großplattenwagen, das heißt zu Plattengliederketten und damit zu Plattenwagentrains entwickeln.

Neben diesen Wagen werden selbstverständlich auch weiterhin in begrenzter Anzahl Spezialwagen, vor allem Kübelkippwagen, Kesselwagen und Tiefladewagen entsprechend den künftigen Anforderungen der Volkswirtschaft und der Güterstruktur zum Einsatz kommen.

Reisezugwagenpark

Profil und Struktur des Reisezugwagenparks werden sich ebenfalls wesentlich verändern. Die rekonstruierten alten Reisezugwagen prägen bereits das Gesicht des Reisezugwagenparks der Deutschen Reichsbahn.

Teilweises Neuland wurde mit der Entwicklung der Doppelstockzüge und Doppelstockgliederzüge betreten. Diese in Leichtbauweise ausgeführten Züge kommen heute nicht nur in der Deutschen Demokratischen Republik, sondern auch in den anderen sozialistischen Staaten für den Berufsmassenverkehr zum Einsatz.

Rekonstruierte sowie neue Speise- und Schlafwagen mit hohem Komfort für den Reisenden und guten Arbeitsbedingungen für das Personal sind bereits zum Einsatz gekommen.

Unterhaltung der Fahrzeuge und Anlagen

Die Veränderungen am Eisenbahnnetz, an den Anlagen, den Triebfahrzeugen und am Wagenpark können nur dann voll wirksam werden und die angestrebte hochproduktive Transportabwicklung nur dann gewährleisten, wenn die Unterhaltung und die Erhaltung der Anlagen und Fahrzeuge entsprechend rationalisiert werden. Dazu gehören die komplexe Mechanisierung der Oberbauunterhaltung und -erneuerung, die Konzentration der Arbeitskräfte, der Mechanismen und des Materials in nach industriellen Methoden arbeitenden Gleisbaueinheiten sowie der optimale Einsatz aller Baugeräte.

Die Unterhaltung und Erhaltung der Transportmittel muß auf die neuen Fahrzeugtypen umgestellt werden und ebenfalls in spezialisierten Ausbesserungswerken nach festen Stellfristen erfolgen. Auch hierbei wird weitestgehend die heute noch vorherrschende handwerkliche Arbeitsweise durch eine moderne, industrielle Arbeitsmethoden zulassende Fahrzeugunterhaltung, wie Aggregataustausch, abzulösen sein. Nur so ist eine radikale Verkürzung der unproduktiven Standzeiten der Fahrzeuge vor und in den Werken zu erreichen.

In der gesamten Unterhaltung der Anlagen und Fahrzeuge werden die körperlich schweren und gesundheitsschädigenden Arbeiten, für die in der Zukunft kaum noch Arbeitskräfte zur Verfügung stehen werden, durch Mechanisierung und Automatisierung dieser Arbeitsvorgänge systematisch beseitigt.

Betriebliche und ökonomische Maßnahmen

Die dargelegte Perspektive des Eisenbahnwesens in der Deutschen Demokratischen Republik erfordert zu ihrer Verwirklichung neben den Maßnahmen zur Veränderung des Netzes mit seinen Anlagen und Fahrzeugen auch umfangreiche betriebsorganisatorische, technologische und ökonomische Maßnahmen.

So wird beispielsweise der Großbehälterverkehr nicht ohne Einfluß auf die künftige Zugbildung und Zugförderung bleiben. An die Stelle des sehr aufwendigen Umstellens der Wagen auf den Rangierbahnhöfen wird das wesentlich einfachere und schnellere Umsetzen der Behälter von Plattenwagen zu Plattenwagen mittels großer, die Gleise überspannender Krananlagen treten.

Auch der Einsatz elektronischer Rechenmaschinen auf Rangierbahnhöfen, zur Wagenvormeldung, zur optimalen Verteilung der Leerwagen und zur Aufstellung optimaler Fahrpläne sowie für weitere betriebliche Maßnahmen und Vorgänge wird sich entscheidend auf die Technologie des Eisenbahnbetriebes auswirken.

Neue Formen der Zusammenarbeit der Eisenbahn mit den übrigen Verkehrszweigen sowie die Entwicklung des durchgehenden kombinierten Verkehrs machen Veränderungen in der kommerziellen Abfertigung, der Tarifbildung und der Abrechnung des Güterverkehrs erforderlich. Die gegenwärtig noch mehrfache Abfertigung, Tarifberechnung und Abrechnung im kombinierten Verkehr durch die beteiligten Verkehrsbetriebe wird durch eine einmalige Abfertigung, eine einmalige Tarifberechnung auf der Grundlage eines einheitlichen sozialistischen Transporttarifs und eine mit Hilfe elektronischer Rechenmaschinen erfolgende einmalige finanzielle und statistische Abrechnung des Güterverkehrs in einer einheitlichen Verkehrsorganisation ersetzt werden.

Auch die für eine qualifizierte Planung, Leitung und Kontrolle der Deutschen Reichsbahn erforderlichen Verwaltungsarbeiten, vor allem die buchhalterischer und statistischer Art, werden in der Perspektive weitestgehend mechanisiert und automatisiert sein. Obwohl gegenwärtig noch an der Modernisierung der vorhandenen Lochkartenanlagen gearbeitet wird, gehört auch hier die Zukunft elektronisch gesteuerten Rechenautomaten, denen in einem Rechenzentrum des Eisenbahn- oder sogar des Verkehrswesens aus allen Betrieben und Dienststellen die zu verarbeitenden Daten zugeleitet werden. Es wird dann möglich sein, vor allem solche Vorgänge mit einzubeziehen, deren Bearbeitung mit den traditionellen Mitteln unmöglich wäre. So kann man sich beispielsweise jetzt schon vorstellen, daß der Frachtbrief in Zukunft alle bereits heute für eine qualifizierte Planung,

20 *Die Innenausstattung der modernisierten vierachsigen Schnellzugwagen geschah nach neuzeitlichen Gesichtspunkten. Die Abbildung zeigt ein Abteil der 2. Klasse*

21 *Die beiden in der Deutschen Demokratischen Republik gebauten 50-Hertz-Lokomotiven vor der Probefahrt auf der Versuchsstrecke Hennigsdorf bei Berlin—Wustermark*

22 *Der programmgesteuerte digitale Rechenautomat vom Typ ZRA 1 tastet in der Minute etwa 80 Lochkarten ab. Seine Rechengeschwindigkeit beträgt im Mittel etwa 150 bis 200 Operationen je Sekunde*

Bilanzierung und Koordinierung der Transportarbeit als unbedingt erforderlich erkannten Angaben enthält, die aber eben nur mittels elektronischer Rechenautomaten erfaßt, verdichtet und ausgewertet werden können.

Auf diesem Gebiet sind erst allererste Anfänge zu verzeichnen. 1961 wurden erstmalig die Güterströme für Kohle und einige andere Gutarten der Deutschen Reichsbahn mit Hilfe des vom VEB Carl Zeiss Jena entwickelten elektronischen Rechenautomaten ZRA 1 optimiert. So wurden die günstigsten Verbindungen zwischen den verschiedenen Kohleversand- und empfangsbahnhöfen ermittelt, was zu einer Einsparung von 7 bis 10% der bisherigen Leistungen im Kohleverkehr führen kann. Seit Anfang 1962 besitzt das Verkehrswesen einen eigenen Rechenautomaten vom Typ ZRA 1. Damit wurde der erste Schritt für eine spätere umfassende Anwendung elektronischer Rechenmaschinen im Verkehrswesen getan.

Eisenbahner und Perspektive

Die umfangreichen Veränderungen der materiell-technischen Basis der Deutschen Reichsbahn, die sich aus der dargelegten sozialistischen Rekonstruktion und Rationalisierung des Eisenbahnwesens ergeben werden, dienen unter den in der Deutschen Demokratischen Republik herrschenden sozialistischen Produktionsverhältnissen dem umfassenden Aufbau des Sozialismus und damit der immer besseren Befriedigung aller materiellen und kulturellen Bedürfnisse der werktätigen Bevölkerung, also auch der Verbesserung der Arbeits- und Lebensbedingungen der Eisenbahner.

Die Perspektive des Eisenbahnwesens in der Deutschen Demokratischen Republik ist damit auch gleichzeitig das Vorbild für die westdeutschen Eisenbahner, da die Imperialisten, die heute in der westdeutschen Bundesbahn bestimmen, objektiv weder in der Lage noch des Profits wegen gewillt sind, ihre Rationalisierungsmaßnahmen in Übereinstimmung mit den Lebensinteressen der Eisenbahner und ihren Forderungen nach sozialer Sicherheit zu bringen.

Deshalb müssen alle Eisenbahner der Deutschen Demokratischen Republik zutiefst an der Verwirklichung dieser Perspektive interessiert sein, aber auch begreifen, daß nur sie es sein können, die mit ihrer Arbeit, Einsatzbereitschaft, Liebe zu ihrem Beruf, ihrem Betrieb und zu ihrem Staat die Zukunft der Eisenbahn schaffen und gestalten.

Es ist eine Zukunft, die untrennbar mit der Zukunft der gesamten Deutschen Demokratischen Republik und ihrer Bürger verbunden ist. Vor den Eisenbahnern steht deshalb als wichtigste Aufgabe:

> „Alles für den umfassenden Aufbau des Sozialismus in der Deutschen Demokratischen Republik, damit sie ihre geschichtliche Aufgabe im Kampf um die Sicherung des Friedens, für den endgültigen Sieg des Sozialismus und für die Zukunft Deutschlands erfüllen kan."

Damit werden auch die Grundlagen für den künftigen wissenschaftlich-technischen Fortschritt im Eisenbahnwesen geschaffen.

Im Maße des Wissens um diese Perspektive formt sich aber auch der sozialistische Mensch, der künftige Eisenbahner, dem diese Technik dienen soll.

Lokomotiven

Dipl.-Ing. MAX BAUMBERG

Eisenbahntechnik als Forschungsobjekt im Prüffeld

Aus der Arbeit der Versuchs- und Entwicklungsstelle für die Maschinenwirtschaft der Deutschen Reichsbahn

Zur Geschichte der eisenbahntechnischen Forschung

Die Entwicklungsgeschichte zum Beispiel des Eisenbahn-Maschinenwesens ist reich an Beispielen erfolgreicher Forschungsarbeit; sie bietet aber auch zahlreiche Beispiele an Irrwegen, die selbst erfahrenen Konstrukteuren nicht erspart blieben. Noch 1920 mußten die Herausgeber des damals neuesten Werkes über die Heißdampflokomotive mit einstufiger Dampfdehnung bekennen, daß hierüber »... umfassend planmäßige wissenschaftliche und im Betriebe

1 Betriebsteil Halle der VES-M

2 Betriebsteil Dessau der VES-M (Eingang zum Laborgebäude und zur elektrischen Prüfhalle)

ausgeführte Versuche noch wenig vorliegen« (Brückmann). Dabei stammten erste Vorstellungen über die Erzeugung von Heißdampf in Lokomotivkesseln bereits aus dem Jahr 1839, und die wirklich brauchbaren Konstruktionen W. Schmidts gab es in Europa schon seit 1898!

Auch ein Blick in ältere Jahrgänge führender Fachzeitschriften (zum Beispiel in das seit 1845 erschienene »Organ für die Fortschritte des Eisenbahnwesens in technischer Beziehung«) läßt erkennen, daß sie hauptsächlich Beschreibungen enthielten, jedoch selten über Versuche und deren Ergebnisse, kaum über hieraus zu ziehende Prognosen berichteten.

Erst in den zwanziger Jahren trat hierin ein Wandel ein. Einzelne, schon früher meist behelfsmäßig angestellte Versuche wurden ausgewertet, und bei zahlreichen Bahnverwaltungen bildeten sich beinahe gleichzeitig Einrichtungen, die ein planvolles Herangehen an die Lösung von Entwicklungsaufgaben — vor allem auf der Grundlage von Versuchen — erlaubten.

In der jungen Sowjetunion entstand unter wesentlicher Arbeit von Schelest, Hakkel und Lomonossow ein umfassendes Versuchswesen für Triebfahrzeuge, innerhalb dessen bereits damals die grundlegenden Entwicklungen für die heute so bedeutungsvolle Dieseltraktion begonnen wurden.

In England erbaute man die großen Prüfstellen in Swindon und Rugby. In Frankreich brachten hauptsächlich die Arbeiten von Chapelon die Dampftraktion auf die höchste Stufe der Leistungsfähigkeit und Wirtschaftlichkeit. In Deutschland wurden bei der damaligen DRG Versuchsämter gebildet.

Äußerlich zeigte sich die systematische Mitarbeit der Eisenbahnen an der Entwicklung ihrer Anlagen und Fahrzeuge — auch für den Laien sichtbar — Mitte der dreißiger Jahre in den sehr hohen Fahrgeschwindigkeiten der Schnelltriebwagen und in der Zugbeeinflussung für normale Zugverbindungen.

3 Ausrüstungshalle für Triebfahrzeuge der VES-M Halle

Die Eisenbahnen profitierten sehr stark von der wissenschaftlichen Behandlung wirtschaftlicher Konstruktionen und Erhaltungsverfahren; zum Beispiel erbrachten in Deutschland die sogenannten Einheitslokomotiven besonders hohe Laufleistungen und eine wesentliche Verminderung der Ausbesserungszeiten und -kosten; im Werkstättendienst fanden das früher nahezu unbekannte »Tauschteil-Verfahren« und der »Austauschbau« weitgehende Anwendung.

Der zweite Weltkrieg unterbrach jäh dieses hoffnungsvolle Beginnen. Das Trümmerfeld nach seinem Ende auch im Eisenbahnwesen aller beteiligten Länder ließ einen Anschluß an den Vorkriegsstand nicht sofort zu.

Bei der Deutschen Reichsbahn begannen um 1950 wieder erste Versuche, die wissenschaftliche Behandlung eisenbahntechnischer Aufgaben neu zu beleben. Entsprechend den Grundsätzen der sozialistischen Wirtschaftsführung im Eisenbahnwesen der DDR brauchte dabei nicht mühsam um die Anerkennung einer solchen Arbeitsweise gerungen zu werden, sondern nach einigen erfolgversprechenden Anfängen in der Bautechnik und Maschinentechnik wurde eine großzügige Planung eingeleitet, um Forschung und Entwicklung allen Gebieten der Deutschen Reichsbahn sinnvoll zugänglich zu machen.

Ursprünglich waren die neuen Forschungs- und Entwicklungseinrichtungen im Technischen Zentralamt (TZA) zusammengefaßt und wurden 1960 den Hauptverwaltungen des Ministeriums für Verkehrswesen direkt unterstellt.

Die Koordinierung der gesamten Forschung und Entwicklung im Eisenbahnwesen obliegt seitdem einer Zentralen Abteilung (ZFE).

Seit dieser Zeit bestehen bei der Deutschen Reichsbahn sechs Versuchs- und Entwicklungsstellen (VES), und zwar für Betriebs- und Verkehrsdienst; für Oberbau, Brücken- und Hochbau; für Maschinenwirtschaft; für Wagenwirtschaft; für Ausbesserungswesen; für Signal- und Fernmeldewesen. Die Versuchs- und Entwicklungsstelle für die Ma-

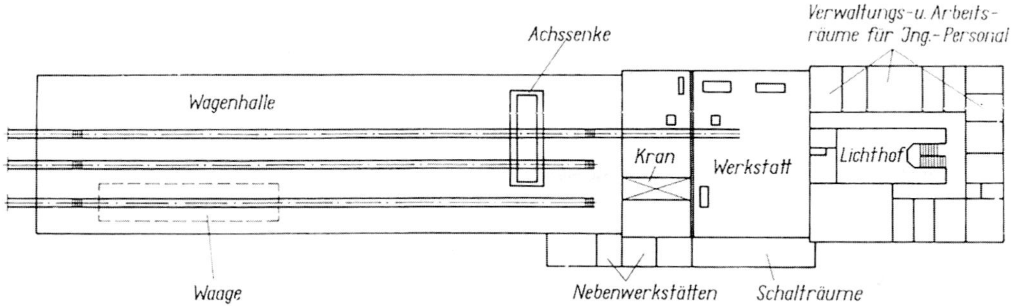

4

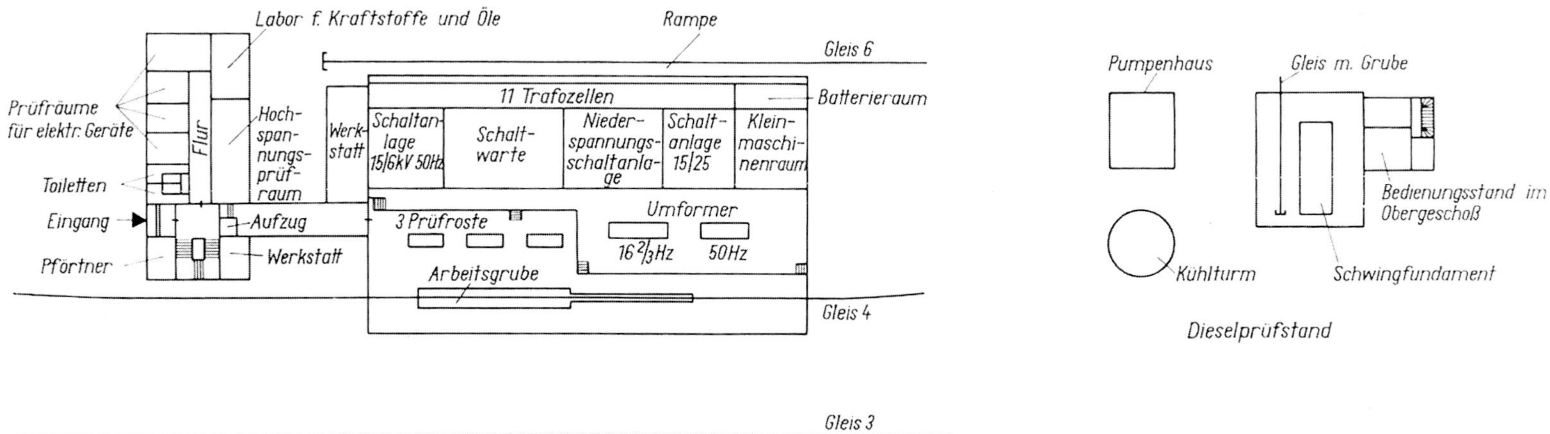

5

4 Betriebsteil Halle der VES-M

5 Betriebsteil Dessau der VES-M

schinenwirtschaft (VES-M) in Halle ist eine nach Umfang der Aufgaben und Konzentrierung von hochqualifizierten Fachleuten besonders bemerkenswerte Forschungsstelle.

Die ersten Aufgaben der VES-M

Die Anfänge, spezielle maschinentechnische Aufgaben in Versuchen zu behandeln und zu lösen, gehen bis in die Zeit um 1950 zurück. Damals galt es, die Grundlagen zur Verfeuerung minderwertiger fester Brennstoffe in Dampflokomotiven zu schaffen. Mit dem Wiederaufbau eines noch aus der Vorkriegszeit stammenden alten Lokomotiv-Meßwagens war die erste meßtechnische Voraussetzung für solche Versuche gegeben.

Wegen der seinerzeit im Raum Halle konzentrierten Versuche — insbesondere mit den Kohlenstaub-Lokomotiven — wurde Halle zunächst der Sitz einer kleinen Lokomotiv-Versuchsanstalt, die der Verwaltung der Versuchsstellen als einer Nebenstelle des damaligen Technischen Zentralamts unterstand.

Diese Versuchsanstalt unternahm die grundlegenden Versuche für die endgültige Gestaltung der nach dem Verfahren des Nationalpreisträgers Hans Wendler arbeitenden Kohlenstaub-Lokomotive und entwickelte Methoden, um Braunkohlenbriketts auf Steinkohlen-Lokomotivrosten rationell zu verfeuern, ohne dabei die installierte Leistung des vorhandenen Dampflokparks nennenswert einschränken zu müssen.

Der sich ständig ausweitende Umfang der Versuchsaufgaben und die bis dahin erzielten Erfolge für den Betriebsmaschinendienst waren der Anlaß, die Versuchsanstalt in ein großzügiges Neubauprogramm einzugliedern, innerhalb dessen die nunmehr Fahrzeugversuchsanstalt genannte Dienststelle in Halle moderne bauliche und maschinelle Anlagen als Arbeitsstätte zugewiesen erhielt (Abb. 1). Die Dienststelle hatte sich nun auch mit Fragen der Bremstechnik und des Fahrzeuglaufs zu befassen, wodurch die Grundmittel, Anlagen, Meßgeräte und Meßwagen sowie Triebfahrzeuge wesentlich rationeller ausgenutzt werden konnten.

Die Fahrzeugversuchsanstalt wurde schließlich 1960 mit der Mitte der fünfziger Jahre gebildeten Versuchsanstalt für die ortsfesten Anlagen der elektrischen Zugförderung und mit der in etwa der gleichen Zeit gegründeten Versuchsanstalt für Motorfahrzeuge, die in Räumen des Raw Dessau ihre Arbeit aufgenommen hatte, zur Versuchs- und Entwicklungsstelle für die Maschinenwirtschaft mit Sitz in Halle vereinigt.

Ein inzwischen angelaufenes weiteres Neubauprogramm brachte den Aufbau besonderer Prüffelder für die Diesel- und Elektrotraktion als Betriebsteil Dessau der VES-M.

Gliederung der VES-M

Die Fertigstellung der Dessauer Anlagen und der Aufbau neuer Meßwagen für den

Versuchsbereich Halle erlaubten es der VES-M, umfangreiche Versuche anzustellen und eine wissenschaftliche Forschung auf allen Gebieten des Eisenbahnmaschinenwesens zu betreiben.
Zu den ursprünglich vorgesehenen Hauptfachgruppen

— Streckenversuche,
— Prüfstandversuche,
— Konstruktion und Entwicklung sowie
— Anlagen für elektrische Zugförderung
kam bald hinzu die Hauptfachgruppe
— Technologie und Bmt-Anlagen.

Diese Hauptfachgruppe hatte sich anfangs um die Entwicklung ortsfester technischer Anlagen des Betriebsmaschinendienstes, wie Drehscheiben, Schiebebühnen, Besandungs- und Bekohlungsanlagen, zu kümmern, mußte aber später insbesondere die Probleme der Einsatztechnologie des Triebfahrzeugparks in ihr Programm aufnehmen.

Ausrüstung der VES-M

Die VES-M verfügt sowohl im Betriebsteil Halle (Abb. 4) als auch im Betriebsteil Dessau (Abb. 5) über geräumige bauliche Anlagen. Im Betriebsteil Halle wurde Bedacht darauf genommen, die Versuchszüge und die Versuchsfahrzeuge mit ihren Meßwagen in geordnetem Arbeitsfluß schnell meßtechnisch ausrüsten, eichen und abrüsten zu können, was für die Versuchslokomotiven erforderte, eine zweckentsprechend bemessene Werkstätte mit Krananlagen einzurichten (Abb. 3).
Der Betriebsteil Dessau ist hingegen vor allem für die Prüfung von Einzelbauteilen moderner Traktionsmittel (Diesel- und Elektrotriebfahrzeuge) ausgestattet, wobei auch dort ganze Triebfahrzeuge oder Triebzüge auf entsprechenden Gleisanschlüssen geprüft werden können (Abb. 6 und 7).
Für die Fahrversuche auf dem Streckennetz der Deutschen Reichsbahn stehen dem Betriebsteil Halle Meßwagen und dazugehörige Beifahrzeuge zur Verfügung. Die ursprünglich übliche Bauweise der Meßwagen für spezielle Zwecke (Meßwagen für Lokomotiven, für Bremsen, für Fahrzeuglauf) veränderte sich in den letzten Jahren mit den Fortschritten der elektrischen und elektronischen Meßtechnik immer mehr in

6 Elektrisches Prüffeld in Dessau der VES-M

7 Dieselmotoren-Prüfstand in Dessau

Richtung auf Vielzweck-Meßwagen. Damit wird einerseits die Möglichkeit geschaffen, die sehr teueren Meßfahrzeuge besser auszunutzen, andererseits aber auch erreicht, daß in wenigen Meß-Versuchsfahrten wesentlich zahlreichere Meßgrößen gleichzeitig erfaßt werden können.

bzw. Einführung des elektrischen Zugbetriebs im Raum Magdeburg—Halle—Leipzig—Erfurt—Dresden nahm die VES-M in zunehmendem Maße ihre Versuche auf elektrifizierten Strecken vor; dabei bedient sie sich der Elektrolokomotiven der Baureihe E 18 als Zugkraft. Inzwischen sind diese

Im Betriebsteil Dessau ist das elektrische Prüffeld für die Prüfung aller elektrischen Einrichtungen sowohl von Elektro- als auch von Dieseltriebfahrzeugen vorzüglich ausgerüstet. Für die Erprobung unterschiedlicher Antriebssysteme können die Triebfahrzeuge und ihre aktiven Bauteile sowohl

8 Meßwagen II nach der Rekonstruktion

9 V 200 009 mit Meßwagen vor Beginn einer Meßfahrt im Bahnhof Saalfeld/Saale

Der erste Meßwagen, der für diese Meßtechnik ausgerüstet wurde, ist der bisherige Lokomotiv-Meßwagen II (Abb. 8), dessen Einsatz ursprünglich nur für die Messungen elektrischer Triebfahrzeuge geplant war.
Ihm folgen demnächst zwei Neubaufahrzeuge, bei denen die bisherigen guten Erfahrungen mit dem Meßwagen II wesentlich weiter genutzt werden sollen. Mit Rücksicht auf den sich anbahnenden Schnellverkehr werden diese Meßfahrzeuge für eine Fahrgeschwindigkeit von 220 km/h ausgelegt.
Im ersten Jahrzehnt ihres Bestehens hatte die VES-M ihr Augenmerk auf dem Gebiet der Zugkräfte naturgemäß der Dampflokomotive gewidmet. Seit der Wiederaufnahme

so vorbereitet worden, daß sie Fahrgeschwindigkeiten von 180 km/h erreichen können.
Mit dem zunehmenden Anteil der Dieseltraktion im Raum Halle bestand die Möglichkeit, auch Lokomotiven der Baureihe V 180^2 (C'C') mit zu verwenden, so daß zur Zeit Dampflokomotiven nur noch als Bremslokomotiven und für solche Schnellfahrten vorgehalten werden, für die Triebfahrzeuge einer anderen Traktionsart noch nicht bereitstehen.
Die noch benötigten Dampfzugkräfte, nämlich zwei Lokomotiven der Baureihe 18, zwei der Baureihe 19 und eine der Baureihe 03^{10}, wurden rekonstruiert und auf Ölfeuerung umgestellt.

mit Einphasen-Wechselstrom von 50 Hz oder von $16^2/_3$ Hz als auch mit Gleichstrom untersucht werden.
Das Prüffeld liefert außerdem dem Raw Dessau den 50-Hz-Einphasen-Wechselstrom in die Fahrleitung einer Prüfstrecke, auf der die in Dessau unterhaltenen Lokomotiven der Baureihe E 251 der Rübelandbahn erprobt werden.
Auf dem Dieselmotoren-Prüfstand können schnellaufende Dieselmotoren bis zu einer Leistung von 1200 PS einschließlich der nachgeschalteten Getriebe — soweit es sich um Ausrüstungen dieselhydraulischer Lokomotiven handelt — vollständig geprüft werden. In diesem Prüfstand sind umfang-

10 Schnellfahrlokomotive 18 201 wird zur Schnellversuchsfahrt vorbereitet

reiche Maßnahmen für die Geräuschbekämpfung getroffen worden, die es gestatten, die gesamten Probeläufe von einer schallsicheren Schaltwarte aus zu steuern und zu überwachen.

Gemeinschaftsarbeit mit anderen Bahnverwaltungen und mit der einheimischen Schienenfahrzeugindustrie

Mit den genannten Ausrüstungen und Anlagen sah sich die VES-M seit ihrer Gründung in die Lage versetzt, eine große Anzahl Versuchs- und Entwicklungsaufgaben zu erfüllen, die teilweise über den Rahmen der Deutschen Reichsbahn hinausgingen und in mehreren Fällen eine intensive Gemeinschaftsarbeit mit entsprechenden Institutionen innerhalb der OSShD ermöglichten. Schon 1959 wurde ein erstes internationales Thema in Angriff genommen, das die Anlenkung der Fahrzeuge im Gleis unter dem Einfluß des Oberbaues und der Fahrzeug-Parameter zum Inhalt hatte. An dieser für die Anwendung eines günstigen Fahrzeug-Begrenzungsprofils sehr wichtigen Aufgabe arbeiteten die Eisenbahnen der UdSSR, der Volksrepublik Polen, der ČSSR und der DDR gemeinsam. Dabei hatte die VES-M auch Vergleichsversuche auf dem Streckennetz der ČSD auszuführen.
In ähnlicher Weise fanden im großen Umfang internationale Drehgestell-Vergleichsversuche in mehreren Etappen auf dem Versuchsring der ČSD bei Velin statt, wobei zunächst noch die Dampftraktion angewendet werden mußte, mit der immerhin 175 km/h erreicht wurden (Abb. 10.)
Die internationale Zusammenarbeit wurde auf dem Sektor Geräuschbekämpfung bei Schienenfahrzeugen gemeinsam betrieben.
Darüber hinaus haben die VES-M, die VES für die Wagenwirtschaft Delitzsch und die volkseigene Industrie Richtlinien für die geräuscharme Gestaltung der Schienenfahrzeuge erarbeitet.
Die Errichtung eines ortsfesten Prüfstandes

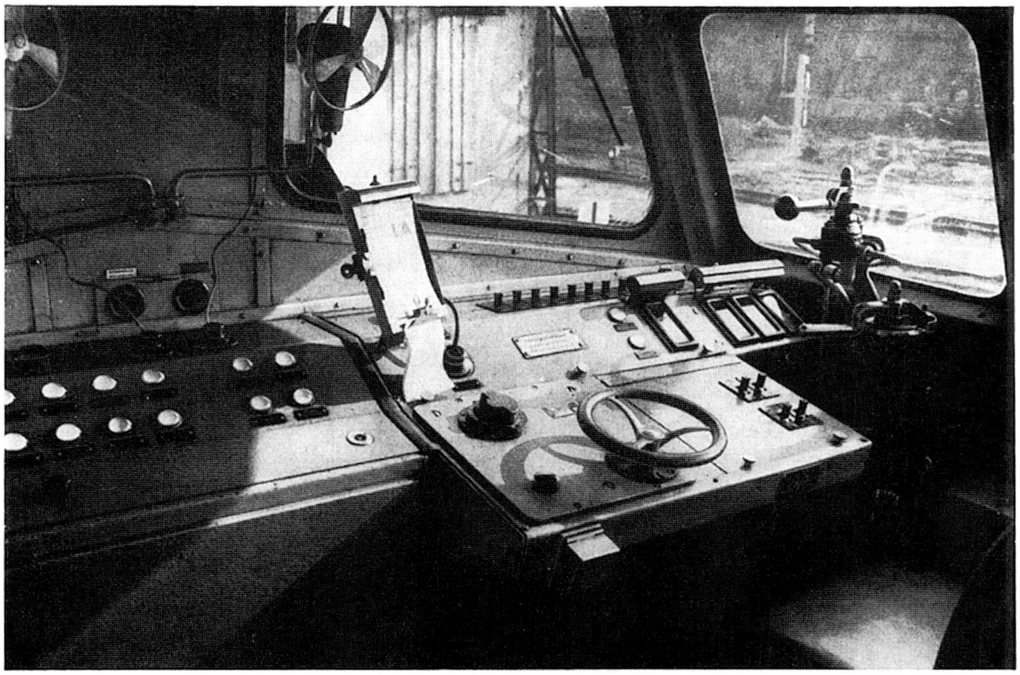

11

11 Führerstand bei der Serienausführung einer Nebenbahn-Diesellokomotive V 100

12 Leistungsversuche mit Lokomotiven des Braunkohlentagebaues Lochau bei Halle. (Der Meßwage läuft wegen der zu hohen Zughakenkraft beider Lokomotiven an der Spitze)

13 Bo'Bo'-Nebenbahn-Diesellokomotive der Baureihe V 100 (Serienausführung)

14 Elektrischer Triebzug ET 25[2]

für die Ausrüstung und Eichung besonderer Meßradsätze in Verbindung mit einer neuen Meßmethode für Seitenkraftmessungen an den Spurkränzen der Fahrzeuge erlaubt, bei den Laufgütemessungen auch die Führungskräfte an den Radsätzen zu untersuchen.
Für die Messungen des Wärmeaustausches an den Motor- und Getriebekühlsystemen dieselhydraulischer Lokomotiven schuf die VES-M ein Standprüfverfahren, das die Leistungsfähigkeit der Kühlanlagen bei allen Außentemperaturen über den gesamten Leistungsbereich sehr genau zu ermitteln gestattet.
Außerdem wurden sämtliche Neubau-Lokomotiven — teilweise mehrfach, um die Exemplarstreuung zu ermitteln — auf ihre Leistung, ihre Laufgüte und ihre Bremseigenschaften eingehend untersucht, wobei besonders umfangreiche Messungen und Kontrollen an den Lokomotiven der Baureihen V 200, V 180, V 100 und E 251 vorgenommen wurden (Abb. 9).
Einen wesentlichen Anteil an der Arbeit der Hauptfachgruppe für Streckenversuche stellt die Erprobung der unterschiedlichsten Neubau-Reisezugwagen und -Güterwagen der volkseigenen Schienenfahrzeugindustrie — insbesondere für den Export — dar.
Derartige Untersuchungen erstreckten sich gelegentlich auch auf Triebfahrzeuge und Reisezugwagen für 1000-mm-Spurweite, die — sofern es sich um Lokomotiven handelte — auf der hierfür besonders geeigneten Strecke von Schierke zum Brocken, bei den Reisezugwagen auf einer dafür hergerichteten Versuchsstrecke bei Angermünde stattfanden. Auf dieser Strecke wurden Schmalspurfahrzeuge mit Geschwindigkeiten bis zu 110 km/h gefahren.
Die Hauptfachgruppe für Streckenversuche unterhält sehr rege und umfangreiche Vertragsbeziehungen zu allen Betrieben der VVB Schienenfahrzeuge; ihre Untersuchungsergebnisse sind oft Bedingungen für die Exportlieferungen.
Auch Industriebahnen nehmen gelegentlich die Versuchskapazität der VES-M in Anspruch, so beispielsweise der Braunkohlentagebau Lochau bei Halle, um die Leistungssteigerung seiner Traktionsmittel zu prüfen (Abb. 12).
Die Auftragsforschung für die Schienenfahrzeughersteller nimmt einen breiten Raum ein. So fanden umfangreiche Messungen statt, um die Belastungshäufigkeit der Dieseltriebfahrzeuge im Betriebseinsatz kennenzulernen. Außer den laufenden Versuchsaufträgen, unter denen Arbeiten für die Senkung des Außengeräuschpegels einiger Diesellokomotiven und Erprobungen von Reisezugwagen für Geschwindigkeiten von 200 km/h einen besonderen Platz einnehmen, arbeitet die VES-M gemeinsam mit dem VEB Waggonbau Bautzen an Bau und Ausrüstung zweier neuer Universal-Meßwagen für sehr hohe Fahrgeschwindigkeiten.
Häufig parallel zu den umfangreichen Streckenuntersuchungen finden in den Prüffeldern des Betriebsteils Dessau die Untersuchungen einzelner wichtiger Aggregate der Triebfahrzeuge statt. So wurde insbesondere auf dem Dieselmotoren-Prüfstand das Zusammenwirken des Dieselmotors und Strömungsgetriebes bei der Baureihe V 180 grundlegend untersucht; ferner wurden dort Prüfstandläufe nach den Bedingungen des ORE-Zulassungsverfahrens mit dem verbesserten Dieselmotor 12 KVD 18/21 A II angestellt (vgl. Abb. 7).
Ein Großauftrag vom VEB LEW »Hans Beim-

ler« Hennigsdorf befaßte sich mit der Erprobung der Antriebsanlage einer in die UdSSR zu liefernden »Autonomen Lokomotive«, die auf der Leipziger Frühjahrsmesse 1965 allgemeines Aufsehen erregte.
Wesentlichen Anteil an der Lösung der für die Dieseltraktion außerordentlich wichtigen Schmierölfrage hatte der Betriebsteil Dessau: Er schuf eine Grobprüfmethode für Motorenölüberwachung in den Bahnbetriebswerken, wodurch die Ölwechselfristen fühlbar verlängert werden und somit Motorenöl eingespart werden kann.
Außer einer großen Anzahl von Langzeituntersuchungen einzelner Schaltelemente von Diesel- und Elektrolokomotiven leisteten die Prüffelder auch umfangreiche sozialistische Hilfe für Reichsbahnausbesserungswerke und Betriebsstellen der Deutschen Reichsbahn, indem sie Einlauf- und Abnahmeprüfungen aufgearbeiteter Dieselmotoren übernahmen sowie in der letzten Zeit die in bestimmten Laufleistungsintervallen notwendigen Leistungseinstellungen an dieselelektrischen Lokomotiven der Baureihe V 200 vornahmen.
Es versteht sich von selbst, daß alle bei den Fahrerprobungen und Standprüfungen festgestellten Mängel und Unzulänglichkeiten Gegenstand sorgfältiger Auswertungen bei den Herstellern sind und daß gemeinsam mit diesen die Mängel an künftigen Erzeugnissen vermieden werden. Diese Aufgabe obliegt nicht ausschließlich den Hauptfachgruppen, die die Erprobungen vornehmen, sondern auch der Hauptfachgruppe Konstruktion und Entwicklung, die die Technischen Forderungen für den Bau von Triebfahrzeugen erarbeitet, mit allen Triebfahrzeugherstellern ständig engen Kontakt hält und bei der Gestaltung der Gesamtkonzeption und der einzelnen Baugruppen der Triebfahrzeuge entscheidend mitwirkt. Als besonders erfolgreich haben sich dabei ständige Konstruktionsberatungen bewährt, die teils bei der VES-M, teils bei den Herstellern abgehalten werden. Als ein Musterbeispiel für eine derartige gute Zusammenarbeit kann die B'B'-Nebenbahn-Diesellokomotive der Baureihe V 100 angesehen werden (Abb. 11 und 13).
Bei der Gemeinschaftsarbeit mit den Lokomotivwerken bediente sich die VES-M seit mehreren Jahren auch der elektronischen

12

13

14

Datenverarbeitung, als die Leistungsgrößen und Stückzahlen der Neubau-Triebfahrzeuge zu untersuchen waren.
Schließlich hat die VES-M sämtliche wesentliche Anträge auf Bauartänderungen am vorhandenen Triebfahrzeugpark, die sich aus den fortschreitenden Erfordernissen des Betriebs- und Erhaltungsdienstes ergeben, zu beurteilen und zu genehmigen.

Überwachung und Anleitung der Rekonstruktion

Die VES-M, Hauptfachgruppe Konstruktion und Entwicklung, wirkt nicht nur bei vielfältigen Standardisierungsvorhaben mit, sondern bearbeitet als Konstruktionsstelle die Rekonstruktionsprogramme einzelner Triebfahrzeugbauarten der Deutschen Reichsbahn. Dabei hat sie auch die Bauarbeiten in den entsprechenden Betrieben bzw. Reichsbahnausbesserungswerken anzuleiten und zu überwachen.
So sind in den letzten Jahren — beginnend mit der Rekonstruktion einiger Dampflokbaureihen — auch grundlegende Umbauten an älteren Schnelltriebzügen sowie an einigen elektrischen Triebzügen konstruktiv entwickelt und von hier aus eingeführt worden. Abbildung 14 zeigt als bemerkenswertes Rekonstruktionsbeispiel die inzwischen auch auf Ölhauptfeuerung umgestellte Schnellzuglokomotive der Baureihe 01^5 und Abbildung 15 den beinahe einem Neubau gleichenden elektrischen Triebzug der Baureihe ET 25^2.
Außerdem geht von der VES-M eine Vielzahl weniger umfangreicher Verbesserungen des Triebfahrzeugparks aus. Sie nimmt auch wesentlichen Anteil an der Vorbereitung und Mitwirkung, wenn vereinheitlichte Parameter der modernen Triebfahrzeuge international festgelegt werden.

Forschung für die Elektrifizierung

Die VES-M beschäftigt sich aber nicht nur mit der Entwicklung moderner Zugkräfte, sondern auch in der entsprechenden Hauptfachgruppe mit dem Gesamtkomplex aller mit der Elektrifizierung zusammenhängenden Fragen.
Die Wiederaufnahme des elektrischen Zugbetriebs bei der Deutschen Reichsbahn stellte zunächst die Aufgabe, ein vollständig neues Zeichnungswerk für die Streckenausrüstung zu schaffen (Ezs-Zeichnungswerk), um der elektrotechnischen Industrie überhaupt erst die Grundlagen für die Serienfertigung solcher Ausrüstungsteile zu übergeben. Die Entwicklungsarbeit erstreckte sich von Isolatoren höherer mechanischer Festigkeit und größerer elektrischer Überschlagfestigkeit über die Konstruktion neuer fernbedienter Masttrennschalter und 15-kV-Leistungsschalter bis zur Vereinheitlichung und Grundlagenbestimmungen neuer Unterwerke.
Nach diesen Unterlagen entstanden die Unterwerke Leipzig-Wahren, Gößnitz, Dresden und Weimar, wobei auch die Fernsteuerung der Masttrennschalter mit geschaffen wurde. Das Ausführungsbeispiel dafür war das Unterwerk Köthen.
Über mehrere Jahre hinweg wurden umfangreiche Studien über den Elektrifizierungsfortschritt, die dazu notwendigen Maßnahmen zur Beschleunigung und Verbilligung sowie über die Gestaltung des Streckenausbaues und Fahrleitungsaufbaues betrieben. Mit dem Institut für Energetik in Leipzig wurden zahlreiche Varianten der Stromversorgung des elektrifizierungswürdigen Netzes erarbeitet und die günstigste Variante sowohl für eine zentrale als auch für eine dezentrale Stromversorgung ermittelt.
Für das dezentral zu versorgende Netzteil trat die VES-M als Generalauftragnehmer gegenüber der Deutschen Reichsbahn für die Entwicklung von fahrbaren 10-MVA-Synchron-Synchron-Umformern auf, die nach dem Pflichtenheft der VES-M im Zusammenwirken mit dem VEB Elektromaschinenbau Sachsenwerk Dresden-Niedersedlitz, dem VEB Elektroprojekt Berlin, dem VEB Waggonbau Niesky und dem Reichsbahnausbesserungswerk Jena entworfen und gebaut wurden (Abb. 16). Die Entwicklung, der Aufbau und der anschließende Versuchsbetrieb dieser Umformer waren ein Musterbeispiel für die ausgezeichnete Zusammenarbeit zwischen den Entwicklungsbetrieben und den verantwortlichen Stellen der Deutschen Reichsbahn. Als Ergebnis zeigten die Umformersätze, die unsere elektrotechnische Großmaschinenindustrie erstmals geliefert hatte, eine hervorragende Qualität und ge-

15

15 Rekonstruktionslokomotive 01^5

16 Fahrbarer 10-MVA-Synchron-Synchron-Umformersatz

16

statteten es, den Versuchsbetrieb wesentlich zu verkürzen und sie damit vorzeitig zur Energielieferung in das Bahnnetz bereitzustellen.

Wichtige Arbeiten laufen zur Zeit für die künftige Umgestaltung der Berliner S-Bahn auf eine Stromschienenspannung von 1500 V und die damit verbundene Erneuerung und Modernisierung der gesamten Stromversorgung dieses Netzes.

In einem besonderen Prüffeld der Hauptfachgruppe für ortsfeste Anlagen der elektrischen Zugförderung und mit einem geländegängigen Meßfahrzeug werden zur Untermauerung der theoretischen Untersuchungen auch zeitweise Versuche an Einzelbauteilen der elektrischen Streckenausrüstung vorgenommen.

Vorbereitung auf die elektronische Datenverarbeitung

Der gesamte Ablauf des Maschinendienstes bei der Deutschen Reichsbahn wird seit einigen Jahren in zunehmendem Maße von der Hauptfachgruppe Technologie und Bmt-Anlagen betreut. Mit der fortschreitenden Einführung der elektronischen Datenverarbeitung in die Behandlung des Eisenbahnbetriebsablaufes führte sie mehrjährige grundlegende Optimierungs- und Programmierungsarbeiten aus. Sie schuf damit die Voraussetzung, daß der Einsatz und die Ausnutzung der Triebfahrzeuge in steigendem Maße dem Fingerspitzengefühl der »Lokkuppler« entzogen und den exakt arbeitenden Rechenautomaten übertragen werden.

Beim Aufbau des zentralen Leitungssystems für den gesamten Güterverkehr der Deutschen Reichsbahn (System ADAG), worüber an anderer Stelle dieses Buches berichtet wird, hat die VES-M gründliche Teilarbeit geleistet und dem Hauptdienstzweig Maschinenwirtschaft bereits in der ersten Etappe der Einführung des Systems ADAG einen sinnvollen Anteil gesichert.

Es wurde auch dafür gesorgt, daß die größeren wissenschaftlichen Arbeiten anderer Hauptfachgruppen der VES-M mit der Datenverarbeitung optimal behandelt und schneller gelöst werden konnten.

Informations- und Dokumentationsdienst

Ein zweckmäßig aufgebauter Informations- und Dokumentationsdienst, der mit den Informationsstellen der DDR eng verbunden ist, gewährleistet, daß den wissenschaftlichen Mitarbeitern der VES-M die modernste Literatur ihrer Arbeitsgebiete schnell und vorbereitet zur Verfügung gestellt wird. Dabei beschafft die dem Büro für Neuererwesen angegliederte Patentgruppe die notwendigen patentrechtlichen Unterlagen und stellt Patentrecherchen an.

Das Büro für Neuererwesen arbeitet mit Hilfe mehrerer zentraler Neuererbrigaden für den gesamten Bereich des Maschinendienstes als zentrale Gutachter- und als Förderungsstelle für die Neuerer. Ihm fließen aus den Dienststellen der Maschinenwirtschaft, den Reichsbahnausbesserungswerken, den Hauptfachgruppen der VES-M und den einschlägigen Industriebetrieben die notwendigen Informationen zu, um die Vorschläge der Neuerer gründlich und mit hohem Nutzeffekt zu bearbeiten und einführungswürdige Vorschläge so bald und so umfassend wie

möglich im Triebfahrzeugpark der Deutschen Reichsbahn wirksam werden zu lassen.
Von hohem Wert erweist sich dafür ebenso wie für die Behandlung aller Anträge auf Bauartänderungen das Zentrale Archiv der VES-M, in dem die Zeichnungssätze aller Triebfahrzeuge der Deutschen Reichsbahn — zum großen Teil in Originalen — zusammengefaßt sind und durch einen mit der Industrie abgestimmten Änderungsdienst laufend auf dem neuesten Stand gehalten werden.

Einige Aufgaben der nächsten Zukunft

Die endgültige Traktionsumstellung bei der Deutschen Reichsbahn erfordert auf einigen Gebieten die grundlegende und verantwortliche Mitarbeit der VES-M. Dabei gilt insbesondere zu lösen: Entwicklung, Bau, Erprobung und Seriengestaltung

1. der Triebzüge für die kommenden Stadtschnellbahnen und die Leistungssteigerung der Berliner S-Bahn nebst Vollerneuerung ihres Fahrzeugparks;

2. der schnellfahrenden Großdiesellokomotiven der Baureihen V 300 und V 400;

3. der schweren Elektrolokomotiven der Baureihe E 51 (Co'Co') in den Varianten als Güterzug- und als Schnellfahrlokomotive und schließlich

4. die Festlegung und Gestaltung der einzelnen Etappen für einen automatischen Lok- bzw. späteren Zugbetrieb.

Die Probleme der Stromversorgung im elektrifizierten Netz unter Berücksichtigung der Stadtschnellbahnen müssen erneut aufgegriffen und geklärt werden. Geeignete Fahrleitungen und Stromabnehmer für sehr hohe Fahrgeschwindigkeiten sind einzuführen. Die Arbeiten auf dem Gebiet der Starkstromtechnik bei besonderer Beachtung der modernen Lichttechnik sind voranzutreiben, vor allem deshalb, um die Unterhaltung rationeller zu gestalten.
Die Milliarden-Investitionen im Hauptdienstzweig Maschinenwirtschaft der Deutschen Reichsbahn für den Traktionswandel zwingen zu einer bisher nicht gewohnten Ausnutzung des Triebfahrzeugparks. Mit Hilfe der elektronischen Datenverarbeitung müssen künftig die besten Fahrzeugkupplungen und Fahrzeugumläufe nicht nur für die jeweiligen Fahrplanabschnitte einmalig ermittelt, sondern ständig überprüft und gegebenenfalls berichtigt werden, damit höchste Einsatzzeiten und Laufleistungen für die Triebfahrzeuge gesichert werden.
Die elektronische Datenverarbeitung muß auch verstärkt für die Information und Dokumentation genutzt werden, um die schöpferische Arbeitskraft der Ingenieure von Routinearbeiten und Ballast zu befreien und sie somit auf die eigentliche Forschung und Entwicklung zu konzentrieren. Das erfordert auch, die Zusammenarbeit mit den Hoch- und Fachschulen ebenso wie mit den Neuerern weiterzuentwickeln. Die großen Möglichkeiten der elektronischen Datenverarbeitung werden auch verstärkt im eigentlichen Versuchsbetrieb Platz greifen müssen, um in steigendem Maße nach Aufstellung geeigneter Rechenprogramme insbesondere sogenannte Routine-Programme aus dem Versuchsfahrbetrieb zu entfernen und rechnerisch zu behandeln.
Aus dieser keineswegs vollständigen Aufzählung künftiger Entwicklungsarbeiten folgt, daß die Ausstattung der VES-M mit Meß- und Prüfeinrichtungen jeweils vervollkommnet werden muß, daß vor allem weitgehend automatisierte Meß- und Auswerteverfahren immer breiter Eingang finden müssen. In dem Zusammenhang haben sich die Leitungs- und Ingenieurkader der VES-M ständig weiterzuqualifizieren, wozu das derzeitige sehr günstige Durchschnittsalter dieser Mitarbeiter (36 Jahre) beste Voraussetzung ist.

Zusammenfassung

In diesem engen Rahmen konnten nur die wesentlichsten technischen Erfolge und Aufgaben der VES-M erläutert werden. Der Nutzen der Neuererbewegung, die Leistungen der Kollektive der sozialistischen Arbeit, die alle nicht unwesentlich zu den hier geschilderten rein technischen Erfolgen beitrugen, müssen in einer späteren Abhandlung gebührend gewürdigt werden.
Bei voller Wahrnehmung aller Anpassungsmöglichkeiten an die stürmische Weiterentwicklung der in ihrem Bereich einsetzbaren Technik wird die Versuchs- und Entwicklungsstelle für die Maschinenwirtschaft der Deutschen Reichsbahn auch in den kommenden Jahren in der Lage sein, die Entwicklung des Maschinendienstes unseres sozialistischen Eisenbahnwesens technisch-ökonomisch wesentlich mitzugestalten.

Autorenkollektiv der VVB Schienenfahrzeuge

Diesellokomotiven aus der Deutschen Demokratischen Republik

Weit über 125 Jahre hat die Dampflokomotive zuverlässig ihren Dienst versehen. Sie erreichte in dieser Zeit bis zur Mitte unseres Jahrhunderts eine technische Reife, die uneingeschränkte Hochachtung verdient. Dennoch ist die Dampflokomotive vom Prinzip her ein sehr unrentabel arbeitender Energieumwandler (vgl. Eisenbahn-Jahrbuch 1966, Seite 9), die sich in ihrer jetzigen Konzeption auch nicht mehr weiterentwickeln läßt.

Aus diesem Grund muß sie wirtschaftlicheren Traktionsmitteln Platz machen. Die Entwicklung der Dampflokomotive als einer der populärsten technischen Marksteine der letzten 100 Jahre ist somit abgeschlossen.

Die Nachteile der Dampflokomotive veranlaßten schon frühzeitig, grundsätzlich neue Antriebsarten ausfindig zu machen und zu erforschen. Diese wurden in der Elektro- und in der Dieseltraktion gefunden, die sich vor allem nach dem zweiten Weltkrieg immer stärker durchzusetzen begannen.

Die Ablösung der Dampflokomotive geschieht heute in den meisten Ländern Europas dergestalt, daß dichtbelegte Strecken elektrifiziert und als Ergänzung dazu alle anderen Strecken und der Rangierdienst auf Dieselbetrieb umgestellt werden. Dieser Weg wird auch in der Deutschen Demokratischen Republik beschritten.

Der volkseigene Schienenfahrzeugbau unserer Republik bekam bereits im März 1956 auf der 3. Parteikonferenz und besonders auf dem V. Parteitag der Sozialistischen Einheitspartei Deutschlands im Juli 1958 den Auftrag, unter anderem leistungsfähige Diesellokomotiven zu konstruieren und zu bauen. Für die Konstruktion und den Bau

1 *Die V 15 ist für den Rangierdienst gedacht*

2 *Die V 60 dient hauptsächlich dem Rangier- und leichten Streckendienst*

solcher Großdiesellokomotiven fehlten zu dieser Zeit den Arbeitern, Technikern und Ingenieuren unserer Industrie noch die notwendigen Erfahrungen. In der Öffentlichkeit war es zunächst eine Aufgabe des Schienenfahrzeugbaues. Aber es gibt wohl außer dem Schiffbau kaum einen anderen Industriezweig, der so tief und breit mit anderen Industriezweigen verflochten ist wie die Produktion moderner Diesellokomotiven; das kann nur das Werk und das Ergebnis der Arbeit Tausender von Mitarbeitern vieler Industriebetriebe sein. Deshalb konnte es auch lediglich durch die sozialistische Gemeinschaftsarbeit zwischen Lokomotivbauern, Motoren- und Getriebeherstellern und Werktätigen der Elektroindustrie sowie Ingenieuren und Wissenschaftlern einschlägiger Institute gelingen, in verhältnismäßig kurzer Zeit eine Typenreihe von Diesellokomotiven verschiedener Leistungen zu entwickeln und zu bauen. Diese Lokomotiven haben sich unterdessen bei der Deutschen Reichsbahn bewährt. Wir können somit heute feststellen, daß die Schienenfahrzeugindustrie der Deutschen Demokratischen Republik den internationalen Stand im Dieseltriebfahrzeugbau erreicht hat.
Der Weg bis hierher war mühevoll, interessant und lehrreich zugleich; es lohnt sich, ihn rückwärtsschauend noch einmal zu verfolgen:

Zwei Werke bauen Diesellokomotiven

Babelsberg ist international bekannt nicht nur durch die DEFA, die hier ihren Sitz und ihre Ateliers hat, sondern auch durch das Lokomotivwerk, das nun fast 70 Jahre lang Triebfahrzeuge für die Eisenbahn baut. Hier stand die Wiege der Dampflok-Baureihen 41, 50, 52, 64, 84, 86 und 87 sowie der ersten 360-PS-Lokomotive mit dieselhydraulischer Kraftübertragung.

Da der zweite Weltkrieg auch in Babelsberg nur zerstörte Produktionsstätten hinterlassen hatte, begannen im August 1945 die Aktivisten der ersten Stunde damit, die Produktion zu organisieren. Zunächst mußten zur Wiederingangsetzung des Eisenbahnverkehrs Dampflokomotiven repariert werden. Für den stetig steigenden Transportbedarf der Deutschen Reichsbahn reichte aber der ausgebesserte Lokomotivpark bald nicht mehr aus, so daß ein Neubau von Dampflokomotiven erforderlich wurde. Die wirtschaftliche Situation auf unserem Territorium, noch verschärft durch die Spaltung Deutschlands, regte die Ingenieure zu vielen Versuchen, zu neuen Gedanken und Ideen an, um die Ökonomie der Dampflokomotive zu verbessern, was auch gelang. 1947 verließen schon die ersten Neubauten mit einer Leistung von 500 bis 700 PS das Werk. Ihnen folgten die Lokomotiven der Baureihen 83^{10}, 65^{10}, 23^{10}, 50^{40} sowie feuerlose Lokomotiven und Kleindieseltriebfahrzeuge. 1952 rollte die 1000. Neubau-Lokomotive aus der Fertigungshalle. Und 10 Jahre später, als die letzte der fast 2000 Dampflokomotiven, die hier nach 1945 gebaut worden waren, den VEB Lokomotivbau »Karl Marx« Babelsberg verließ, wurde die Produktion auf Diesellokomotiven umgestellt.
Diese Umstellung war insofern schwierig, als — wie erwähnt — nicht nur wenig Erfahrungen im Bau von Großdiesellokomotiven vorlagen, sondern auch produktionstechnische Voraussetzungen für ausreichend erprobte Einbauaggregate, wie Motoren, Getriebe und sonstige Ausrüstungen, in der gesamten Republik fehlten. Es mußten also erst Betriebe geschaffen werden, die derartige Aggregate — ihr Anteil an einem Dieseltriebfahrzeug beträgt immerhin bis zu 60 Prozent — herzustellen vermochten. Außerdem erforderte der Beginn der Serienfertigung von Diesellokomotiven nach modernsten Gesichtspunkten umfangreiche Investitionsmittel für Neu- und Erweiterungsbauten im VEB Lokomotivbau »Karl Marx« Babelsberg.

3 Die V 100 eignet sich wie die V 60 für den Rangier- und den leichten Streckendienst mit höheren Anforderungen

4 V 180 001 war der Prototyp der heute wesentlich verbesserten Großdiesellokomotiven aus Babelsberg

5 *Diese V 180 B'B' stammt aus der Serienproduktion*

1 *Heizkessel*
2 *Kühlwasserausgleichbehälter*
3 *Kühlanlage*
4 *Abgasanlage*
5 *Luftansauganlage mit Filter*
6 *Dieselmotor 12 KVD 21 A*
7 *Apparateschrank II*
8 *Strömungsgetriebe*
9 *Bedienungstisch*
10 *Getriebeölwärmetauscher*
11 *Lüftergenerator*
12 *Achsgetriebe*
13 *Batterie*
14 *Kraftstoffbehälter*
15 *Hauptluftbehälter*
16 *Apparateschrank IV*
17 *Kraftstoffpumpe für Heizkessel*
18 *Kesselspeisewasserpumpe*
19 *Apparateschrank III*
20 *Wasserbehälter*
21 *Schmierölvorpumpe*
22 *Lichtanlaßmaschine*
23 *Apparateschrank I*
24 *Kolbenverdichter*

6 *Maßskizze der V 200 B'B' (bei der Deutschen Reichsbahn wird die Werksbezeichnung V 200 in V 180' abgeändert)*

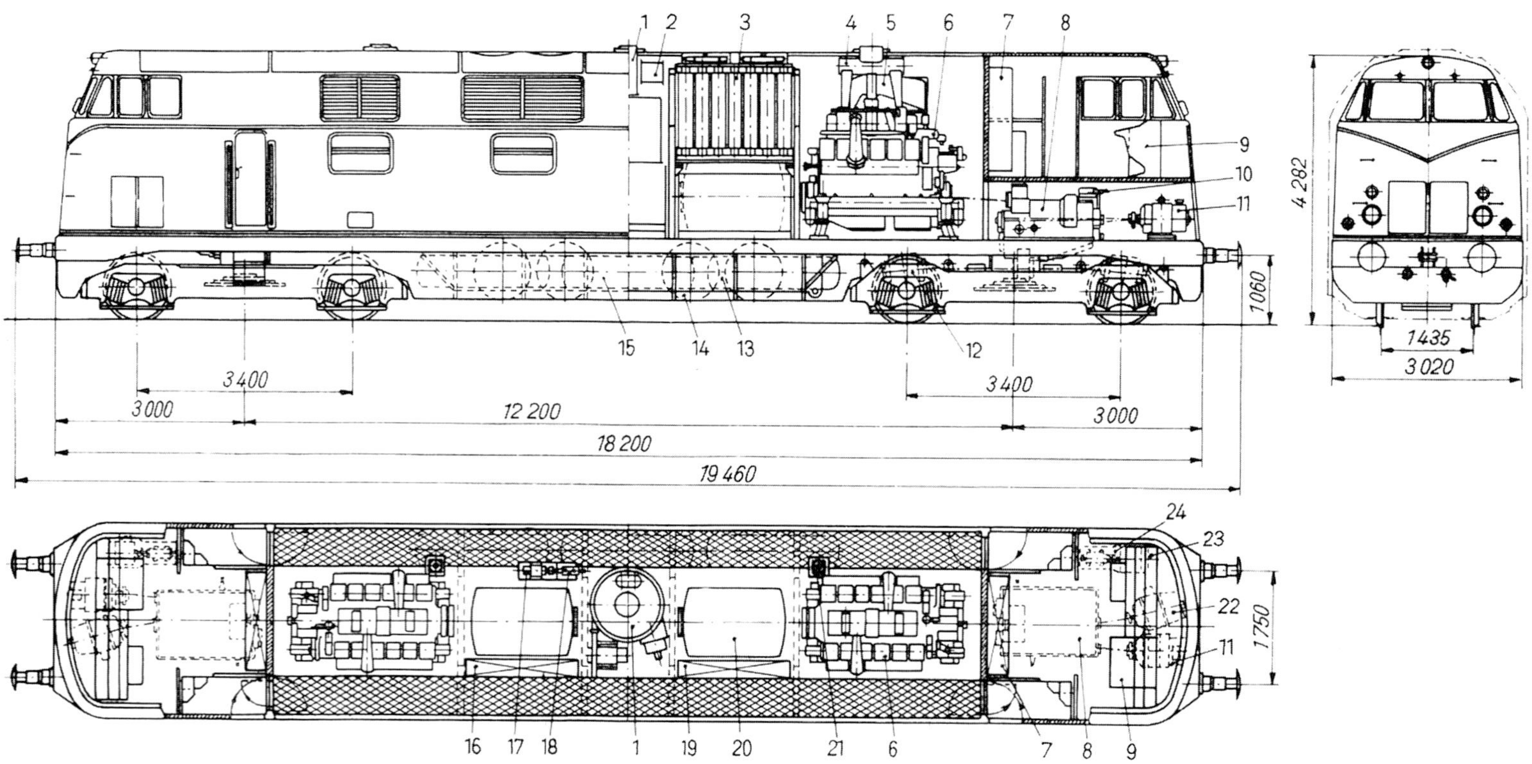

Ferner mußten die Arbeiter und Ingenieure, die im Dampflokomotivbau zweifellos große Erfahrungen besaßen und reiche Traditionen aufweisen konnten, es lernen, vollkommen neue Probleme in der Entwicklung zu lösen und anders geartete Methoden in der Fertigung einzuführen und zu beherrschen. Die technische Revolution erfaßte ein ganzes Werkkollektiv und damit jeden einzelnen Lokomotivbauer. Unter Führung der Betriebsparteiorganisation der Sozialistischen Einheitspartei Deutschlands und durch den aktiven Einfluß der Betriebsgewerkschaftsleitung konnte die Umstellung schnell beendet werden. Junge Ingenieure, die zum Teil erst in unserem Staat herangebildet worden waren, packten die Aufgaben besonders mutig an und erfüllten sie hervorragend. In kaum einem anderen Land, das vor einer ähnlichen Situation stand, wurden so schnell so vorbildliche Leistungen vollbracht.

In der Folgezeit wurde auch der VEB Lokomotivbau und Elektrotechnische Werke »Hans Beimler« Hennigsdorf in diese Entwicklung einbezogen, so daß es heute in der Deutschen Demokratischen Republik zwei führende Werke gibt, die sich mit dem Bau von Diesellokomotiven befassen.

7 *Hakenzugkraftdiagramm der V 200 B'B'*

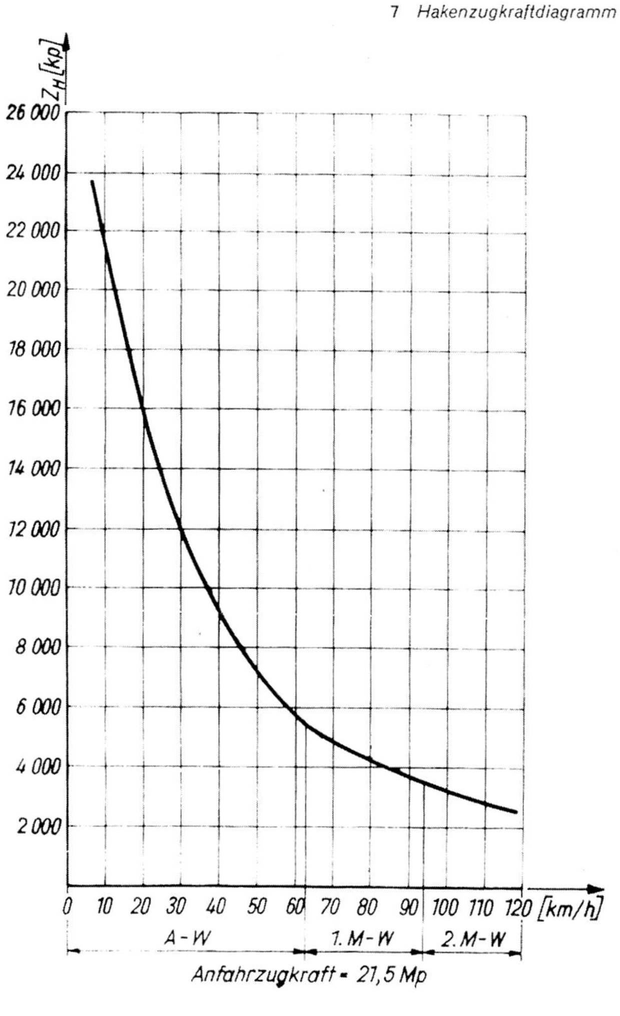

	V 10	V 10	V 22	V 30	V 180 V 200	V 200 V 240
Achsfolge	C	B	B	C	B'B'	C'C'
Dienstmasse [t]	16	18	24	30	78	90
Achslast [Mp]	5,4	9	12	10	19,5	15
Geschwindigkeit [km/h]	24	30	35	30	120	120
Kleinste Dauerfahrgeschwindigkeit [km/h]	2	2,5	5,3	4,5	21	21
Anfahrzugktaft [Mp]	4,900	3,950	7,920	9,800	21,5	21,5
Kleinster befahrbarer Halbmesser [m]	20	40	40	50	100	100
Abmessungen						
Länge über Puffer [mm]	5340	6940	6940	8000	19460	19460
Größte Breite [mm]	1840	2996	3000	3000	3020	3020
Größte Höhe [mm]	2730	3500	3585	3500	4280	4280
Drehzapfenabstand [mm]	—	—	—	—	12200	10910
Drehgestellachsstand [mm]	—	—	—	—	3400	3600
Gesamtachsstand [mm]	1800	2500	2500	3100	15600	14510
Raddurchmesser [mm]	700	1000	1000	900	1000	1000
Dieselmotor						
Hersteller	Schönebeck	Schönebeck	Roßlau	Roßlau	Jhth.**	Jhth.**
Typ	6VD14,5/12 SRL 6VD14,5/12 SRW	6VD14,5/12 SRL	6VD18/ 15—1 SRW	6VD18/15 A—1	12 KVD 21A—II	12 KVD 21A—II
Dauerleistung [PS]	102	102	220	330	2×900 bis	2×1200
Nenndrehzahl [min^{-1}]	1500	1500	1500	1500	1500	1500
Strömungsgetriebe						
Hersteller	Penig***	Penig***	Dresden	Dresden	Dresden	Dresden
Typ	mechan.	mechan.	GSU20/ 4,2	GSU20/ 4,2	GSR30/ 5,7	GSR30/ 5,7
Bauart	4-Gang	4-Gang	W-W	W-W	W-W-W	W-W-W
Achsgetriebe						
Hersteller	—	—	—	—	Gotha	Gotha
Typ	—	—	—	—	20 Mp	16 Mp
Batterie						
Typ	6EL12	6EL12	6EL12	6EL12	4Gt6V	4Gt6V
Spannung [V]	12	12	24	24	110	110
Kapazität [Ah]	180	180	180	270	260	260
Bremskompressor						
Typ	2HS3-63/75	2HS3-63/75	2HS3-71/100	2HS3-71/100	2HS3-71/100	2HS3-71/100
Nenndrehzahl [min^{-1}]	1000	1000	1000	1000	1000	1000
Fördermenge [m^3/h]	25	25	50	50	63	63
Max. Druck [kp/cm^2]	10	10	10	8	10	10
Heizkessel						
Durchmesser [mm]	—	—	—	—	1170	1170
Wasserinhalt [m^3]	—	—	—	—	0,42	0,42
Dampfleistung [kg/h]	—	—	—	—	800	800
Betriebsdruck [kp/cm^2]	—	—	—	—	5	5
Betriebsstoffe						
Strömungsgetriebeöl mit Wärmetauscher [l]	—	--	132	132	440	440
Nachschaltgetriebeöl [l]	40***	40***	40	40		
Achsgetriebeöl [l]	—	—	—	—	90	90
Motorschmieröl, mit Wärmetauscher [l]	15	15	60	60	300	300
Kühlwasser [l]	150	—	240	340	1390	1390
Vorräte						
Dieselkraftstoff [l]	160	350	400	500	3700	3700
Wasser [l]	—	—	—	—	3000	3000
Sand [kg]	60	185	300	300	450	450

* Einschließlich Antenne für Rangierfunk
** Berlin-Johannisthal
*** Mechanisches 4-Gang-Blindwellengetriebe mit Wendeschaltung

8

Typenprogramm für die Deutsche Reichsbahn

Die Schienenfahrzeugindustrie arbeitete gemeinsam mit der Deutschen Reichsbahn zunächst die Forderungen aus, die an die Diesellokomotive zu stellen sind. Bei den Auseinandersetzungen über das Typenprogramm wurden alle Möglichkeiten genutzt, die die sozialistischen Produktionsverhältnisse bieten.

Eingehende Untersuchungen und die vorausschauende Beurteilung der internationalen Entwicklungstendenzen führten zu einer Typenreihe, die sowohl der Deutschen Reichsbahn einen beachtlichen Nutzen bringt, als auch durch Abstimmung mit den Mitgliedsländern des Rats für Gegenseitige Wirtschaftshilfe garantiert, daß die eigene Entwicklungs- und Produktionskapazität und die der befreundeten sozialistischen Länder soweit wie möglich ausgelastet werden.

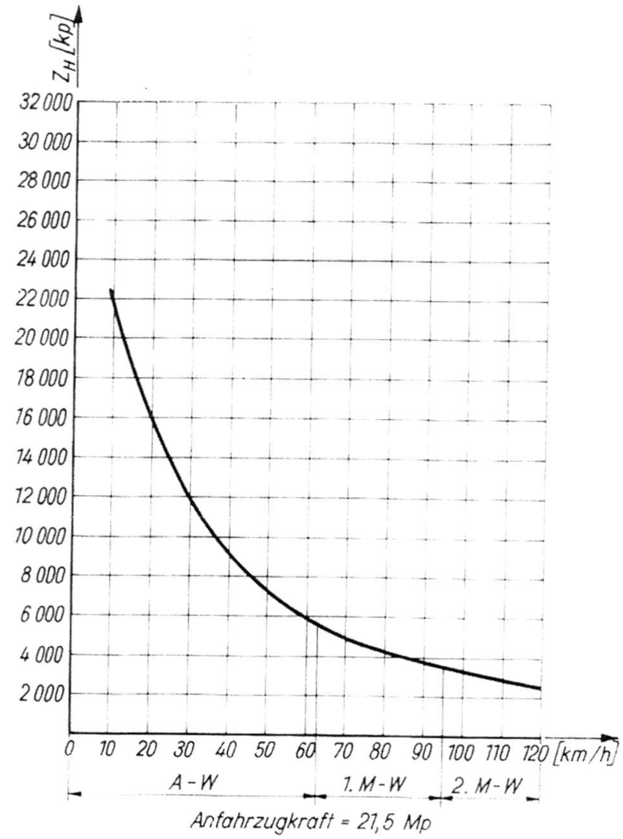

10

8 *Mit zwei dreiachsigen Drehgestellen ist diese Serie der V 180 ausgestattet (Werksbezeichnug V 200 C'C')*

9 *Maßskizze der V 200 C'C'*

10 *Hakenzugkraftdiagramm der V 200 C'C'*

9

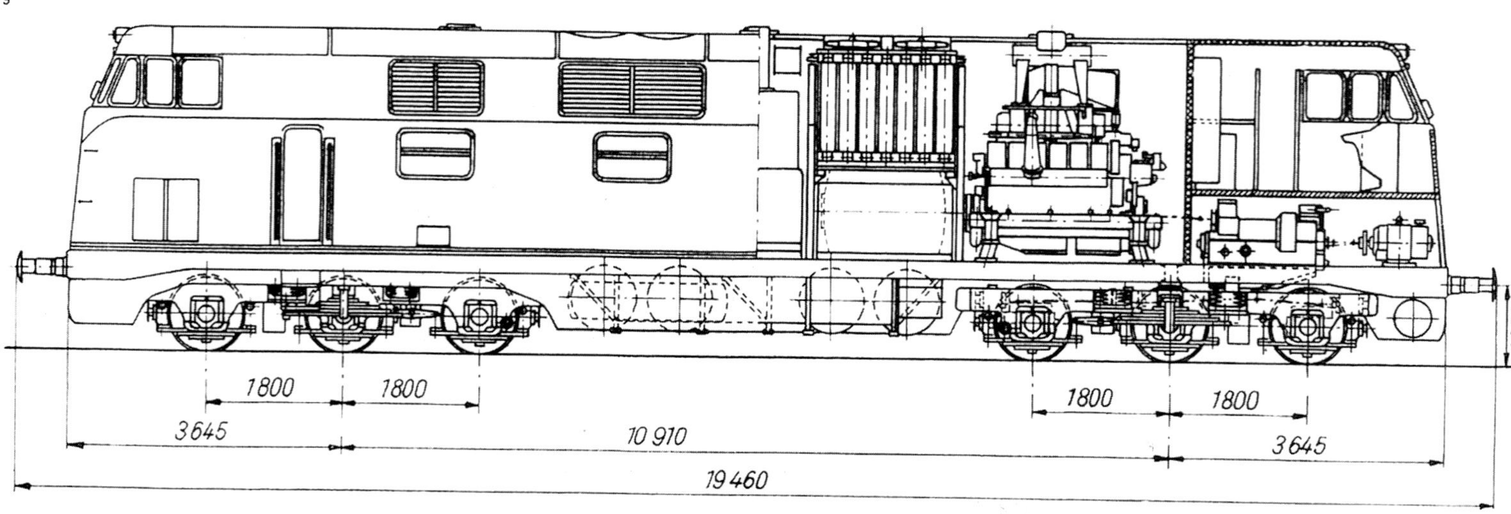

Insbesondere wurde erreicht, daß die Hauptaggregate der einzelnen Lokomotivtypen untereinander austauschbar sind. Die Vereinheitlichung der maschinellen Ausrüstungen hat große Vorteile für die Betriebs- und Unterhaltungswirtschaft der Bahnverwaltungen. Sie gestattet aber vor allem auch eine großzügig angelegte Fertigungstechnik nach modernen Methoden.
Voraussetzung dafür war wiederum, daß innerhalb der einzelnen Typen ein hoher Standardisierungsgrad erreicht wurde, der jetzt fast 80 Prozent beträgt. Daß man die Hauptbaugruppen für verschiedene Lokomotivtypen vereinheitlichte, erlaubte schließlich den Produzenten dieser Bauteile, wirtschaftlich günstige Stückzahlen zu fertigen. Und die Bahnverwaltungen ziehen daraus den Nutzen, daß ihre Reparaturtechnologie einfacher und die Lagerhaltung ökonomischer werden.
Als die Konstruktion der Diesellokomotiven vorbereitet wurde, war zu überlegen, welche Kraftübertragung gewählt werden sollte. Bekanntlich kann die Leistung des Dieselmotors nicht direkt auf die Antriebsräder übertragen werden, wie das bei der Dampflokomotive zwischen Zylinder und Treibrädern der Fall ist. Die Diesellokomotive benötigt ein Zwischenglied, das zuläßt, bei relativ konstanter Drehzahl des Motors die Drehzahl und das Drehmoment der Antriebsräder entsprechend der benötigten Zugkraft und Geschwindigkeit zu variieren.
Zur Übertragung kleinerer Leistungen genügt ein mechanisches Getriebe, wie es von jedem Kraftwagen her bekannt ist. Mechanische Getriebe haben auch die Kleinlokomotiven bis etwa 100 PS, die im VEB Lokomotivbau »Karl Marx« Babelsberg gebaut werden.
Für das Übertragen größerer Leistungen eignet sich die elektrische oder die hydraulische Kraftübertragungsart. Die Schienenfahrzeugindustrie der DDR entschied sich in der Hauptsache für die hydraulische Kraftübertragung bei Lokomotiven. Selbstverständlich ist sie auch in der Lage, dieselelektrische Lokomotiven zu liefern, sofern der Kunde das wünscht.
Sich zu entscheiden für die hydraulische Kraftübertragung war die eine Seite, sie zu verwirklichen die andere. Die auf dem Föttingerprinzip beruhenden Getriebe, die durch verschiedene Kombinationen von Wandler und Kupplung gestatten, die Zugkraftkurve an die idealen Bedingungen weitgehend anzugleichen, wurden bis dahin von keinem Betrieb in unserem Land hergestellt. Daher gingen die Arbeiter, Ingenieure und Wissenschaftler des VEB Turbinenfabrik Dresden gemeinsam mit Angehörigen der Schienenfahrzeugindustrie, der Deutschen Reichsbahn und der Hochschulinstitute daran, derartige komplizierte Aggregate zu entwickeln. In einer recht kurzen Zeit entstand eine Typenreihe hochleistungsfähiger Strömungsgetriebe, die ähnlichen Erzeugnissen des Weltmarktes in keiner Weise nachstehen.
Ebenso verdienen die Werktätigen der Dieselmotorenindustrie hervorgehoben zu werden. Sie schufen in sehr kurzer Frist eine Dieselmotorenreihe, die auf den gleichen Typungsgrundlagen aufbaut wie die Strömungsgetriebe.
Kennzeichnend für alle Entwicklungsarbeiten am Diesellokomotivprogramm in der DDR waren die hohe Eigenverantwortlichkeit und die zielstrebige Initiative, mit der die Kooperationspartner der Schie-

11 *Modern gestaltet ist die Stirnpartie dieser V 200 B'B'*

12 *Die Stirnpartie dieser V-200-Serie wurde noch weiter verbessert*

13 *Eine V240 mit dreiachsigen Drehgestellen (Weiterentwicklung der V200 C'C' mit 2400 PS)*

nenfahrzeugindustrie ihre Aufgabe meisterten. Auch das kleinste Teil einer Diesellokomotive muß in höchster Präzision und in bester Qualität ausgeführt sein, damit die im Eisenbahnwesen geforderte Betriebssicherheit stets gewährleistet ist. Ein Komplexwettbewerb zwischen den Babelsberger Diesellokomotivbauern und den Beschäftigten in den Zulieferbetrieben leistete wertvolle Hilfe, um dieses Ziel zu erreichen.
Die breite sozialistische Gemeinschaftsarbeit schuf somit die Voraussetzung, daß die Schienenfahrzeugindustrie der Deutschen Demokratischen Republik heute Diesellokomotiven für fast alle Zwecke und alle Bedingungen des Eisenbahnbetriebsdienstes anbieten kann. Das Typenprogramm der in Babelsberg und Hennigsdorf gefertigten Diesellokomotiven umfaßt die in der Tabelle auf Seite 83 zusammengestellten Fahrzeuge.
Neue Werkstoffe, speziell Plaste (zum Beispiel für Isolierzwecke, für Abdeckungen aller Art, für Vorratsbehälter), werden heute verwendet. Hierdurch gelang es, die Fertigungskosten zu senken, vor allem bei kompliziert geformten Bauteilen, die statt aus herkömmlichen Materialien wie Stahlblech usw. aus jenen neuen Werkstoffen entstehen. Die Deutsche Reichsbahn sammelte mit den Diesellokomotiven aus heimischer Produktion wertvolle Erfahrungen, die sie der Schienenfahrzeugindustrie wieder vermittelte. Auf diese Weise trugen die Neuerer sowohl der Eisenbahn als auch des Lokomotivbaues wesentlich dazu bei, daß die modenen Traktionsmittel ständig vervollkommnet wurden. Von großem Wert dabei ist auch der Wettbewerb zwischen dem Industriezweig Schienenfahrzeugbau und der Hauptverwaltung der Maschinenwirtschaft der Deutschen Reichsbahn, der zum Ziel hat, die Schwierigkeiten, die bei jeder Neuentwicklung im Einsatz auftreten, so schnell wie möglich in gemeinsamer Anstrengung zu überwinden. Dieser Wettbewerb trug bisher reiche Früchte.

14 *Serienfertigung im VEB Lokomotivbau »Karl Marx« Babelsberg*

Mit Stolz kann der Schienenfahrzeugbau vermerken, daß ihm bei der Verminderung der Dieselmotor-Geräusche »hörbare« Erfolge gelangen. Den Geräuschpegel in den Führerständen zu senken ist kompliziert; daran wird in der gesamten Welt gearbeitet. Durch Gemeinschaftsarbeit zwischen der Kammer der Technik, dem Medizinischen Dienst des Verkehrswesens, der Deutschen Reichsbahn und dem Institut für Schienenfahrzeuge wurde schließlich die Geräuschbelästigung wesentlich vermindert. Die Großdiesellokomotiven aus Babelsberg haben jetzt einen Geräuschpegel, der unter den festgesetzten Grenzen liegt.
So lieferten also die Diesellokomotivbauer aus Babelsberg und Hennigsdorf sowie die Werktätigen in den mehr als 300 Zulieferbetrieben aus der gesamten Republik eine stattliche Anzahl von Dieseltriebfahrzeugen der Deutschen Reichsbahn, wodurch frühzeitiger als geplant die Dampflokomotiven ausgemustert werden können.
Die Diesellokomotive ist inzwischen ein vertrauter Bestandteil im Eisenbahnwesen unseres Landes geworden.
Mit den neuen Traktionsmitteln dringt zugleich eine neue Romantik in das Eisenbahnwesen ein, die besonders die jungen Menschen in ihren Bann ziehen wird. Der künftige Lokomotivführer wird der Kontrolleur auf einer automatisch arbeitenden, von Elektronenrechnern gesteuerten Lokomotive sein.
Die Schienenfahrzeugindustrie der DDR liefert Triebfahrzeuge nicht nur an die Deutsche Reichsbahn, sondern auch an andere Bahnverwaltungen in verschiedenen Kontinenten. Dort verkehren die Lokomotiven trotz besonderer klimatischer und organisatorischer Bedingungen im Eisenbahnbetrieb zur vollsten Zufriedenheit der Kunden.
Unsere Lokomotivbauer bemühen sich, ihre Großdiesellokomotiven unter vielen möglichen Betriebs- und Klimabedingungen zu testen. Beispielsweise fanden im Oktober/November 1965 mit zwei 2000-PS-Diesellokomotiven auf den Strecken der Bulgarischen Staatsbahnen und 1966 auf denen der Jugoslawischen Eisenbahnen Probefahrten statt. Die Fahrzeuge erfüllten die gestellten Aufgaben in vollem Umfang.

Ausblick

Die Schienenfahrzeugindustrie verfolgt sehr aufmerksam die internationalen Tendenzen im Bau von Diesellokomotiven. Vor allem betreibt sie die Entwicklung wichtiger Bauelemente, die dazu dienen, die Leistungsfähigkeit und die Qualität der Fahrzeuge zu steigern.
Ferner wird danach getrachtet, die Ökonomie der Diesellokomotive zu verbessern, den Kraftstoffverbrauch zu senken, die Standzeit aller Hauptbestandteile zu verlängern, damit die Einsatzbereitschaft erhöht und die Lebensdauer der modernen Traktionsmittel ausgedehnt werden.
Insgesamt betrachtet stehen weiterhin große Aufgaben vor den Entwicklungskollektiven und Fertigungsbetrieben, die in der DDR für das Diesellokomotivprogramm arbeiten. Doch heute sind wesentlich bessere Voraussetzungen vorhanden als in den Anfangsjahren. Das erfüllt uns mit Optimismus und mit Stolz; denn die Schienenfahrzeugbauer der Deutschen Demokratischen Republik trugen mit dazu bei, die wirtschaftliche Kraft unseres Arbeiter-und-Bauern-Staates zu vermehren und damit sein internationales Ansehen zu erhöhen.

Diesellokomotiven der Baureihe V 200 auf den Strecken der Deutschen Reichsbahn

Dipl.-Ing. KURT SCHULZ

1 Stirnansicht einer sowjetischen dieselelektrischen Lokomotive der Baureihe V 200

Seit Ende 1966 ist auch die sowjetische Diesellokomotive V 200 im Typenprogramm der Deutschen Reichsbahn enthalten. Sie ist für den schweren Güterzugdienst gedacht.
Nach der Serie 1967 wurde mit einigen Änderungen, die sich auf Grund reichsbahntypischer Bedingungen im Betriebsdienst ergaben, die Serie 1968 mit etwa der gleichen Stückzahl eingeführt. Diesen beiden Serien folgt im Jahr 1969 nochmals eine Lieferung, die auf der Leipziger Herbstmesse 1968 zwischen der Sowjetunion und der DDR vereinbart wurde.
Bei Übernahme der ersten Lokomotiven stand vor der Deutschen Reichsbahn die Aufgabe, sich mit der neuen Baureihe schnell vertraut zu machen. Der nunmehr zweijährige Betriebseinsatz erlaubt die Beantwortung der Frage, ob sie sich bei uns bewährt hat.

Die technischen Bedingungen der V 200 und wie sie erfüllt wurden

Jede Bahnverwaltung stellt an ein neues Triebfahrzeug vor dessen Inbetriebnahme bestimmte technische Forderungen, um einen wirtschaftlichen Betriebseinsatz zu gewährleisten. Der Lokhersteller überarbeitet die technischen Forderungen, wobei seine Möglichkeiten und die seiner Zulieferer Berücksichtigung finden. Die so entstandenen technischen Bedingungen werden mit dem Abnehmer in direkten Verhandlungen abgestimmt und vertraglich gebunden.
Die Sowjetunion lieferte bereits vor 1966 2000-PS-Lokomotiven unter der Bezeichnung M 62 an die Ungarische Volksrepublik.

Dieselmotor und Hauptgenerator sind auf einem gemeinsamen Tragrahmen befestigt. Gummielemente verhindern eine starre Verbindung mit dem Hauptrahmen und verringern die Übertragung des Körperschalls sowie der unausgeglichenen Massenkräfte des Motors auf den Wagenkasten.

Die Achsen in den Drehgestellen werden über Tatzlagermotoren einzeln angetrieben.

Das Kühlsystem des Dieselmotors garantiert bis zu + 35 °C Außentemperatur die volle

chen oder einer anderen Traktionsart. Zu diesem Zweck unternahm die Versuchs- und Entwicklungsstelle für die Maschinenwirtschaft (VES-M) der Deutschen Reichsbahn in Halle mehrere Versuchsfahrten mit dem Meßwagen. Das Ergebnis ist in Abbildung 9 wiedergegeben.

Die Dampflokomotive der Baureihe 44 ist bei Vollast nur im Geschwindigkeitsbereich von 23 bis 60 km/h der Diesellokomotive V 200 überlegen.

2 Güterzug mit einer V 200 bei Radis

Unter Beachtung der Forderungen der Deutschen Reichsbahn wurde die Baureihe M 62 entsprechend geändert und als Baureihe V 200 bei der Deutschen Reichsbahn eingeführt.

Hauptabmessungen und technische Parameter

Die V 200 ist eine für Normalspur gebaute Güterzuglokomotive mit elektrischer Kraftübertragung. Sie ist als Drehgestellokomotive mit der Achsanordnung Co'Co' ausgeführt.

Zwei Endführerstände bieten einerseits eine gute Streckenübersicht für beide Fahrtrichtungen, machen andererseits eine Drehscheibe überflüssig.

Das äußere Profil ist durch die Fahrzeugbegrenzung I für Lokomotiven und Triebwagen nach der Eisenbahn-Bau- und Betriebsordnung, Anlage E, bestimmt.

Das Fahrzeug hat mit vollen Vorräten eine Dienstmasse von 116,5 ± 3% t und eine Achslast von 19,4 ± 3% Mp. Die Konstruktions-Höchstgeschwindigkeit bei nicht abgenutzten Radreifen ist auf 100 km/h festgelegt. Die kleinste Dauerfahrgeschwindigkeit beträgt 20 km/h.

Das Laufwerk gestattet das Befahren der Ablaufberge mit kleinstem Anfahrbogen von 400 m und kleinstem Ablaufbogen von 300 m Radius. Außerdem können mit 30 km/h ein Bogenradius von 125 m, mit 15 km/h von 90 m und mit 5 km/h von 75 m zwangsfrei durchfahren werden.

Der Zwölf-Zylinder-Dieselmotor 14 D 40 des Motorenwerks Kolomna hat 2000 PS Nennleistung bei 750 min^{-1}, + 20 °C und 760 Torr.

Betriebsfähigkeit der Maschinenanlage. Die Temperaturen des Motorschmieröls und des Getriebeöls dürfen die vorgeschriebenen Grenzwerte nicht überschreiten.

Die Maschinenanlage wird elektrisch bedient, kontrolliert und überwacht. Die Lokomotive läßt sich von jedem Führerstand aus steuern; eine elektrische Mehrfachsteuerung erlaubt die Bedienung zweier Lokomotiven von einem Führerstand aus.

Leistungsprogramm

Die V 200 sollte als reine Güterzuglokomotive die Dampflokomotive der Baureihe 44 ersetzen.

Ob ein Triebfahrzeug wirtschaftlich ist, vergleicht man mit Triebfahrzeugen der glei-

Im Anfahrbereich hingegen, also von 0 bis 23 km/h, ist die V 200 vorteilhafter. Das wirkt sich besonders günstig beim Anfahren auf Steigungen und in der Anfahrbeschleunigung aus.

Bei der Beurteilung der Zugkräfte muß allerdings bei dem Dampftriebfahrzeug der Baureihe 44 im Z-V-Diagramm berücksichtigt werden, daß die Zugkräfte im Haftreibungsgebiet noch größer sind. Das Diagramm wurde mit dem bei der Deutschen Reichsbahn gültigen Haftwert von 198 kp/Mp nach der DV 939 aufgestellt. Dafür wird jedoch der Anfahrwiderstand nicht berücksichtigt.

Die Begrenzung der maximalen Anfahrgrenzlast bei der V 200 ergibt sich durch den Stundenstrom und liegt bei 2250 Mp. Dabei

3 V 200 als Vorspann vor einem Schnellzug hinter Eisenach

4 Bei —20 °C unterwegs

5 Einige V 200 warten auf ihren Einsatz

können die möglichen Anfahrgrenzlasten, die sich aus der Ermittlung der Fahrzeiten je nach Anhängelasten aus dem i-v-Diagramm ergeben, wesentlich höher sein.
Aus diesem Vergleich ist zu schlußfolgern, daß die V 200 dort ökonomisch eingesetzt wird, wo Züge oft anfahren müssen. Das läßt sich auch theoretisch nach dem dynamischen Grundgesetz (Kraft gleich Masse mal Beschleunigung) einwandfrei beweisen.
Ob die Diesellokomotive V 200 aber auf den vorgesehenen Strecken die Dampflokomotive der Baureihe 44 vollwertig ersetzen kann, ist aus der Gegenüberstellung der Zugkräfte jedoch noch nicht abzuleiten. Mitentscheidend für eine endgültige Aussage ist der Vergleich im i-v-Diagramm, also das Verhalten beim Befahren von Steigungen und das Vermögen der Zugbeschleunigung.
Für die Überprüfung dieser beiden Eigenschaften wurden dem i-v-Diagramm die meist gefahrenen Lasten im Güterverkehr, nämlich 1000 Mp, 1200 Mp und 1400 Mp, zugrunde gelegt (Abb. 10). Daraus ist ersichtlich, daß die Diesellokomotive bei großen spezifischen Streckenkräften und gleicher Last der Dampflokomotive im Bereich von 0 bis 22 km/h deutlich überlegen ist, wogegen im Bereich von 22 bis 71 km/h fast Gleichheit mit leichten Vorteilen für die Dampflokomotive besteht.
Die Zughakenleistung der V 200 bei Motornennleistung beträgt im Fahrbereich von 30 bis 60 km/h durchschnittlich 1500 PS. Sie schwankt zwischen 1535 PS bei 28 km/h und 1470 PS bei 60 km/h und nimmt dann oberhalb von 70 km/h stark ab. Der günstigste Betriebspunkt liegt bei 55 km/h.
Die Baureihe 44 hat im Leistungsabfall einen gleichmäßigen Kurvenverlauf. Im Geschwindigkeitsbereich von 25 bis 55 km/h sind beide Triebfahrzeuge der Leistung nach annähernd gleich. Zwischen 55 und 80 km/h ist die Diesellokomotive wieder leicht überlegen.
Sehr aufschlußreich ist auch das Verhalten beider Lokomotiven beim Anfahren. Während die V 200 auf einer Steigung von 10‰ mit einem Anfahrwiderstand von 20 kp/Mp (im geraden Gleis) einen 1230 Mp schweren Zug anfahren kann, bewältigt die BR 44 bei gleichen Bedingungen nur einen 780 Mp schweren Zug. Die Dampflokomotive kann zwar 1230 Mp Last auf dieser Steigung bei 25 km/h befördern, darf jedoch nicht an-

halten. Diese Möglichkeit der Diesellokomotive ist auf deren große Zugkräfte am Zughaken und auf die größere Reibungslast zurückzuführen; sie hat also erhebliche Vorteile für den Betriebsdienst.
Der Vergleich zwischen beiden Triebfahrzeugen beruht jedoch bei der Dampflokomotive nur auf deren Kesselgrenzleistungen. Eine kurzzeitige Leistungssteigerung, wie die Kesselreserve (Nachverdampfung) der Dampflokomotive sie gestattet, ist bei einer Diesellokomotive nicht möglich, da der Dieselmotor über die angegebene Nennleistung hinaus nicht belastbar ist.
Die Abbildung 9 zeigt auch einen Vergleich der V 200 mit der V 180. Beide Diesellokomotiven haben — abgesehen von der V 180° — eine Gesamtmotorleistung von 2000 PS. Trotzdem ist ein direkter Vergleich beider Lokomotiven schwierig, da die V 180 sowohl im Reisezug- als auch im Güterzugdienst eingesetzt werden kann, während die V 200 als reine Güterzuglokomotive entwickelt wurde. Daraus resultiert unter anderem der Unterschied in der vorgegebenen Höchstgeschwindigkeit, die, um im gesamten Geschwindigkeitsbereich mit einem guten Wirkungsgrad zu fahren, die notwendige Zugkraftcharakteristik — insbesondere auch die Anfahrzugkraft — beeinflußt.
Im Rahmen des Forschungs- und Entwicklungsthemas »Erprobung der Diesellokomotive V 200« hat die VES-M etliche Stand- und Fahrversuche vorgenommen, die wichtige Aussagen über dieses Triebfahrzeug ergaben.
Beispielsweise bestätigte sich, daß die Batteriekapazität ausreichend dimensioniert ist, so daß auch der Kaltstart des Motors keine Schwierigkeiten bereitet.
Die vom Hersteller angegebene maximale Generatorleistung von 1232 kW bei 20 °C wurde erreicht. Die dazu erforderliche Nennleistung des Dieselmotors (einschließlich der Hilfsbetriebe) wird innerhalb des Fahrgeschwindigkeitsbereichs von 15 bis 85 km/h voll beansprucht.
Die Reibungsgrenze liegt bei 8 km/h; die Stundenzugkraft beträgt 24,5 Mp.
Der Gesamtwirkungsgrad mit maximal 28,5 Prozent ist für eine dieselelektrische Lokomotive dieser Leistungsklasse als befriedigend anzusehen. Er ließe sich durch Erhöhung des Dieselmotorwirkungsgrads und Senkung des recht hohen spezifischen Fahrwiderstands um 1 bis 2 Prozent steigern.
Nach den vereinbarten technischen Bedingungen muß die Bremswirkung so bemessen sein, daß in den Bremsstellungen P und G der verfügbare Bremsweg von 700 m (Vorsignalabstand) aus Geschwindigkeiten von 100 bzw. 75 km/h mit Sicherheti eingehalten wird. Die VES-M veranstaltete daher mit der V 200 Bremsversuchsfahrten in beiden Bremsstellungen, teils mit dem Triebfahrzeug allein, teils mit ungebremster Anhängelast, wobei die Bremsklotzsohlen keine Manganstahleinlage hatten. Als Bremsgewichte der V 200 wurden ermittelt

— in Bremsstellung P = 137 t,
— in Bremsstellung G = 78 t.

Bei einer Dienstmasse von 115,1 t ($^2/_3$ Vorräte) betragen die errechneten Brems-

6 Im Heimat-Bahnbetriebswerk

7 Das Führerstandpult einer V 200 ist übersichtlich

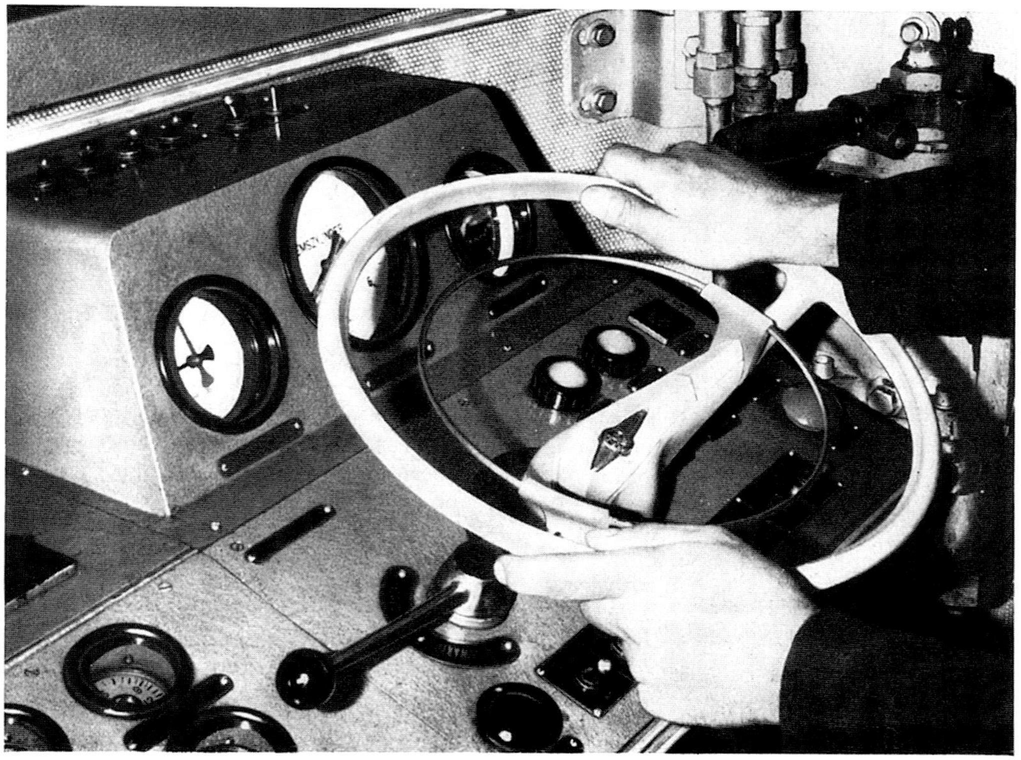

8 Ein Güterzug in Dessau-Wallwitzhafen

gewichtshundertstel 119 Prozent für Bremsstellung P und 68 Prozent für Bremsstellung G. Damit können folgende Gefällestrecken noch befahren werden:

Bremsweg (m)	Bremsstellung	Höchstgeschwindigkeit (km/h)	Bremsgewichtshundertstel (%)	Gefälle (‰)
1000	P	100	119	bis 25
1000	G	75	68	bis 20
700	P	100	119	bis 12
700	G	75	68	bis 8

Somit ist die Bedingung, den verfügbaren Bremsweg bei Schnellbremsung aus den zulässigen Höchstgeschwindigkeiten bis zu 5‰ Gefälle einzuhalten, in beiden Bremsstellungen erfüllt.
Die Laufgüte der Diesellokomotive V 200 innerhalb des meist gefahrenen Geschwindigkeitsbereichs ist als gut zu bezeichnen.

Betriebliche Parameter

Nicht nur die Erfüllung des Leistungsprogramms und der Hauptabmessungen, sondern auch der betrieblichen Forderungen geben Auskunft über den technischen Stand der Diesellokomotive.

Streckensicht

Die Sicherheit des Betriebsablaufs auf den Bahnhöfen und Strecken erfordert unter anderem, vom Führerstand aus alle optischen Signale auf der Strecke ungehindert beobachten zu können und durch Spiegelungen weder getäuscht noch geblendet zu werden sowie das Triebfahrzeugpersonal vor Witterungseinflüssen zu schützen.
Die Stirnfenster der V 200 sind so aufgeteilt, daß man sowohl von der rechten als auch von der linken Führerstandseite einen vollen Rundblick hat. Die zwei großen Scheiben vorn und die kleinen seitlich erlauben eine gute Signalbeobachtung und Streckensicht. Durch diese Scheibenanordnung vermag der Lokomotivführer niedrige Signale (Weichensignale) sogar aus etwa 12 m Entfernung einwandfrei zu erkennen, ohne daß er seinen Standort beim Bedienen des Fahrzeugs zu verändern braucht.
Zwei druckluftbetriebene Scheibenwischer an den beiden großen Mittelscheiben sorgen dafür, daß der Triebfahrzeugführer und sein Beimann auch bei Regen, Schneefall usw. gute Sicht haben. Das von den Scheibenwischern bestrichene Feld ist allerdings nicht so groß, daß eine dritte Person auf dem Führerstand (beispielsweise ein Kontrolleur oder Lotse), die sich in der Mitte des Führerstands befindet, bei schlechtem Wetter ausreichende Sicht hat. Daher entwickelte das Lokomotivwerk in Lugansk eine neue Scheibenwischeranlage, die innerhalb der Serie 1968 eingeführt wurde.

Geräuschdämmung

Es werden gefordert

— im Führerstand die Einhaltung der Kurve N 80 des Oktavbandpegels, gemessen in Führerstandmitte 1,20 m über dem Fußboden bei einer Geschwindigkeit von 80 km/h und bei $^2/_3$ Nennlast,
— außerhalb des Fahrzeugs 80 dB (A), gemessen in 3,50 m Abstand von der Fahrzeuglängsachse 1,60 m über Schienenoberkante bei $^2/_3$ Nennlast.

Die Messungen in der VES-M ergaben, daß die Kurve N 80 (zulässiger Schallpegel 80 dB bei der Oktavmittenfrequenz von 1000 Hz; vgl. TGL 10687) im Führerstand 1 eingehalten wird, während sie im Führerstand 2 im Frequenzbereich von 31,5 bis etwa 125 Hz geringfügig überschritten und im höheren Frequenzbereich unterschritten wird. Der Lärm, der in dem niedrigen Frequenzbereich die N 80-Kurve etwas überschreitet, wird jedoch subjektiv nicht als lästig empfunden. Die Lokbesatzungen haben wiederholt bestätigt, daß sie mit den Arbeitsbedingungen im Führerstand einer V 200 sehr zufrieden sind und durch Geräusche keineswegs belästigt werden.
Außerhalb der Lokomotive ist der Geräuschpegel jedoch zu hoch, so daß entsprechende Maßnahmen eingeleitet werden mußten. Sowohl von der VES-M Halle als auch vom sowjetischen Lokhersteller wurden Baumuster von Abgasschalldämpfern entwickelt. Nach gründlicher Erprobung ging der Schalldämpfer in die Serienproduktion, der die wirksamste Geräuschdämmung erreichte und außerdem wegen seiner Anordnung die Erhaltungs- und Unterhaltungsarbeiten am Dieselmotor nicht behinderte.

Durch die eingebauten Schalldämpfer werden die Außengeräusche ausreichend gemindert, so daß auch außerhalb der V 200 keine Lärmbelästigungen mehr auftreten.
Für die bereits ausgelieferten Lokomotiven der Serie 1967 und 1968 ist vorgesehen, bis Ende 1969 in alle V 200 einen Abgasschalldämpfer einzubauen.

Bedienung der Lokomotive
Alle für den normalen Fahrbetrieb erforderlichen Steuereinrichtungen müssen so angeordnet sein, daß das Triebfahrzeugpersonal sie unmittelbar erreichen kann.
Da der Lokführer die wichtigsten Einrichtungen im Führerstand bedienen kann, ohne seinen Sitz verlassen zu müssen, erfüllt somit die V 200 die Bedingung. Die Sicherheitsfahrschaltung (Sifa) kann er durch Hand- oder Fußbetätigung bedienen.
Die Geräte der Hoch- und Niederspannungskreise sowie die Klemmleisten, Starkstromschütze, automatische Ausschalter und anderes mehr befinden sich übersichtlich angeordnet in der Hochspannungskammer, die ein Kontaktschalter schützt.

Betriebskosten und Betriebstüchtigkeit
Ein Konstrukteur muß bei der Konstruktion neuer Triebfahrzeuge den wirtschaftlichen Einsatz der Lokomotiven berücksichtigen, um die Transportkosten gering zu halten. Neue Triebfahrzeuge sind nur dann rentabel, wenn der teilweise höhere Beschaffungspreis durch niedrige Betriebskosten in möglichst kurzer Betriebszeit ausgeglichen wird.
Der für die Transportaufgaben notwendige Triebfahrzeugbestand ist in hohem Maße abhängig von

— der richtigen Abstimmung zwischen Einsatzstrecke und Betriebsstoffvorrat,
— der richtigen Auswahl der Werkstoffe, um den Verschleiß so niedrig wie möglich zu halten,
— der leichten Zugänglichkeit und schnellen Austauschmöglichkeit der einzelnen Aggregate.

All das bestimmt den Zeitaufwand für die Erhaltung und Unterhaltung und somit die Einsatzzeit der Triebfahrzeuge mit.
Der Kraftstoffvorrat der V 200 ist mit 3900 *l* ausreichend, so daß der Aktionsradius je nach Zuglast etwa 1300 km beträgt.

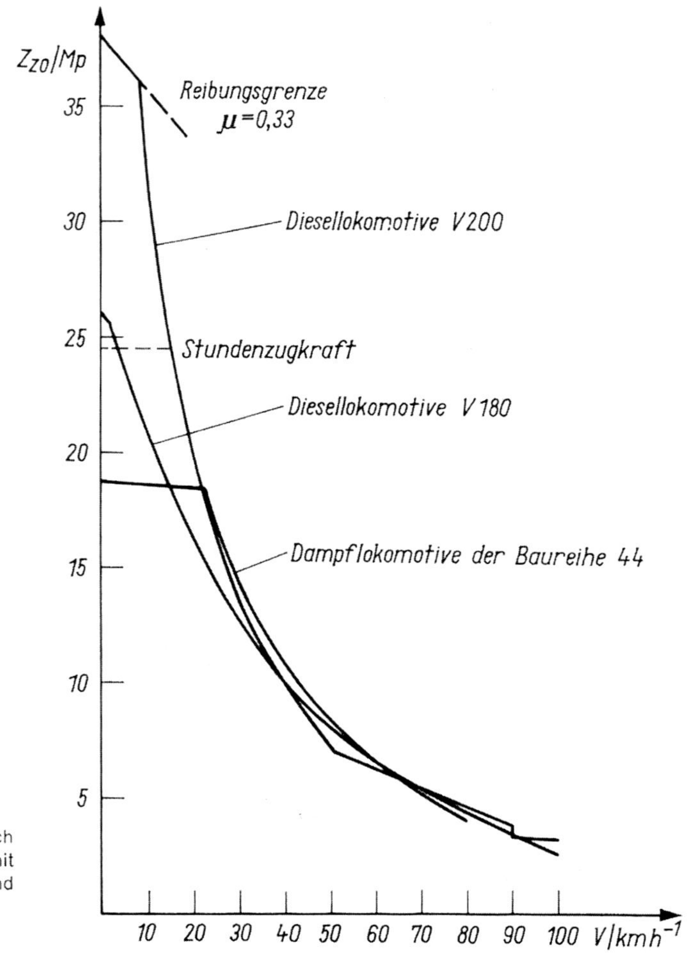

9 Z-V-Diagramm zum Vergleich der Diesellokomotive V 200 mit der Diesellokomotive V 180 und der Dampflokomotive BR 44

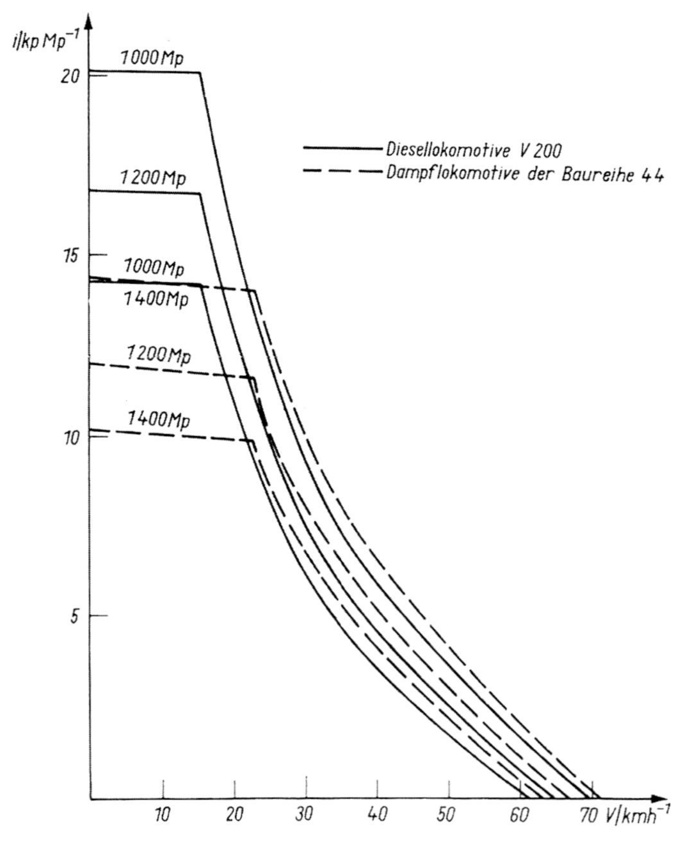

10 i-v-Diagramm (Vergleich)

Über die Verschleißfestigkeit der V 200 kann noch nichts gesagt werden, da die Betriebszeit von zwei Jahren dafür zu kurz ist. Es erscheint jedoch nach der ersten planmäßigen Zwischenausbesserung (V 1), daß die Fristdurchsichten und die vom Lokhersteller geforderte Motordurchsicht nach 100000 km Laufleistung zu aufwendig sind und vor allem nach einer zu kurzen Einsatzzeit stattfinden. Im Interesse einer gleichmäßigen Verteilung der Planausbesserungen erweiterte das Lokomotivwerk die Laufleistung auf 125000 km, die aber die Deutsche Reichsbahn aus dem erwähnten Grund noch teilweise überschreiten muß. Es kommt nun darauf an, die Erfahrungen mit der V 200 dahingehend auszuwerten, die Motordurchsicht möglichst erst nach 250000 km Laufleistung vorzunehmen.
Die wichtigsten Bauteile sind leicht zugänglich; dafür sorgen die beiden Durchgänge auf den Lokomotivseiten. Die Großbauteile lassen sich durch die Öffnungen im Dach gut montieren oder ausbauen.

Entsprechen die betrieblichen Ergebnisse den Erwartungen?

Einsatzrelation

Während des Winterfahrplan-Abschnitts 1966/67 nahm die Deutsche Reichsbahn die ersten Diesellokomotiven der Baureihe V 200 in Betrieb. Diese Lokomotiven wurden zunächst im Bahnbetriebswerk Leipzig-Wahren stationiert, damit das Lok- und Werkstattpersonal auch anderer Reichsbahndirektionen die neue Baureihe dort kennenlernen konnte.
Ausschließlich im schweren Güterzugdienst vollbrachten die V 200 im Jahr 1967 eine durchschnittliche Laufleistung täglich von etwa 350 km/Triebfahrzeug des arbeitenden Parks.

Betriebsergebnisse

Die im Güterzugdienst beförderten Zuglasten betragen 1000 bis 1800 Mp.
Im Bahnbetriebswerk Güsten beheimatete Diesellokomotiven der Baureihe V 200 befahren zum Beispiel
Steigungen von 6‰ mit einer Buchfahrplanlast von 1800 Mp,
Steigungen von 9‰ mit einer Buchfahrplanlast von 1600 Mp,
Steigungen von 12‰ mit einer Buchfahrplanlast von 1300 Mp,
Steigungen von 13‰ mit einer Buchfahrplanlast von 1200 Mp.
Die Fahrgeschwindigkeiten liegen bis 12‰ Steigung bei 40 bis 65 km/h und auf 13‰ Steigung bei 30 km/h.

Vorteilhaft wirkte sich die große Reichweite der V 200 aus, so daß tägliche Laufleistungen von 500 km und mehr im Güterzugdienst erzielt werden können.
Der Verbrauch an Dieselkraftstoff von etwa 4,9 t je Mill. Brtkm ist als gut zu bezeichnen.
Leistungsmäßig hat sich die Diesellokomotive V 200 bewährt, da sie die planmäßigen Leistungen der Dampflokomotive der Baureihe 44 nicht nur erfüllen, sondern noch überbieten konnte.
Im Betriebseinsatz tauchten jedoch an einigen Bauteilen Mängel und Typenschäden auf, die zum Teil auf konstruktive Unzulänglichkeiten, zum Teil aber auch auf eine ungenügende Unterhaltungsarbeit zurückzuführen waren. Der Geschwindigkeitsmesser fiel beispielsweise mitunter aus oder zeigte ungenau an; die Sicherheitsfahrschaltung hatte Störungen und mußte konstruktiv geändert werden. Der Lokomotivhersteller und die VES-M haben dazu Vorschläge erarbeitet.
Da die Konstruktion der Tatzlagerschmierung dauernd kontrolliert und gepflegt werden muß, kann nicht bei jedem Tatzlagerschaden ermittelt werden, ob der in der Konstruktion oder in einer ungenügenden Unterhaltung seine Ursache hat. Auch hier mußte konstruktiv geändert werden, so daß nun dieser Mangel ebenfalls behoben ist. Weitere Ausfälle der V 200 zum Beispiel durch Bandagenrisse und Motorrisse sind bisher nur vereinzelt vorgekommen und daher durchaus noch vertretbar.
Die gelegentlichen Schäden, der kurzzeitige Ersatzteilmangel und die zu langen Standzeiten während der ersten planmäßigen Durchsichten und Ausbesserungen führten dazu, daß der sehr gute Ausbesserungsstand im Jahr 1967 von durchschnittlich 11,79 Prozent im Betriebsjahr 1968 stark anstieg.

Änderungen der Serie 1968

Um die Einheitlichkeit der gesamten Baureihe V 200 zu wahren, wurden in den technischen Bedingungen für die Serie 1968 nur solche Änderungen vereinbart, die von der Deutschen Reichsbahn auch an der Serie 1967 nachträglich geändert werden.
Dazu gehört der Einbau einer Klingelanlage, damit sich das Lokpersonal auf den beiden Führerständen einer Maschine oder auf beliebig viel miteinander gekuppelten Lokomotiven während der Fahrt untereinander verständigen kann.
Die Sicherheitsfahrschaltung wird nunmehr mit einem Schalter ein- und ausgeschaltet und ist ohne vorherige Betätigung der Lufthähne von beiden Führerständen aus bedienbar.
Um die Kontrolle des Kraftstoffvorrats zu vereinfachen, wurde eine auf Liter geeichte Meßskale angebracht, an der man die Menge von außen ablesen kann. Der bisherige Peilstab entfällt.
Zur Ölvorwärmung sind zwei Stutzen zum Anschluß für das heiße und das kalte Öl angeordnet. Die Pumpe des Ölvorwärmers sorgt für den Umlauf des Öls.
Weitere Neuerungen sind der Abgasschalldämpfer und die Scheibenwischeranlage, worauf schon hingewiesen wurde, sowie die Außenreinigungsmöglichkeit und ein neues Radreifenmaterial.

Zusammenfassung

Die sowjetische Diesellokomotive V 200 mit elektrischer Kraftübertragung hat leistungsmäßig die Erwartungen der Deutschen Reichsbahn erfüllt.
Durch ihren Einsatz im schweren Güterzugdienst konnten die Fahrzeiten der Züge verringert und somit die Durchlaßfähigkeit der Strecken erhöht werden.
Für den weiteren Einsatz ist es notwendig, die bisherigen Erfahrungen gut auszuwerten und den Ausbesserungsstand zu senken, damit die Vorzüge der Baureihe V 200 im Betriebsdienst voll genutzt werden können.

Literatur

H. Nitzschke, »Untersuchungen über Einsatz der V 200 im Raum der Rbd Dresden«, Dipl.-Arbeit 1968;
VES-M Halle, »Brems-, leistungs- und geräuschtechnische Untersuchung einer dieselelektrischen Lok-BR V 200 (SU-Import)«, Versuchsbericht;
VES-M Halle, »Erprobung der Diesellok V 200«, Versuchsbericht;
VES-M Halle, »Standerprobung der V 200 009«, Versuchsbericht.

DEUTSCHE REICHSBAHN

Dieselelektrische Lokomotive der Baureihe V 200

Im Luganske Diesellokwerk (UdSSR) begann man 1964, dieselelektrische Lokomotiven speziell für die Normalspurweite von 1435 mm zu bauen.

Diese Lokomotiven sind für den Export in die sozialistischen Länder gedacht. Zuerst hat die Ungarische Staatsbahn eine Serie dieser 2000-PS-Lokomotiven angeschafft, ihr folgten die Tschechoslowakische Staatsbahn und Ende 1966 die Deutsche Reichsbahn.

Bei der Deutschen Reichsbahn erhielten die Lokomotiven die Baureihenbezeichnung V 200. Der Einsatz der V 200 ist vor allem für den schweren Güterzugdienst auf den Hauptmagistralen und in verschiedenen Knoten vorgesehen. In umfangreichen Untersuchungen wurden die Einsatzgebiete der V 200 mit dem Einsatz der anderen Triebfahrzeugbaureihen abgestimmt (vgl. Seite 84ff.).

Die V 200 ist eine Drehgestellokomotive mit der Achsfolge Co'Co'. Die Achsen werden durch Tatzlagerfahrmotoren über Stirnzahnräder angetrieben.

Die Steuerung ist so beschaffen, daß von jedem Führerstand aus zwei Einheiten gesteuert werden können.

Der Lokrahmen ist eine tragende Schweißkonstruktion. Die Grundlage bilden zwei Doppel-T-Träger, die oben und unten durch aufgeschweißte Bleche verstärkt sind. Die Träger sind durch Querträger miteinander verbunden, während am hinteren und vorderen Ende zwei angenietete und zum Teil angeschweißte Querkästen die Versteifung bewirken.

Die V 200 kann wahlweise eine Mittelpufferkupplung oder die übliche Zug- und Stoßvorrichtung erhalten.

Der Fahrzeugkasten wird aus einzelnen Teilen zusammengesetzt, die beim Aufbau untereinander verbunden werden.

Die Teile haben zwei völlig gleiche Führerstände.

Die Maschinenanlage besteht aus einem aufgeladenen Zweitakt-Dieselmotor des Typs 14 D 40 und einem Gleichstromgenerator. Alle Haupt- und Hilfsaggregate sind im Wagenkasten untergebracht.

TECHNISCHE DATEN

Erstes Baujahr	1965
Achsfolge	Co'Co'
Spurweite	1435 mm
Höchstgeschwindigkeit	100 km/h
Krafterzeugung	
Anzahl der Motoren	1
Motortyp	14 D 40
Vollastdrehzahl	750^{-1}
Leistung	2000 PS
Abmessungen	
Länge über Puffer	17550 mm
Drehgestellabstand	8600 mm
Achsstand in den Drehgestellen	4200 mm
Getriebebauart	dieselelektrisch
Generator	
Dauerleistung	1254 kW
Stundenleistung	1490 kW
Dienstmasse	116 t
Achslast	19,4 Mp

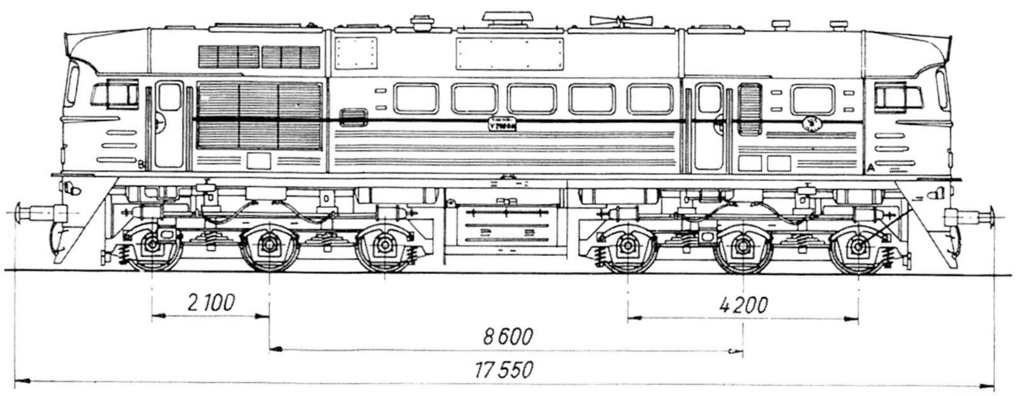

Diesellokomotivtypen aus der Deutschen Demokratischen Republik

DEUTSCHE REICHSBAHN

Schnellzuglokomotive der Baureihe 01^5

Außer den Dampflokomotiven der Baureihen 39^{0-2}, 41, 58^{10-21} und anderen will die Deutsche Reichsbahn auch die berühmte Schnellzuglokomotive der Baureihe 01 rekonstruieren. Nach der Rekonstruktion erhalten die Lokomotiven Betriebsnummern ab 01 501, also die Baureihenbezeichnung 01^5. Obwohl zuerst nur an eine Ausstattung mit einem neuen Kessel gedacht war, haben die eingehenden Untersuchungen der vorhandenen Lokomotiven doch größere Umbauten zur Folge gehabt. So sind die Zylinder erneuert, die Drehgestelle neu gebaut und die Rahmen vorgeschuht worden. Um den häufig auftretenden Speichenbrüchen entgegenzuwirken, wurden auch erstmalig in Deutschland sogenannte Boxpock-Radsätze eingebaut. Der ungewohnte Eindruck dieser kompakt anmutenden Räder ist durch eine silberfarbene Blechschürze am Umlaufblech etwas verdeckt worden. Der Kessel der 01^5 ist außerordentlich verdampfungswillig und trägt viel zu der großen Beliebtheit der rekonstruierten Lokomotive bei.

TECHNISCHE DATEN

Jahr der Rekonstruktion	1962
Achsfolge	2'C1'
Spurweite	1435 mm
Höchstgeschwindigkeit	130 km/h
Kessel	
Anzahl der Heizrohre	125
Anzahl der Rauchrohre	43
Wasserrauminhalt	11 m³
Dampfrauminhalt	5,3 m³
Rostfläche	4,875 m²
Verdampfungsheizfläche	229,17 m²
Überhitzerheizfläche	97,9 m²
Kesselüberdruck	16 kp/cm²
Zylinder	
Anzahl	2
Durchmesser	600 mm
Kolbenhub	660 mm
Tender	
Baureihe	2'2'T 34
Wasser	34 m³
Kohlen	10 t
Abmessungen	
Länge über Puffer	24 350 mm
Achsstand	12 400 mm
Treibraddurchmesser	2000 mm
Laufraddurchmesser vorn	1000 mm
Laufraddurchmesser hinten	1250 mm
Befahrbarer Bogenhalbmesser	140 m

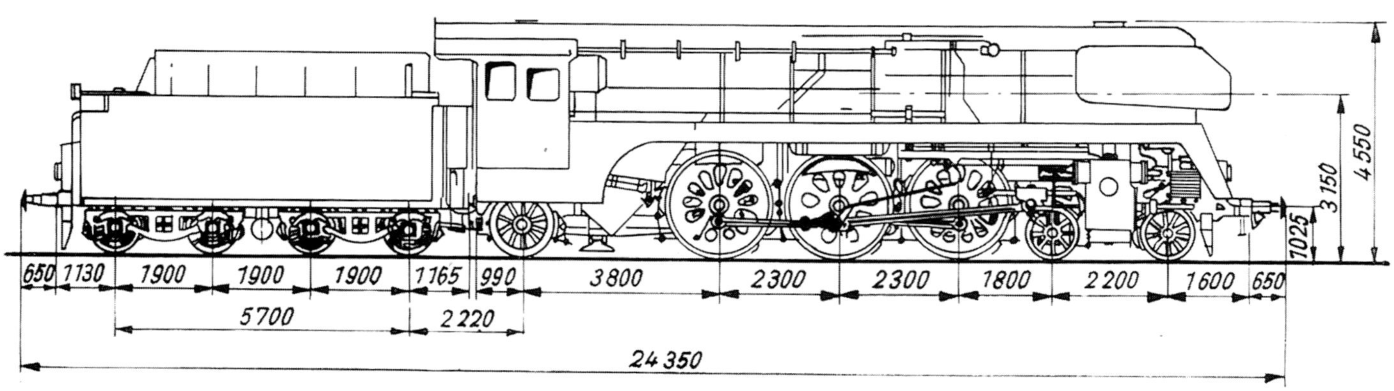

DEUTSCHE REICHSBAHN

Schnellzuglokomotive 18 201

Nach den OSShD-Vereinbarungen werden künftig alle Weitstreckenschnellzugwagen für eine Höchstgeschwindigkeit von 160 km/h gebaut. Für die Erprobung dieser Fahrzeuge waren bei der Deutschen Reichsbahn bislang keine entsprechend schnellen Triebfahrzeuge vorhanden; lediglich die bei der DR verbliebene Schnellzugtenderlok 61 002 mit der Achsfolge 2'C3' konnte 175 km/h fahren. Für Versuchsfahrten war sie aber zu leistungsschwach. Um das gute Laufwerk zu nutzen, ist die Lok von der Versuchs- und Entwicklungsstelle der Maschinenwirtschaft in Halle in eine leistungsstarke Schnellfahrlokomotive mit Schlepptender und der Achsfolge 2'C1' umkonstruiert und im Jahre 1961 nach diesen Plänen umgebaut worden. Sie erhielt die Betriebsnummer 18 201 und wurde der VES-M Halle zugeteilt. Dort führt sie neben regulären Zugfahrten Schnellfahrten mit Versuchszügen und Bremsversuche aus.

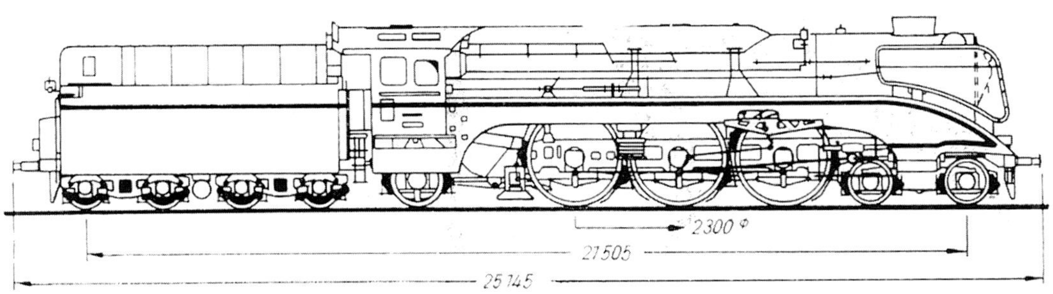

Technische Daten

Erstes Baujahr: 1961

Achsfolge: 2'C1'h3

Spurweite: 1 435 mm

Höchstgeschwindigkeit: 160 km/h

Kessel:

Anzahl der Heizrohre: 112

Anzahl der Rauchrohre: 36

Wasserrauminhalt: 10,6 m³

Dampfrauminhalt: 4,05 m³

Rostfläche: 4,24 m²

Verdampfungsheizfläche: 206,3 m²

Überhitzerheizfläche: 83,8 m²

Kesselüberdruck: 16 kp/cm²

Zylinder:

Anzahl: 3

Durchmesser: 520 mm

Hub: 660 mm

Tender:

Baureihe: 2'2'T 34

Wasserinhalt: 34 m³

Kohleinhalt: 10 t

Abmessungen:

Länge über Puffer: 25 145 mm

Treibraddurchmesser: 2 300 mm

Laufraddurchmesser vorn: 1 100 mm

Laufraddurchmesser hinten: 1 250 mm

Achsstand: 13 385 mm

Befahrbarer Bogenhalbmesser: 140 m

Dienstmasse: 112,2 t

Reibungslast: 62,3 Mp

DEUTSCHE REICHSBAHN

Personenzuglokomotive der Baureihe 23^{10}

Als vorletzte Dampflokomotive der Deutschen Reichsbahn nach 1945 wurde die Baureihe 23^{10} entwickelt. Die ersten beiden Baumuster kamen im Jahre 1956; die letzte Serienlokomotive wurde im Jahre 1959 ausgeliefert.

Die 1'C 1'h2-Lokomotive ist besonders als Ersatz für die preußische P 8 (DR-Baureihe 38^{10-40}) gedacht, sie kann aber auch außer im Personenzugdienst als Schnellzuglok für mittelschwere Eil- und Schnellzüge eingesetzt werden. Wie bei allen Nachkriegsbauten wurden auch bei dieser Lok alle modernen Baugrundsätze des neueren Lokomotivbaues angewandt. Darüber hinaus ist durch genügend große Ausbildung des Rostes und des Aschkastens sowie durch Einsatz eines entsprechenden Kessels gesichert, daß die heimischen Braunkohlenbriketts mit einem sehr guten Wirkungsgrad verbrannt werden. Der Kessel besitzt eine Verbrennungskammer von 650 mm Länge.

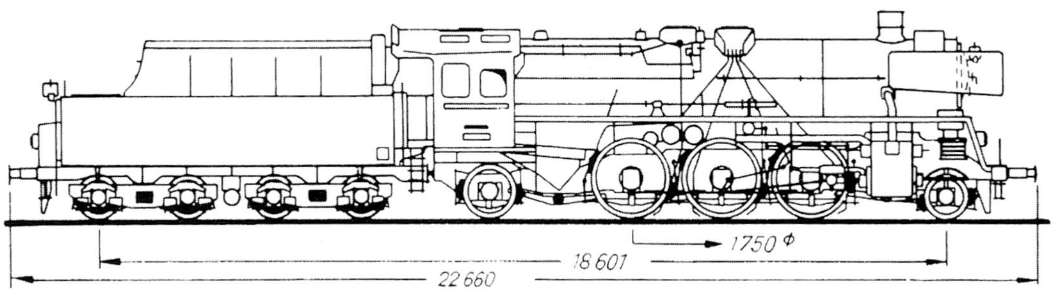

Technische Daten

Erstes Baujahr: 1956
Achsfolge: 1'C1'h2
Spurweite: 1 435 mm
Effektive Leistung: 1 250 PS
Höchstgeschwindigkeit: 110 km/h

Kessel:
Anzahl der Heizrohre: 150
Anzahl der Rauchrohre: 38
Wasserrauminhalt: 7,8 m³
Dampfrauminhalt: 3,45 m³
Rostfläche: 3,71 m²
Verdampfungsheizfläche: 159,6 m²
Überhitzerheizfläche: 65,7 m²
Kesselüberdruck: 16 kp/cm²

Zylinder:
Anzahl: 2
Durchmesser: 550 mm
Hub: 660 mm

Tender:
Baureihe: 2'2'T 28
Wasserinhalt: 28 m³
Kohleinhalt: 10 t

Abmessungen:
Länge über Puffer: 22 660 mm
Treibraddurchmesser: 1 750 mm
Laufraddurchmesser vorn: 1 000 mm
Laufraddurchmesser hinten: 1 250 mm
Achsstand: 10 100 mm
Befahrbarer Bogenhalbmesser: 140 m

Dienstmasse: 87,2 t
Reibungslast: 54,7 Mp
Achslast: 18,3 Mp

DEUTSCHE REICHSBAHN und andere

60 Jahre Dampflokomotive der Baureihe $38^{10\text{-}40}$

Die 2'Ch2-Personenzuglokomotive mit der früheren preußischen Bezeichnung P 8 wurde erstmalig 1906 von Schwartzkopff gebaut. So wie jedoch die 38er heute aussieht, entstand sie zum erstenmal im Jahr 1914. Die 38er unterschied sich von der P 8 dadurch, daß der Überhitzer vergrößert, ein Vorwärmer angebracht sowie das Brems- und Steuergestänge verändert worden waren. Der zweite Dom für den Schlammabscheider mit dem Schlammsammler unter dem Kessel kam erstmals 1921 dazu. Mit ihr setzte sich damals auch endgültig der Rauchröhrenüberhitzer durch.

Die P 8 wird als die beste aller Personenzuglokomotiven der ehemaligen Preußischen Staatsbahn bezeichnet, obwohl auch sie zuerst einige Unzulänglichkeiten aufwies (vernachlässigter Massenausgleich, Schwierigkeiten mit den Kolbenschiebern). Nachdem aber diese Unzulänglichkeiten beseitigt waren, befriedigte die Lokomotive vollauf.

Sie ist unter den Dampflokomotiven noch heute in vielen Beziehungen, besonders in der Wirtschaftlichkeit unübertroffen. Deshalb versieht sie bei verschiedenen europäischen Bahnverwaltungen heute noch einen Teil des Personenzugdienstes. Die Preußische Staatsbahn ließ seinerzeit 3370 Lokomotiven dieser Gattung bauen.

Die Lokomotive entspricht mit 1750 mm Treibraddurchmesser besonders den Anforderungen des Flachlandverkehrs, bewährt sich aber auch im hügeligen Gelände zur Beförderung leichter Züge.

Ihren Abmessungen gemäß ist sie vor allem für Personenzüge bestimmt; denn ihre Leistung beträgt 1180 PS_i, und zwar bei voller Ausnutzung der Achslast.

TECHNISCHE DATEN

Erstes Baujahr	1906
Achsfolge	2'C
Spurweite	1435 mm
Höchstgeschwindigkeit	100 km/h
Leistung	
Indizierte Leistung	1180 PS
Indizierte Zugkraft	11 430 kp
Abmessungen	
Länge über Puffer	18 585 mm
Zylinderdurchmesser	575 mm
Kolbenhub	630 mm
Treib- und Kuppelraddurchmesser	1 750 mm
Laufraddurchmesser	1000 mm
Kesselüberdruck	12 kp/cm²
Rostfläche	2,58 m²
Verdampfungsheizfläche	146 m²
Überhitzungsheizfläche	58,9 m²
Befahrbarer Bogenhalbmesser	140 m
Lokdienstmasse	78,2 t
Mittlere Achslast	17 Mp

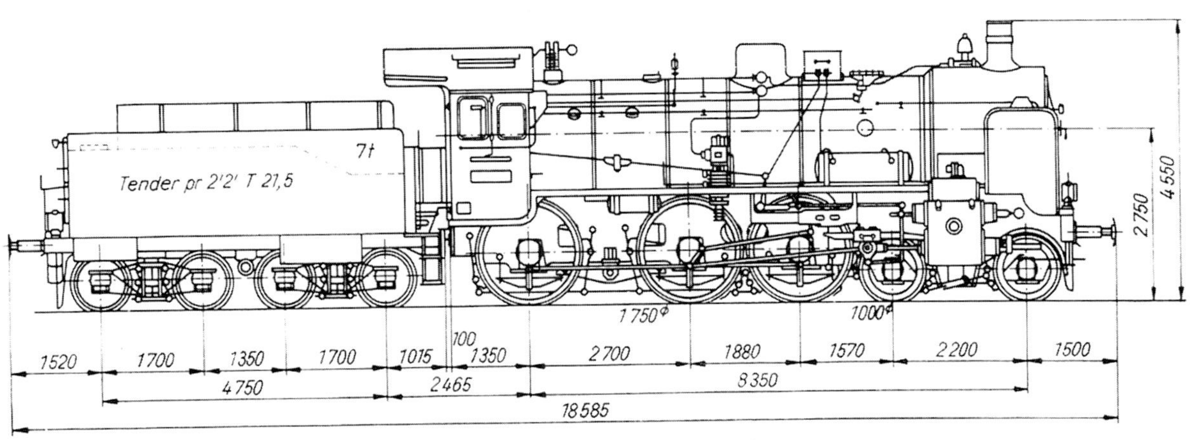

Museums-Dampflokomotive der Baureihe 62

Nach der Verfügung des Ministeriums für Verkehrswesen der DDR »Erhaltung von Dampflokomotiven für Museumszwecke« vom 10. Dezember 1966 werden 27 markante Dampflokomotiven der Nachwelt erhalten. Unter diesen 27 Lokomotiven befindet sich auch eine der Baureihe 62 (62 015).

Diese 2'C2'h2-Einheitslokomotive mit der Betriebsgattung Pt 37.20 war besonders für den Pendelverkehr auf kurzen Hauptbahnstrecken gedacht. In der Hauptsache sollte sie Personenzüge, aber auch leichte Schnellzüge befördern. Ihre Achsanordnung 2'C2' gewährleistet eine gute Fahreigenschaft in beiden Fahrtrichtungen bis zur Höchstgeschwindigkeit von 100 km/h. Wegen ihrer guten Leistung wurde sie bald der ihr zugedachten Aufgabe entfremdet und auf Hügellandstrecken eingesetzt, kehrte dann aber später wieder auf Flachlandstrecken zurück.

Der Lokomotivrahmen ist ein Barrenrahmen von 100 mm Dicke; die Rahmenplatten sind allseitig auf Toleranz bearbeitet, damit die angebauten Teile ohne Nacharbeit weitgehend austauschbar sind. Die Lokomotive ist in sechs Punkten abgestützt: Das vordere Drehgestell bildet die beiden vorderen, die durch Ausgleichhebel verbundenen gekuppelten Radsätze die beiden mittleren, das hintere Drehgestell die beiden hinteren Stützpunkte.

Die Vorräte an Kohle und Wasser sind in einem Wasserkasten mit darüberliegendem Kohlenbehälter hinter dem Führerhaus über dem hinteren Drehgestell untergebracht. Durch diese Anordnung wirkt sich die wechselnde Belastung beim Verbrauch der Vorräte nur wenig auf die Reibungslast der Lokomotive aus.

TECHNISCHE DATEN

Erstes Baujahr	1928
Achsfolge	2'C2'
Spurweite	1435 mm
Höchstgeschwindigkeit	100 km/h
Leistung	
Indizierte Leistung	1680 PS
Indizierte Zugkraft	15,21 Mp
Abmessungen	
Länge über Puffer	17140 mm
Zylinderdurchmesser	600 mm
Kolbenhub	660 mm
Treib- und Kuppelraddurchmesser	1750 mm
Laufraddurchmesser vorn	850 mm
Laufraddurchmesser hinten	850 mm
Kesselüberdruck	14 kp/cm²
Rostfläche	13,55 m²
Verdampfungsheizfläche	95,95 m²
Überhitzerheizfläche	72,50 m²
Befahrbarer Bogenhalbmesser	180 m
Lokdienstmasse	123,6 t
Lokreibungslast	60,8 Mp
Mittlere Achslast	20 Mp

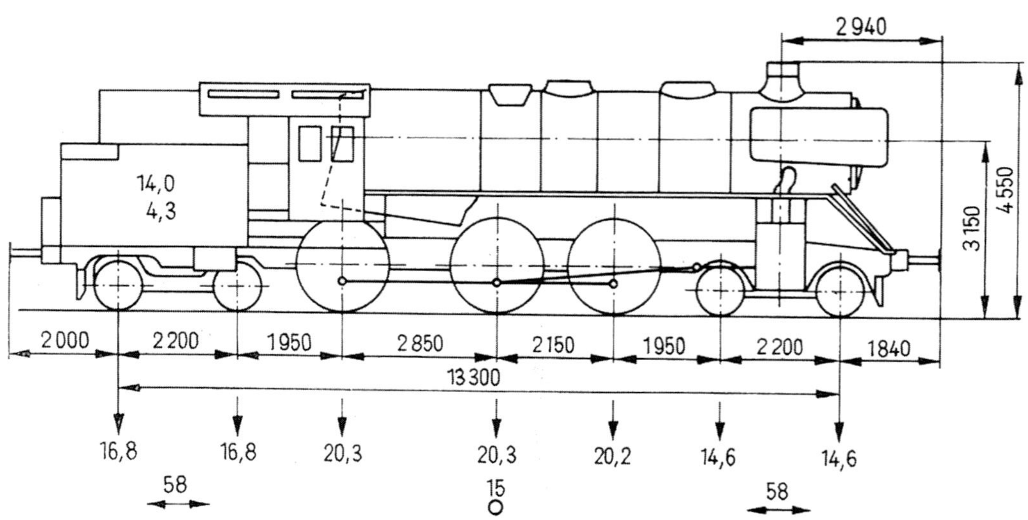

...aus dem Fahrzeugpark der sozialistischen Eisenbahnen

Technische Daten
Erstes Baujahr: 1961
Achsfolge: Bo'Bo'
Spurweite: 1 435 mm
Stromsystem: Wechselstrom
Fahrleitungsspannung: 15 kV
Frequenz: 16⅔ Hz
Höchstgeschwindigkeit: 110 km/h
Leistung:
Dauerleistung: 2 600 kW bei V = 95 km/h
Stundenleistung: 2 800 kW bei V = 98 km/h
Anfahrzugkraft: 22,4 Mp
Fahrmotoren:
Anzahl der Fahrmotoren: 4
(Einphasen-Reihenschlußmotor EBM 765-12)
Typ der Fahrmotoren: Tatzlagermotoren
Anzahl der Fahrstufen: 29
Getriebeübersetzung: 1 : 2,62
Leistung der Fahrmotoren: 700 kW
Abmessungen:
Länge über Puffer: 16 450 mm
Achsstand: 11 500 mm
Treibraddurchmesser: 1 350 mm
Dienstmasse: 82,5 t
Achslast: 20 Mp

Elektrische Lokomotive der Baureihe E 11

DEUTSCHE REICHSBAHN

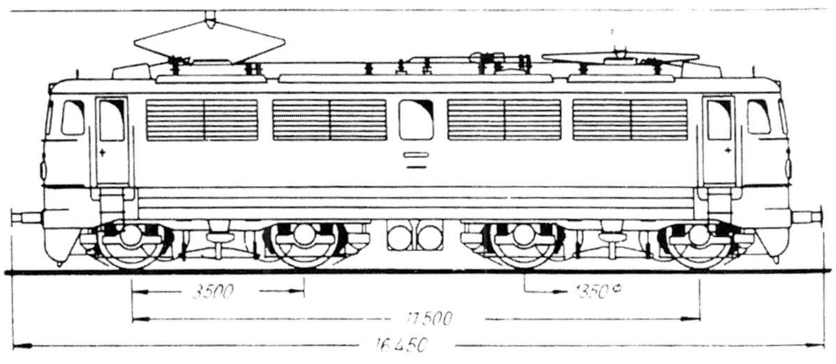

Im Jahre 1957 beauftragte die Deutsche Reichsbahn den VEB LEW „Hans Beimler", eine Bo'Bo'-Ellok für Einphasenwechselstrom von 16⅔ Hz mit 82 t Dienstmasse zu entwickeln. Die Lokomotive soll universell für den Schnell-, Personen- und Güterzugdienst verwendbar sein. Im Jahre 1961 sind die ersten beiden Baumuster mit den Betriebsnummern E 11 001 und E 11 002 zur Erprobung geliefert worden. Die für den Güterzugdienst vorgesehenen Loks dieser Bauart erhalten lediglich eine andere Getriebeübersetzung und bekommen dann die Stammnummer E 42. Bis zum Jahre 1965 wird die Deutsche Reichsbahn 100 Lokomotiven aus dem Herstellerwerk erhalten.

INTERNATIONALES FAHRZEUGARCHIV

Ing. KLAUS GERLACH, Berlin

DEUTSCHE REICHSBAHN

Elektrische Lokomotive der Baureihe E42

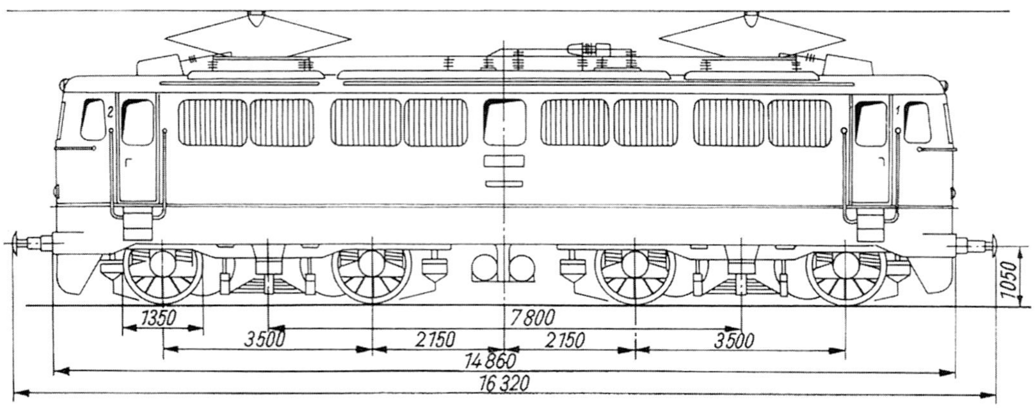

Neben der Schnellzuglokomotive der Baureihe E 11 hat der Volkseigene Betrieb LEW »Hans Beimler« Hennigsdorf im Oktober 1962 mit der Auslieferung der elektrischen Güterzuglokomotive der Baureihe E 42 begonnen. Heute ist schon eine Reihe dieser neuen $16^2/_3$-Hz-Lokomotiven im Dienst. Die E 42 unterscheidet sich von der E 11 lediglich in der Getriebeübersetzung und der Höchstgeschwindigkeit. Äußerlich ist sie nur durch die verschiedenen Anschriften zu unterscheiden. Entsprechend den Höchstgeschwindigkeiten sind dann nur noch die Bremseinrichtungen verschieden. Während die E 11 eine Bremse für schnellfahrende Züge erhielt (Kssbr. m. Z), genügte für die E 42 eine einfache Druckluftbremse (Kbr m. Z). Die Lokomotiven der Baureihe E 42 werden ebenso wie die der Baureihe E 11 in großen Stückzahlen von der Deutschen Reichsbahn beschafft.

TECHNISCHE DATEN

Erstes Baujahr	1962
Achsfolge	Bo'Bo'
Spurweite	1435 mm
Stromsystem	Einphasen-Wechselstrom
Fahrleitungsspannung	15 kV
Frequenz	$16^2/_3$ Hz
Höchstgeschwindigkeit	100 km/h
Leistung	
Dauerleistung	2740 kW bei 74 km/h
Stundenleistung	2920 kW bei 71 km/h
Anfahrzugkraft	30,8 Mp
Fahrmotoren	
Anzahl der Fahrmotoren	4
Typ der Fahrmotoren	Tatzlagermotoren
Anzahl der Fahrstufen	28
Getriebeübersetzung	1 : 3,67
Leistung der Fahrmotoren	730 kW
Abmessungen	
Länge über Puffer	16320 mm
Achsstand	11300 mm
Treibraddurchmesser	1350 mm
Dienstmasse	82,5 t
Achslast	20,625 Mp

Für das 25-kV-/50-Hz-System entwickelte und baute der VEB Elektrotechnische Werke »Hans Beimler« Hennigsdorf eine neue, leistungsstarke Bo'Bo'-Lokomotive mit einer Motornennleistung von 3360 kW. Diese Lokomotive kann für Schnellzüge und auch für Güterzüge eingesetzt werden. Ihre Höchstgeschwindigkeit beträgt 160 km/h. Die Führerstände und Lokomotivdächer bestehen aus glasfaserverstärktem Polyester und kunstharzimprägnierten Papierwaben.

Auf Empfehlung der OSShD ist die Konstruktion der Lokomotive so ausgelegt, daß die Grundausführung nach dem jeweiligen Einsatzort und -zweck variiert werden kann. So können später Ausführungen mit anderen Kupplungseinrichtungen mit einer größeren Reibungslast oder mit verschiedenen Übersetzungen geliefert werden. Auch sind diese Fahrzeuge in Vielfachtraktion verwendbar. Selbstverständlich lassen sie sich für verschiedene Spurweiten bauen.

Die Drehmomente von den Fahrmotoren zu den Radsätzen werden über elastische Tatzlagerhohlwellenantriebe weitergeleitet. Beide Führerstände sind sehr geräumig und mit Panoramascheiben, Blendschutzscheiben und Scheibenwischern versehen. Ungewöhnlich sind die konvex gestalteten Stirnwände.

zusammengestellt von Ing. KLAUS GERLACH, Berlin

DEUTSCHE DEMOKRATISCHE REPUBLIK

Elektrische Lokomotive der Baureihe E 211

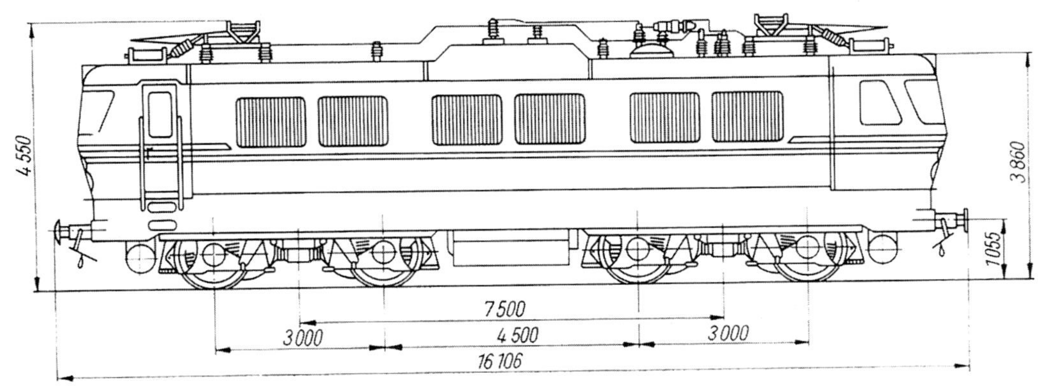

TECHNISCHE DATEN

Erstes Baujahr	1966
Achsfolge	Bo'Bo'
Spurweite (Prototyp)	1435 mm
Stromsystem . . . . Einphasenwechselstrom	25 kV 50 Hz
Höchstgeschwindigkeit	160 km/h
Leistung	
Nennleistung	3360 kW
Zugkraft bei Nennleistung	14,9 Mp
Anfahrzugkraft	27,8 Mp
Zugkraft bei Maximalgeschwindigkeit	6,3 Mp
Fahrmotoren	
Anzahl der Fahrmotoren	4
Anzahl der Fahrstufen	37
Abmessungen	
Länge über Puffer	16106 mm
Drehgestellabstand	7500 mm
Achsstand in den Drehgestellen	3000 mm
Treibraddurchmesser	1250 mm
Dienstmasse	82 t
Achslast	20,05 Mp

DEUTSCHE REICHSBAHN

Elektrische Lokomotive der Baureihe E 251

Im Jahre 1961 baute der volkseigene Betrieb LEW »Hans Beimler« Hennigsdorf zwei Versuchslokomotiven für das Einphasen-Wechselstromsystem 50 Hz und 25 kV. Eine entsprechende Versuchsstrecke im Norden von Berlin, zwischen Hennigsdorf und Wustermark, diente zur Erprobung dieser Lokomotiven.
Inzwischen wird nun auch die Deutsche Reichsbahn wie zahlreiche Eisenbahnverwaltungen dieses Stromsystem anwenden. Hierfür hat jetzt der Serienbau der Co'Co'-Lokomotive der Baureihe E 251 begonnen. Die auf unserem Bild gezeigte Lok ist noch eine der beiden Vorauslokomotiven, während die Maßskizze schon die Serienausführung zeigt. Auch die technischen Daten beziehen sich noch auf die Versuchslokomotiven.

TECHNISCHE DATEN

Erstes Baujahr der Versuchslokomotiven	1961
Erstes Baujahr der Serienlokomotiven	1964
Achsfolge	Co'Co'
Spurweite	1435 mm
Stromsystem	Einphasen-Wechselstrom, 50 Hz, 25 kV
Höchstgeschwindigkeit	100 km/h
Leistung	
Stundenleistung	3360 kW
Anfahrzugkraft	40 Mp
Abmessungen	
Länge über Puffer	18640 mm
Achsstand in den Drehgestellen	2000/2450 mm
Kleinster Achsstand	4300 mm
Größter Achsstand	13200 mm
Treibraddurchmesser	1350 mm
Dienstmasse	122 t

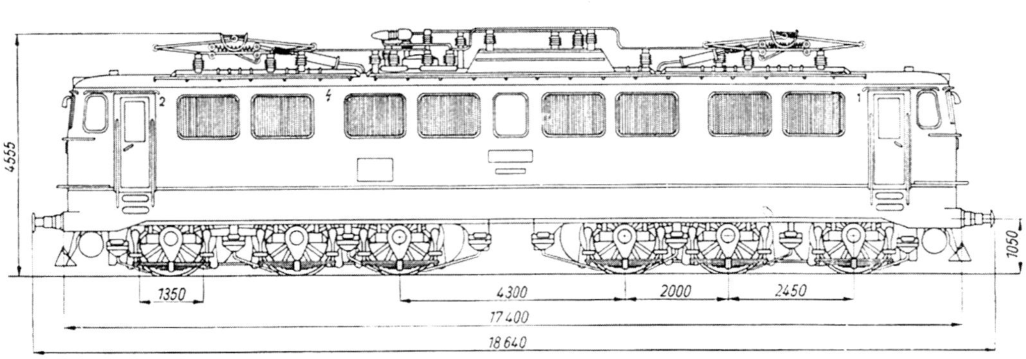

DEUTSCHE REICHSBAHN

Dieselhydraulische Lokomotive der Baureihe V60

In enger Zusammenarbeit mit der Deutschen Reichsbahn hat der VEB Lokomotivbau »Karl Marx« Babelsberg eine dieselhydraulische Lokomotive mit der Achsfolge D und einer Motorenleistung von 600 PS für den Rangierdienst entwickelt. Diese Lokomotiven waren zuerst auf den elektrifizierten Bahnhöfen anzutreffen, weil die schädlichen Rauchgase der Dampflokomotiven die Fahrleitungen besonders angreifen. Heute ist aber schon eine große Anzahl der V 60 in Betrieb, so daß man sie nun fast überall sehen kann. Die V 60 kann auch für den Zubringerdienst eingesetzt werden.

Der Rahmen der Lokomotive ist ein geschweißter Innenrahmen, der die vier Achsen und die in der Mitte liegende Blindwelle aufnimmt. Alle Rahmenversteifungen sind als Kästen zur Aufnahme von Ballast ausgeführt, um im Bedarfsfall die Achslast von 14,5 Mp auf 17 Mp zu erhöhen.

Zur Erreichung einer guten Bogenläufigkeit wurden je zwei Achsen durch Beugniothebel verbunden, so daß alle Achsen um 25 mm seitenverschiebbar sind. Diese Seitenverschiebbarkeit erforderte eine entsprechende Ausbildung der Kurbelzapfen. Die Kuppelstangen sind mit Gleitlagern (sogenannten Walzenlagern) ausgerüstet; damit können die Achsen ohne Behinderung ausschlagen.

Die Blindwellen- und Achslager sind Wälzlager mit entsprechender Dimensionierung, damit sie die Beanspruchungen des Rangierdienstes aufnehmen können. Das geräumige Führerhaus hat vorn und hinten je zwei große Fenster; in den Seitenwänden sind Schiebefenster eingebracht. Auf dem vorn angeordneten Bedienungsstand befinden sich in übersichtlicher Anordnung alle Geräte und Instrumente. Die Sicherungen und verschiedene elektrische Geräte sind im Bedienungspult und an der Führerhausrückwand angeordnet.

TECHNISCHE DATEN

Erstes Baujahr	1959
Achsfolge	D
Spurweite	1435 mm
Höchstgeschwindigkeit (Streckengang)	60 km/h
Höchstgeschwindigkeit (Rangiergang)	30 km/h
Krafterzeugung	
Motortyp	12 KVD 21
Vollastdrehzahl	1500 min⁻¹
Zylinderanzahl	12
Leistung	
Dauerleistung	600 PS
Zugkraft (Streckengang)	12,2 Mp
Zugkraft (Rangiergang)	18,5 Mp
Abmessungen	
Länge über Puffer	10940 mm
Gesamter Achsstand	5600 mm
Treibraddurchmesser	1100 mm
Dienstmasse	58 t
Reibungslast	58 Mp
Achslast	14,5 Mp

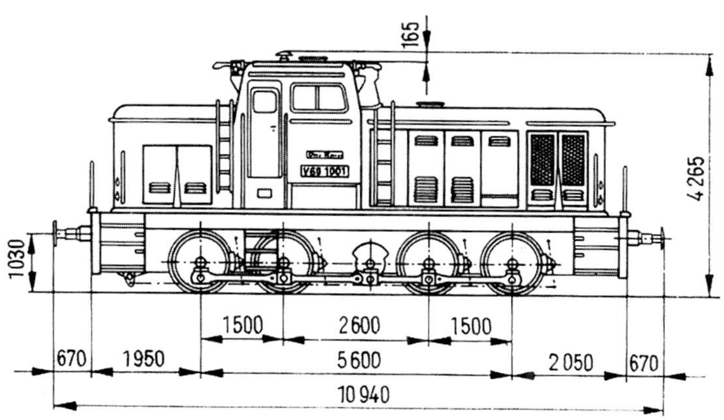

TECHNISCHE DATEN

Erstes Baujahr	1964
Achsfolge	B'B'
Spurweite	1435 mm
Nennleistung	2×900 PS
**Kraftübertragung*	dieselhydraulisch
Höchstgeschwindigkeit	100 km/h
Krafterzeugung	
Motortyp	12 KVD 21 A
Nennleistung	900 PS
Drehzahl	1500 U/min
Abmessungen	
Länge über Puffer	13 580 mm
Drehgestellabstand	7000 mm
Achsstand in den Drehgestellen	2300 mm
Größter Achsstand	9300 mm
Treibraddurchmesser	1000 mm
Befahrbarer Bogenhalbmesser	100 m
Dienstmasse etwa	64 t
Achslast etwa	16 Mp

DEUTSCHE REICHSBAHN

Diesellokomotive der Baureihe V 100

Auf der Frühjahrsmesse 1964 in Leipzig stellte der VEB Lokomotivbau »Karl Marx« Babelsberg erstmalig eine diesel-hydraulische Lokomotive der Baureihe V 100 für die Deutsche Reichsbahn aus. Dieses Triebfahrzeug gehört zum Typenprogramm der DR und ist für den Nahgüterzug- und Zubringerdienst und für den schweren Rangierdienst gedacht. Auf Nebenbahnen wird sie darüber hinaus universell zum Einsatz kommen.

In der V 100 sind bereits bewährte Bauteile und Aggregate anderer Neubaudiesellokomotiven installiert worden, so ein großer Teil der elektrischen Ausrüstung, der Dieselmotor, die Heizkesselanlage, die Kühlanlage, die Lichtanlaßmaschine, der Lüftergenerator und der Luftverdichter. Als Motor wurde der bekannte 12-Zylinder-Viertakt-Dieselmotor vom Typ 12 KVD 21 A des VEB Dieselmotorenwerk Berlin-Johannisthal verwendet. Das Strömungsgetriebe ist ein neuentwickeltes Dreiwandler-Getriebe mit eingebautem Wende- und Stufengetriebe aus dem VEB Turbinenfabrik Dresden.

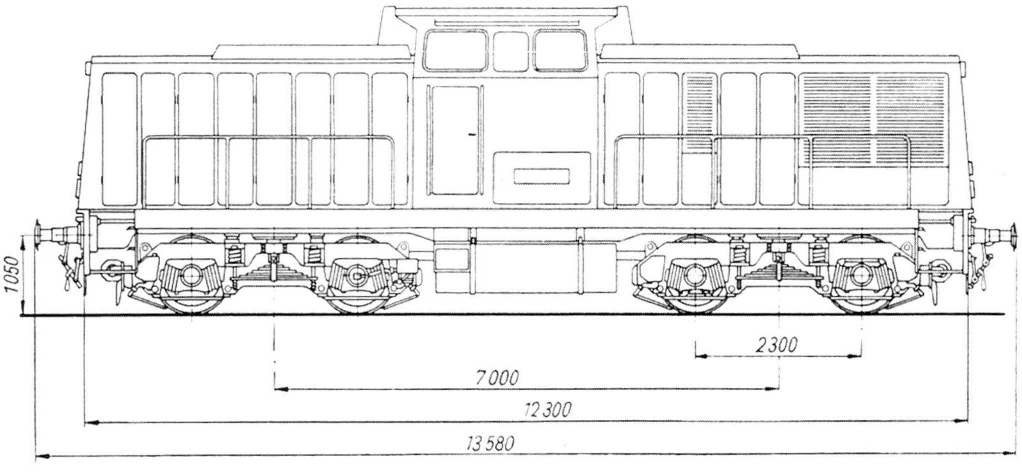

DEUTSCHE REICHSBAHN

Diesellokomotive der Baureihe V 180

Im Jahre 1960 erhielt die Deutsche Reichsbahn die ersten beiden Baumuster der dieselhydraulischen Streckenlokomotive der Baureihe V 180 vom VEB Lokomotivbau „Karl Marx“ in Babelsberg. Die V 180 folgte den beiden Baureihen V 60 und V 15/18. Die Loks dieser beiden Baureihen werden vorwiegend im Rangierdienst eingesetzt, wo die Verdieselung ja bekanntlich den größten Nutzen bringt. Es wurde nun auch notwendig, eine Diesel-Streckenlokomotive im Rahmen der Traktionsänderung bei der Deutschen Reichsbahn zu entwickeln. Die Leistung der V 180 entspricht etwa der der Dampflokomotiven der bewährten Baureihen 50 und 23^{10}. Sie soll vorwiegend Personenzüge und leichte Schnellzüge befördern, aber auch gelegentlich für Güterzüge einsetzbar sein.

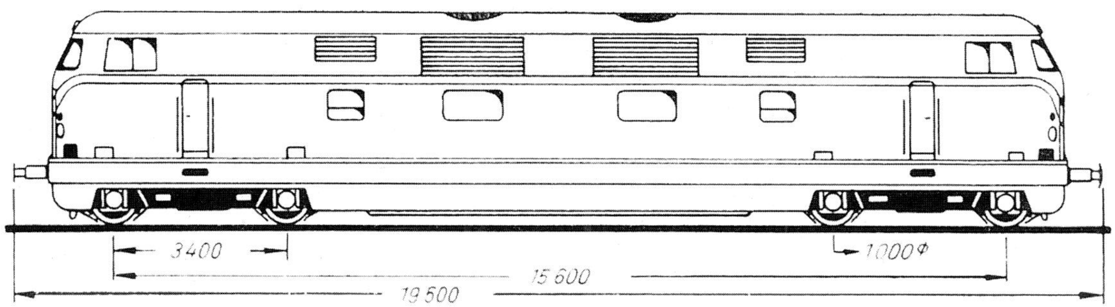

Technische Daten

Erstes Baujahr: 1960
Achsfolge: B'B'
Spurweite: 1 435 mm
Leistung: 1 800 PS installiert
Kraftübertragung: dieselhydraulisch
Höchstgeschwindigkeit: 120 km/h

Krafterzeugung:
Motortyp: Diesel 12 KVD 21 A
Motorleistung: 2×950 PS
Drehzahl: 1 500 min^{-1}

Abmessungen:
Länge über Puffer: 19 500 mm
Achsstand: 15 600 mm
Drehgestellabstand: 12 200 mm
Treibraddurchmesser: 1 000 mm
Befahrbarer Bogenhalbmesser: 100 m
Dienstmasse: 80 t
Achslast: 20 Mp

Dieselhydraulische Lokomotive V 180[1]

Auf der Leipziger Jubiläumsmesse 1965 stellte der VEB Lokomotivbau »Karl Marx« Babelsberg erstmalig eine Diesellokomotive aus, bei der die gesamte Stirnpartie aus glasfaserverstärktem Polyester besteht. Die Lokomotive erhielt vom Herstellerwerk die Typennummer V 2001001, weil inzwischen die Nennleistung der Dieselmotoren heraufgesetzt werden konnte.

Die Aufbauten sind in mittragender Schalenbauweise konstruiert und mit dem Rahmen verschweißt. Der gesamte Wagenkasten untergliedert sich in den in der Mitte angeordneten Maschinenraum und den an den Enden liegenden Führerständen. Im Maschinenraum befindet sich die gesamte Maschinenanlage einschließlich des für die Zugheizung notwendigen Heizkessels. Die Drehgestelle, auf denen der Hauptrahmen abgestützt ist, haben keine Drehzapfen, sondern sind mit Lenksystemen aus Federstahlbändern verbunden, die die Zug- und Bremskräfte übertragen und die gegenseitige Bewegung von Rahmen und Drehgestellen gestatten.

TECHNISCHE DATEN

Erstes Baujahr	1965
Achsfolge	B'B'
Spurweite	1435 mm
Höchstgeschwindigkeit	120 km/h
Krafterzeugung	
Anzahl der Motoren	2
Motortyp	12-Zylinder-Dieselmotor
Leistung	2000 PS
Abmessungen	
Länge über Puffer	19460 mm
Drehgestellmittelabstand	12200 mm
Achsstand in den Drehgestellen	3400 mm
Treibraddurchmesser	1000 mm
Befahrbarer Bogenhalbmesser	100 m
Dienstmasse	78 t
Achslast	19,5 Mp

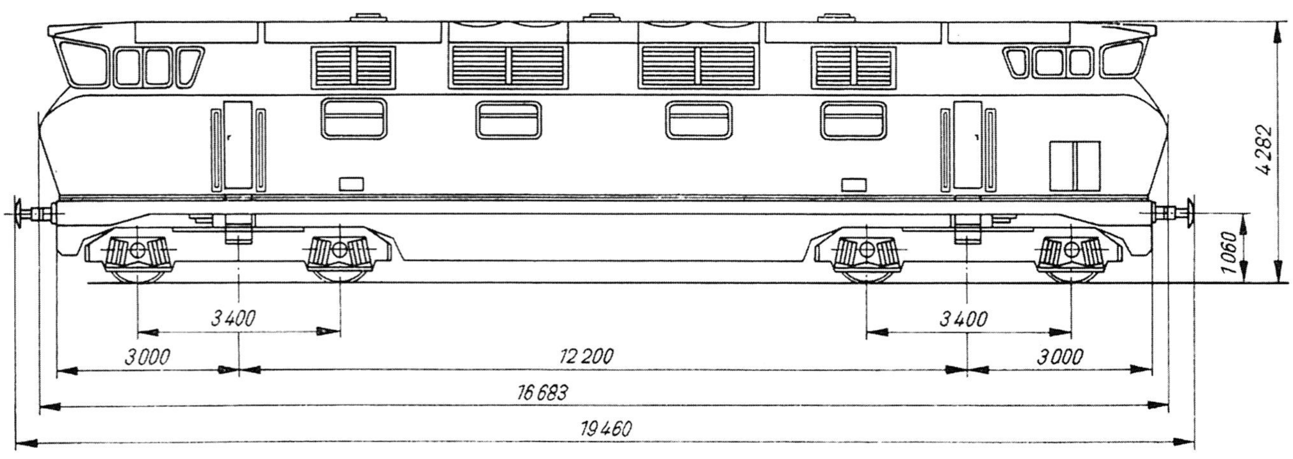

TECHNISCHE DATEN

Erstes Baujahr	1965
Achsfolge	C'C'
Spurweite	1435 mm
Höchstgeschwindigkeit	140 km/h
Krafterzeugung	
Anzahl der Motoren	2
Motortyp	12-Zylinder-Dieselmotor
Leistung	2400 PS
Abmessungen	
Länge über Puffer	19460 mm
Drehgestellabstand	10910 mm
Achsstand in den Drehgestellen	3600 mm
Treibraddurchmesser	1000 mm
Befahrbarer Bogenhalbmesser	100 m
Dienstmasse	90 t
Achslast	15 Mp

DEUTSCHE REICHSBAHN

Dieselhydraulische Lokomotive V 240 001

Ebenfalls auf der Leipziger Jubiläumsmesse 1965 konnten die Besucher eine neue 2400-PS-Diesellokomotive aus dem VEB Lokomotivbau »Karl Marx« Babelsberg bewundern. Wegen der hohen Leistung erhielt die Lokomotive vom Hersteller die Baureihenbezeichnung V 240 001.
Das Triebfahrzeug hat zwei dreiachsige Drehgestelle, auf die sich der Hauptrahmen federnd abstützt. Die Führung geschieht mittels Drehzapfen und Federstahlbandlenkung. Für die Achsfederung werden hier Tragfedern verwendet. Als Antrieb der Lokomotive dienen zwei Viertakt-Dieselmotoren vom VEB Motorenwerk Johannisthal. Die Kraftübertragung geschieht über Strömungsgetriebe, von denen aus die Radsätze mittels Gelenkwellen und Achsgetriebe angetrieben werden. Die Antriebsanlagen sind symmetrisch angeordnet. Beiderseitig neben dem in der Mitte gelegenen Raum für den Heizkessel befinden sich die Kühlanlagen.

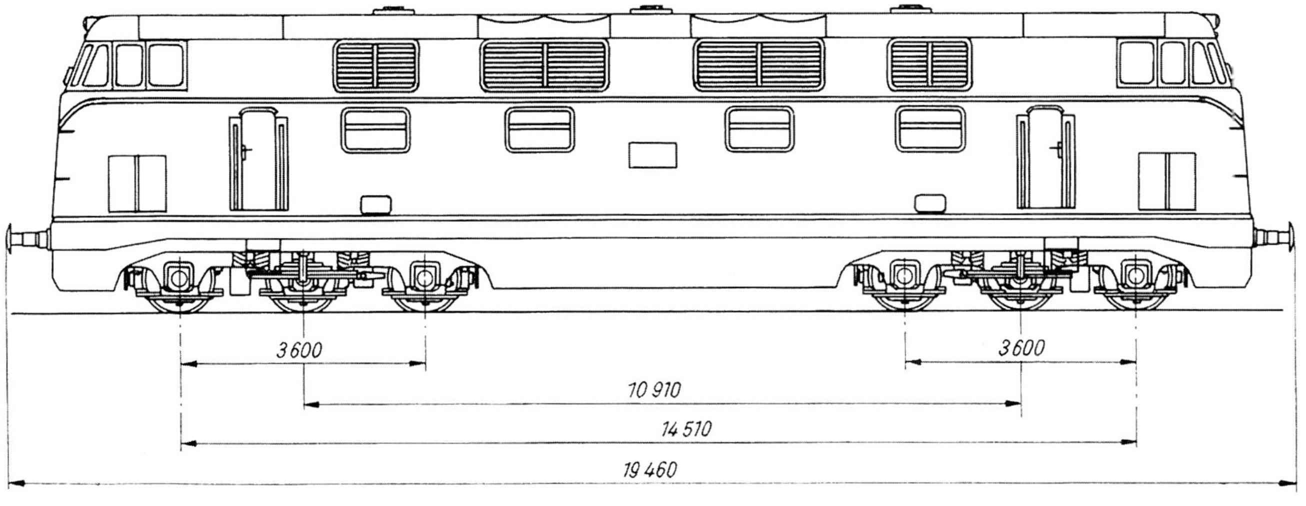

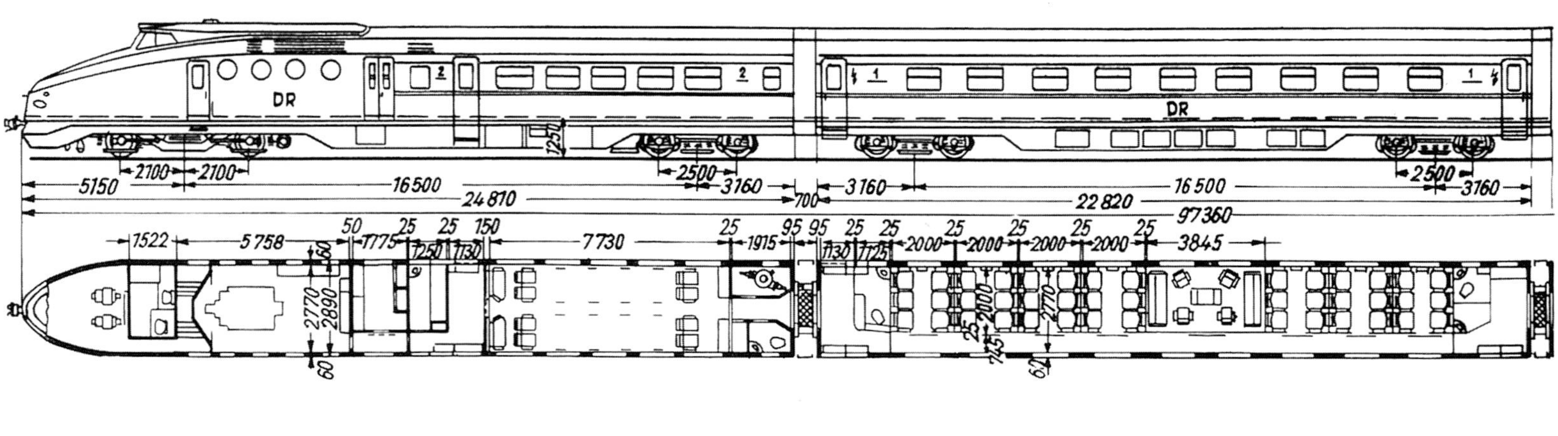
DR
DR
5150
2100
2100
16500
2500
3160
3160
16500
2500
3160
24810
700
22820
97360
1522
5758
7730
1915
3845

Schnelltriebwagen VT 18.16

Der vierteilige dieselhydraulische Schnelltriebwagen VT 18.16.01 war Blickpunkt auf der Leipziger Frühjahrsmesse 1963. Er ist der erste von unserer volkseigenen Industrie entwickelte Schnelltriebwagen, seine Erbauer sind die Werktätigen des VEB Waggonbau Görlitz. Die beiden 12-Zylinder-Dieselmotoren mit Abgasturboauflader verleihen dem Triebzug Höchstgeschwindigkeiten bis zu 160 km/h. Die Ausstattung der Fahrgasträume ist großzügig und modern.

In den beiden Triebwagen sind Großräume der 2. Klasse mit 14 Doppelpolstersitzen, die um 180 ° gedreht werden können, vorhanden. Die Rückenlehnen können in verschiedene Schräglagen verstellt werden Die 1.-Klasse-Abteile der Mittelwagen haben je sechs Sitzplätze, die mit Federboden und Schaumgummiauflage gepolstert sind. Das jeweilige Großabteil in der Mitte der Mittelwagen kann als Konferenzraum oder Schreibraum verwendet werden.

TECHNISCHE DATEN

Erstes Baujahr	1963
Achsfolge	B'2'+2'2'+2'2'+2'B'
Spurweite	1435 mm
Leistung	1800 PS installiert
Kraftübertragung	dieselhydraulisch
Höchstgeschwindigkeit	160 km/h
Krafterzeugung	
Motortyp	12 KVD 21 A
Motorleistung	2×900 PS
Drehzahl	1500 U/min
Abmessungen	
Länge über End-Kopfstücke	97360 mm
Drehgestellabstand	16500 mm
Achsstand der Triebdrehgestelle	4200 mm
Achsstand der Laufdrehgestelle	2500 mm
Anzahl der Sitzplätze in den Abteilen	132
Anzahl der Sitzplätze im Speiseraum	23
Befahrbarer Bogenhalbmesser	120 m
Masse des unbesetzten, betriebsfertigen Zuges mit halben Vorräten	etwa 200 t

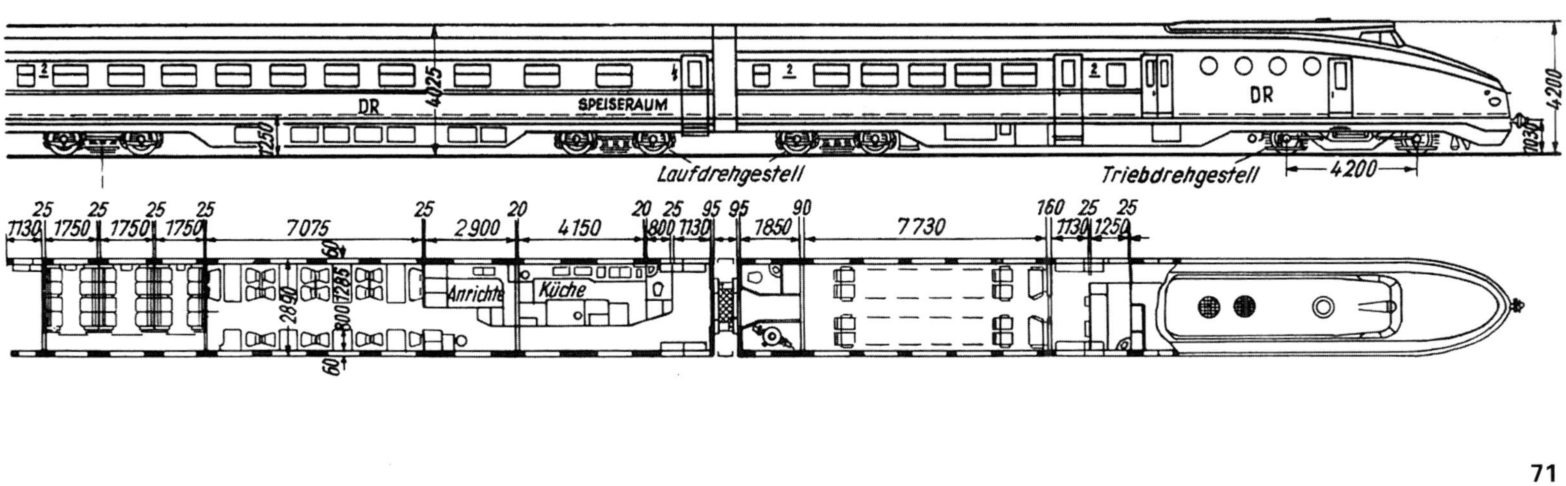

TECHNISCHE DATEN

Erstes Baujahr	1959
Achsfolge	B
Spurweite	1435 mm
Höchstgeschwindigkeit	90 km/h
Leistung	
Dauerleistung	180 PS
Motor	
Unterflur-Dieselmotor	6 KVD 18 S/HRW
Abmessungen	
Länge über Puffer	13550 mm
Achsstand	6000 mm
Anzahl der Sitzplätze	57

DEUTSCHE REICHSBAHN

Zweiachsiger Leichttriebwagen

Moderne Leichttriebwagen mit Steuerwagen gehören heute zu den wirtschaftlichsten Schienenfahrzeugen im Eisenbahnwesen. Im Wettbewerb um die Wirtschaftlichkeit liegen diese Zugpaare ganz vorn.
Der zweiachsige Dieseltriebwagen mit Vielfachsteuerung ist vom VEB Waggonbau Bautzen entwickelt worden und ist speziell für den Einsatz auf Nebenstrecken bestimmt. Er kann aber auch, wegen seiner Höchstgeschwindigkeit von 90 km/h, mit bestem Erfolg auf Hauptstrecken verkehren. Der Wagenkasten ist eine selbsttragende Schweißkonstruktion. Das Gerippe aus Walz- oder gekanteten Blechprofilen sowie die Deckbleche sind 1,5 mm dick. Die Antriebsanlage wurde einschließlich ihrer Hilfsantriebe und der Nebenaggregate in einem besonderen Fahrgestell untergebracht. Diese Antriebsanlage stützt sich auf der Treibachse und der Laufachse ab und trägt den zusätzlich gefederten Wagenkasten.

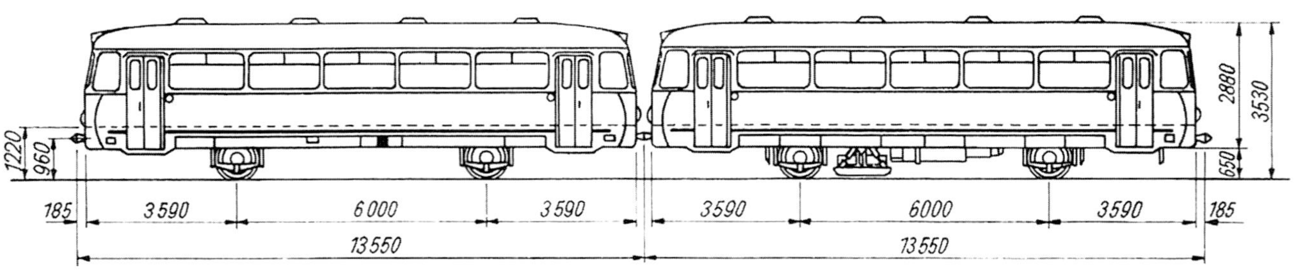

DEUTSCHE REICHSBAHN

Vierachsiger Leichttriebwagen

Für den Städteschnellverkehr und den Eilzugdienst auf Haupt- und Nebenbahnen wurde vom VEB Waggonbau Bautzen ein vierachsiger Dieselleichttriebwagen gebaut und erstmalig auf der Leipziger Frühjahrsmesse 1964 ausgestellt. Bei dem Fahrzeug handelt es sich um eine Weiterentwicklung des schon in großer Stückzahl vorhandenen zweiachsigen Leichttriebwagens.

Der neue vierachsige Triebwagen kann mit Bei- und Steuerwagen oder auch mit mehreren Triebwagen gekuppelt werden und erreicht eine Höchstgeschwindigkeit von 120 km/h. Als Motoren wurden die schon seit Jahren bewährten 6-Zylinder-Unterflur-Dieselmotoren eingebaut. Jeder der beiden Motoren hat eine Leistung von 200 PS; sie arbeiten unabhängig voneinander, so daß bei Betriebsstörungen einer Anlage der Triebwagen dennoch einsatzfähig bleibt. Das Drehmoment wird über eine Flüssigkeitskupplung auf das Sechsgang-Elektro-Schaltgetriebe und von dort über ein Achswendegetriebe auf die Treibachse weitergeleitet.

TECHNISCHE DATEN

Erstes Baujahr	1964
Achsfolge	(1A)′ (A1)′
Spurweite	1435 mm
Leistung	2 × 200 PS
Kraftübertragung	dieselmechanisch mit Flüssigkeitskupplung
Höchstgeschwindigkeit	120 km/h
Krafterzeugung	
Motortyp	6-Zylinder-Unterflur-Dieselmotor
Motorleistung	200 PS
Drehzahl	1500 U/min
Abmessungen	
Länge über Kupplung	24500 mm
Drehgestellabstand	17200 mm
Achsstand in den Drehgestellen	2500 mm
Befahrbarer Bogenhalbmesser	120 m
Dienstmasse	40 t
Anzahl der Sitzplätze	84
Aktionsradius	etwa 800 km

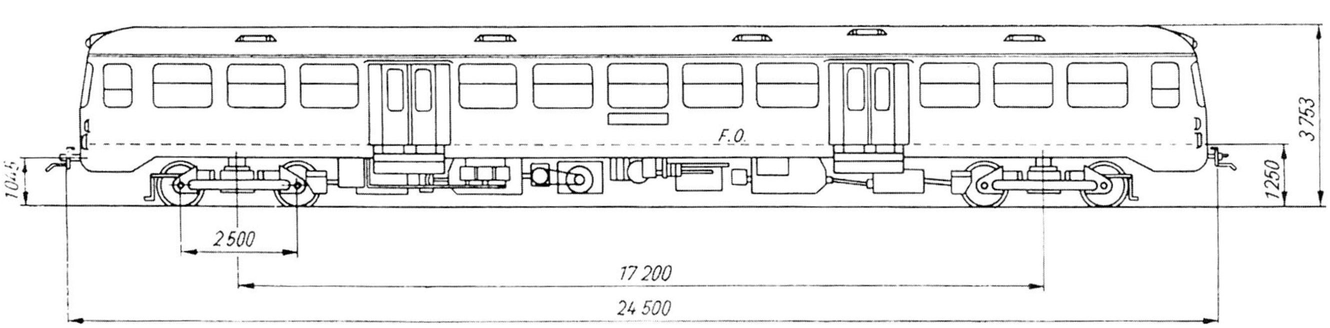

Betriebs- und Verkehrsdienst

GÜNTER WESTPHAL, Verdienter Eisenbahner, Dipl.-Ing. FRITZ BORCHERT, Berlin

Hier laufen die Fäden zusammen

Was ist ein Dispatcher? Wie arbeitet der Dispatcherapparat bei der Deutschen Reichsbahn? Was heißt überhaupt dispatchen?

Der Dispatcherdienst der Deutschen Reichsbahn ist der zentrale Kommandoapparat, dessen Befehlsgewalt vom Ministerium für Verkehrswesen bis zu den Bahnhöfen und in die Bahnbetriebswerke, bis zu den Zug- und Lokführern herunterreicht.

„To dispatch" kommt aus dem Englischen und heißt auf deutsch etwa „schnell entscheiden, schnell ausführen". Und das sind in der Tat die ursächlichen Aufgaben dieser Einrichtung, nämlich den planmäßigen Betriebs- und Verkehrsablauf sowie den Einsatz der Triebfahrzeuge und Wagen zu überwachen und zu steuern, bei Zuglaufstörungen sowie anderen Unregelmäßigkeiten präzise und unbedingt sichere Entscheidungen zu treffen, Störungen einzukreisen, Nachbarbezirke vor Auswirkungen zu bewahren und die Planmäßigkeit in kürzester Zeit wiederherzustellen.

Die zunehmende Produktion der Volkswirtschaft, die immer enger werdenden Außenhandelsbeziehungen und das sich ständig erweiternde Netz internationaler Verkehrs- und Transitverbindungen zwingen die Deutsche Reichsbahn, ihre Reserven voll zu nutzen und darüber hinaus die Kapazität zu vergrößern. Hier erschließt sich ein weiteres Betätigungsfeld für die Dispatcher.

Dieses System ausgeprägter zentraler Befehlsgebung hat es nicht immer gegeben. Nach gründlichem Studium des sowjetischen Vorbildes wurde durch Befehl des Ministers für Verkehrswesen am 10. Juli 1954 der Dispatcherdienst eingeführt. Daran erinnert folgendes historisches Telegramm des damaligen stellvertretenden Ministers, Erwin Kramer, an den Minister für Eisenbahnwesen der UdSSR, Bestschew:

„Ich habe heute, um 12 Uhr MEZ, am Vortage des Tages des deutschen Eisenbahners, den Befehl zur Inbetriebnahme der ersten Dispatcherleitung in Erfurt gegeben, nachdem die Erprobung erfolgreich verlaufen war.

Ich spreche Ihnen und allen Eisenbahnern der Großen Sozialistischen Sowjetunion für die großzügige Hilfe und Anleitung der Delegation zum Studium des Dispatcherdienstes meinen aufrichtigen Dank aus. Ich versichere Ihnen, daß die deutschen Eisenbahner dafür sorgen werden, daß der Dispatcherdienst ein entscheidender Schritt zur Verbesserung der gesamten Arbeit des Eisenbahnwesens der DDR sein wird."

Nach nunmehr neunjähriger Arbeit kann man mit vollem Recht behaupten, daß jene Verpflichtung in Ehren erfüllt wurde. Dem Dispatcherdienst ist es im wesentlichen mit zu verdanken, daß es gelang, die Beladung im Jahre 1961 gegenüber 1955 um 18,62 Prozent und die Weiterleitung um 28 Prozent zu steigern.

Wie arbeitet der Dispatcherapparat der Deutschen Reichsbahn?

Diese Frage soll im folgenden an einem der Praxis entsprechenden Modellfall behandelt werden.

Die Hauptdispatcherleitung der Deutschen Reichsbahn (Hdl)

Weitab vom Straßenlärm in einer Seitenstraße im Süden Berlins liegt eine Villa. Die äußere Beschaulichkeit des Hauses weicht allerdings sofort, wenn man als Besucher eintritt und sich orientierend auf dem Korridor umblickt. Hinter Türen klingeln Telefone, klappern Schreibmaschinen, Eisenbahner mit Mappen unter dem Arm durchkreuzen den Flur, und die Sekretärinnen eilen geschäftig über die Treppen. Hinter allem steckt eine zielstrebige Eile, jedoch ohne nervöse Hast. Das wäre auch sehr verfehlt, weil man hier Menschen braucht mit Nerven gleich Stricken. Hier laufen die Fäden zusammen, denn hier ist die Hauptdispatcherleitung der Deutschen Reichsbahn.

Es ist 6.10 Uhr, der Chefdispatcher sitzt an seinem Schreibtisch und studiert den Bericht über die Betriebslage. Darin analysierte der Brigadehauptdispatcher des Nachtdienstes die Be- und Entladung, die Neubereitstellung, die Weiterleitung, die Pünktlichkeit und die Zuglaufstörungen, die Auslastung der Güterzüge und die Arbeit der Schwerpunktbetriebe des Güterverkehrs, wie die der Seehäfen, der Kohleindustrie, der Leuna-Werke „Walter Ulbricht" und die Ziffern über Baustofftransporte, Export, Lebensmittel, Schlachtvieh, Beistellung usw.

Hinzu kommt noch die Einschätzung der operativen Arbeit der einzelnen Reichsbahndirektionen, aus der die Zahl und die Gründe für Rückstauzüge, die Regulativerfüllung u. a. hervorgehen; dem schließen sich umfangreiche Informationen über die ökonomische Verwendung des gesamten Wagen- und Lokomotivparks an.

Nach einer Vorbesprechung mit seinen engsten Mitarbeitern – die im einzelnen noch vorgestellt werden – beginnt das tägliche Konferenzgespräch.

Dazu haben sich im Zimmer des Chefdispatchers der Betriebsleiter der DR, die Vertreter der Hauptverwaltungen der Maschinen- und Wagenwirtschaft und der Abteilungsleiter Güterverkehr der Hauptverwaltung Betrieb und Verkehr eingefunden.

Auf dem Tisch des Chefdispatchers steht ein rechteckiges, schwarzes, flaches Gehäuse aus Plastik. Auf dessen Oberfläche befinden sich im Vordergrund mehrere Knöpfe, von der Mitte nach hinten wölbt sich ein kombiniertes Lautsprecher-Mikrofon. Punkt 7.30 Uhr

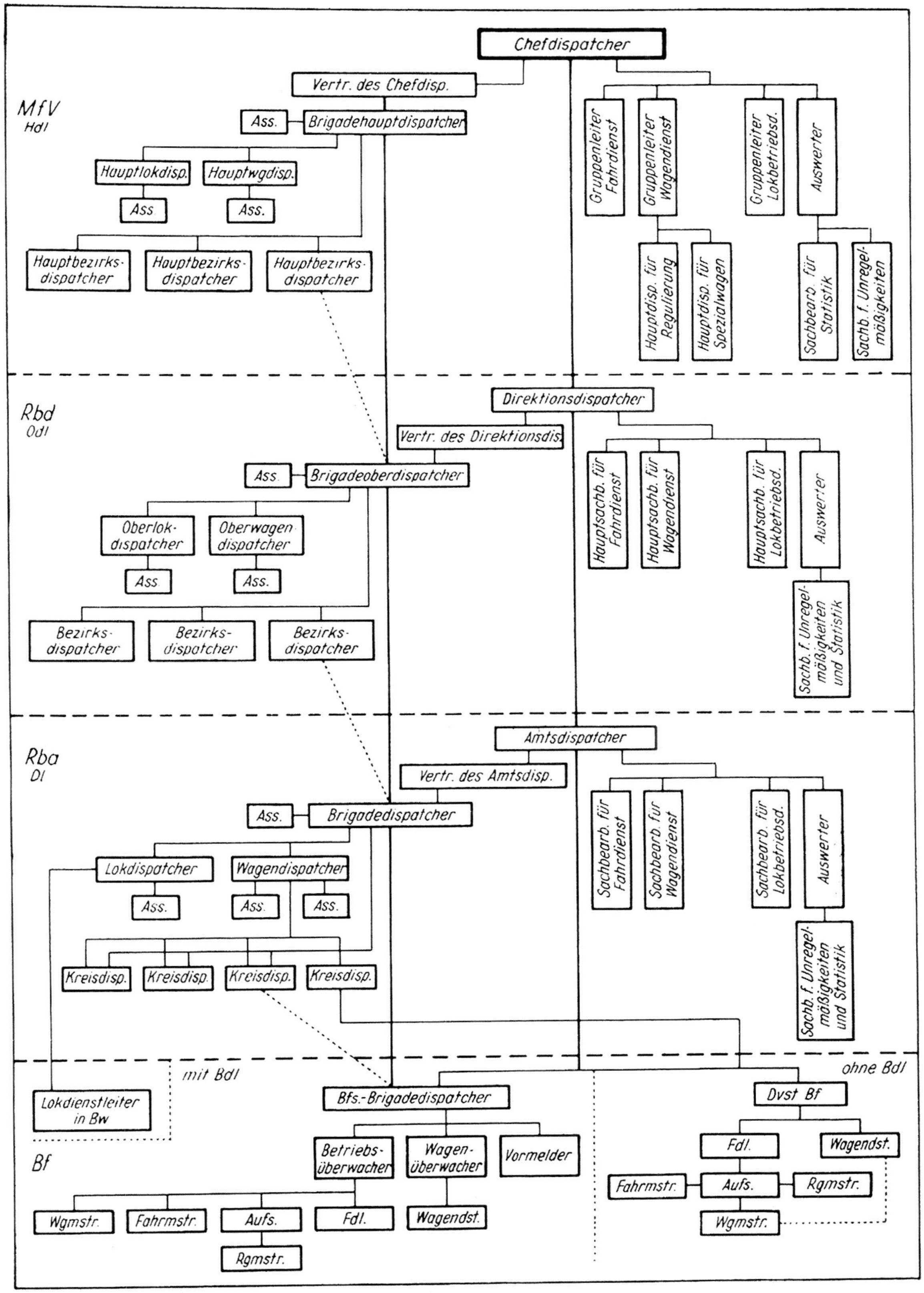

1 Struktur des Dispatcherdienstes der Deutschen Reichsbahn

drückt der Chefdispatcher auf einen der Knöpfe und ist dadurch sofort mit allen acht Reichsbahndirektionen verbunden. Dort, am anderen Ende der Leitung, sitzen in jeder Direktion der Direktionsdispatcher, der Betriebsleiter der Direktion, der Abteilungsleiter Güterverkehr sowie Vertreter der Verwaltung der Maschinenwirtschaft, Wagenwirtschaft, Anlagen, des Sicherungs- und Fernmeldewesens und (bei Bedarf) der Bezirksdirektionen Kraftverkehr und Schiffahrt.

Nach dem „Eröffnungszeremoniell" (Begrüßen und Feststellen der Anwesenheit) gibt der Chefdispatcher einen Überblick über die am Vortag bei der gesamten Deutschen Reichsbahn geleistete Arbeit. Gleichzeitig kritisiert er aufgetretene Mängel und legt Maßnahmen zu deren Beseitigung fest. So hat z. B. die Rbd Dresden 500 Wagen zu wenig ins „Regulativ" gefahren, d. h., der Abgabeplan für leere O-Güterwagen wurde nicht erfüllt. Dadurch entstanden in der Empfangsdirektion Cottbus große Schwierigkeiten, denn der von der Kohleindustrie angeforderte Transportraum konnte nun nicht in voller Höhe und nicht zeitgerecht gestellt werden. Hohe Ausfälle durch Verschulden der Deutschen Reichsbahn waren die Folge. Der Chefdispatcher ordnete an, die Wagenzuführungen so zu treffen, daß die Aufgabenstellung in der Regulativerfüllung entsprechend den Staffelplänen in voller Höhe und zeitgerecht realisiert wird. Für die Arbeit der Eisenbahner in der Rbd Dresden wird hieraus sofort die Aufgabe abgeleitet, das Zielfahren der Ortsfrachten zu verstärken und die Neubereitstellung zu erhöhen, damit durch hohe Entladeergebnisse der erforderliche Leerwagenraum für die Regulativabgabe und für die eigene Beladung gewonnen wird. Direktion um Direktion wird analysiert. Präzise, knapp, ohne überflüssige Entschuldigungen, sondern stets darauf bedacht, aus dem Vergangenen zu lernen und durch rationelle Gestaltung der Transportprozesse die Leistungen zu steigern, läuft das Gespräch weiter. Zum Schluß des Konferenzgespräches erfolgt die Aufgabenstellung.

2 Arbeitsplatz des Brigadedispatchers. Links an der Wand die Bildfahrpläne, vor ihm auf dem Schwenkarm der Wechselsprechapparat

Der Chefdispatcher beginnt:

„Durch ungünstige Witterungsbedingungen und Charterverbindungen werden in Rostock-Überseehafen die Tanker ‚Leuna II', ‚Papendraht' und ‚Carolino Fassion' etwa zur gleichen Zeit anlegen und festmachen. Außerdem sind die Tanker ‚Leuna I' und ‚Lützkendorf' mit Kurs auf Wismar bereits von der Ostsee vorgemeldet. Vor der Deutschen Reichsbahn steht die Aufgabe, binnen kürzester Frist 75 000 t Rohöl und Dieselkraftstoff umzuschlagen und abzufahren. Für jeden Tag Überliegezeit eines Tankers müssen 525 Pfund Sterling gezahl werden. Hinzu kommt, daß bei Stauungen im Nachschub Produktionsunterbrechungen in den Leunawerken, in Rositz, im Kombinat Gölzau, in Schwarzheide – Ruhland usw. drohen. Dieser plötzliche starke Zulauf muß mit Plan- bzw. Bedarfszügen innerhalb der Regelliegefristen abgefahren werden. Ich befehle daher, daß die Leerwagenzüge 10 931, 10 933, 10 935, der Bedarfszug 10 937 und die Vollzüge 7972 mit 45 ZZ, 7974 mit 30 ZZ, 7976 mit 45 ZZ und 7990 mit 30 ZZw unbedingt rechtzeitig gebildet, bespannt und planmäßig über die Strecke gefahren und den Zielbahnhöfen zugeführt werden. Der Kesselwagenumlauf ist zu beschleunigen. Sie, Genossen Direktionsdispatcher, beauftrage ich hiermit, die Arbeit der Dispatcher streng zu kontrollieren und entsprechende Weisungen zu erteilen, damit der Umlauf der Kesselwagen nicht verzögert wird. Diese Züge haben Vorrang vor anderen Zügen."

Beobachten wir einmal den Kommandoapparat und schalten uns – gewissermaßen ohne Genehmigung – in die Dispatcherleitungen ein. Alle Dispatcherdienstposten – ohne die nur im Tagesdienst Beschäftigten – sind ständig nach dem Vierbrigadeplan besetzt. Jeder Dienstschicht steht unmittelbar der Brigadehauptdispatcher, Brigadeoberdispatcher, Brigadedispatcher oder Bfs-Brigadedispatcher vor. Die Dispatcher sind während der ganzen Schicht voll verantwortlich für die operative Arbeit. Dem Chefdispatcher, den Direktions- und Amtsdispatchern obliegen die koordinierende Tätigkeit, die grundsätzliche und perspektivische Arbeit und auch die Kontrolle über das sinnvolle Zusammenwirken aller übrigen Mitarbeiter.

Den leitenden Dispatchern steht eine gewisse Zahl weiterer Kräfte zur Verfügung: die Lok- und Wagendispatcher, die Bearbeiter für Fahrdienst, Wagendienst, Lokbetriebsdienst und die Auswerter.

Durch die Aufgabenstellung des Chefdispatchers der DR bekommt also der Dispatcherdienst den Auftrag, den Kesselwagenumlauf zu beschleunigen, damit der Tankerumschlag in den Seehäfen Rostock-Überseehafen und Wismar reibungslos verläuft und keine Devisenkosten für Überliegezeiten entstehen. Das bedeutet für die Dispatcher, neben ihrer Hauptaufgabe die Planmäßigkeit des Betriebsablaufes zu wahren, alle organisatorischen Vorbereitungen zu treffen, um auch diese Züge planmäßig, sicher und schnell über die Strecken zu leiten.

Zunächst stellt der Hauptdispatcher für Spezialwagen fest, wieviel Kesselwagenzüge zum reibungslosen Umschlag benötigt werden. Dies ergibt, daß neben der Abfuhr aus den Häfen auch für den Rohölimport über die trockene Grenze – Sowjetunion via Brest – 180 Doppelachsen benötigt werden, die in die Beistellung zu fahren sind. Da der Spezialwagenpark begrenzt ist, müssen die 14 notwendigen Kesselwagenzüge mit je 60 bzw. 90 Doppelachsen beschleunigt umlaufen, d. h., sie müssen beispielsweise in 15 Tagen nicht nur fünfmal, sondern sechsmal be- und entladen werden.

Umschlag von Massengut im Überseehafen Rostock

3 *Blick in eine Bahnhofsdispatcherleitung*

4 *Der Kreisdispatcher ist durch die Wechselsprechanlage mit allen Bahnhofsbrigadedispatchern und Fahrdienstleitern seines Kreises verbunden*

Der Hauptdispatcher meldet dem Chefdispatcher das Untersuchungsergebnis, und dieser teilt die sich ergebenden Weisungen dem Brigadehauptdispatcher und den Direktionsdispatchern mit, und von da aus gelangen sie bis in die unterste Ebene, die Bahnhöfe und Bahnbetriebswerke. Da der Hauptwagendispatcher in der Hdl von den Direktionen mehrmals täglich u. a. darüber informiert wird, wo und wieviel Kesselwagen sich im Wagenpark befinden, wieviel Wagen in und vor den Wagenwäschen stehen, war es für ihn ein leichtes, auch von den Bahnhöfen Großkorbetha, Braunsbedra und Gaschwitz je einen Zug mit „R 800" – vierachsigen Kesselwagen mit einem Fassungsvermögen von 40 t je Kessel – in Richtung Küste in Bewegung zu setzen. Der Auftrag dazu wird dem Hauptwagendispatcher vom Brigadehauptdispatcher erteilt.

Dessen Ruf dringt dann über den „Pantoffel" (wie die Wechselsprechanlage scherzhafterweise im innerdienstlichen Sprachgebrauch ihrer äußeren Form wegen genannt wird) zunächst zur Oberdispatcherleitung Halle, von dort zu den Dispatcherleitungen der Reichsbahnämter Halle und Leipzig und dann zum Bahnhofsbrigadedispatcher, Betriebsüberwacher, Wagenüberwacher und Wagendienst auf den Bahnhöfen Großkorbetha, Braunsbedra bzw. Gaschwitz.

Da die Beteiligten über die zu erfolgenden Maßnahmen informiert sind, wird in kurzer Zeit der Zug gebildet, untersucht, bespannt und abfahrbereit sein. Die Gruppe Güterverkehr des Reichsbahnamtes Halle setzt sich inzwischen mit dem Entlader, dem Leunawerk u. a. in Verbindung, um eine beschleunigte Entladung der geplanten Erdölzüge vorzubereiten. Das gleiche geschieht in Rostock-Überseehafen bzw. Wismar für den Schiffsumschlag. Auch der Hauptbezirksdispatcher IV, verantwortlich für den Seehafenumschlag, wird eingeschaltet.

Da der Zug von Großkorbetha nach Rostock-Überseehafen fahren soll, sorgt inzwischen der Hauptlokdispatcher dafür, daß in den Direktionen Halle, Magdeburg und Schwerin die Bereitstellung der Lokomotiven gesichert ist.

Weil diese Züge besonders wichtig sind, werden sie von der Hauptdispatcherleitung der Deutschen Reichsbahn, und zwar von den Hauptbezirksdispatchern, während der Fahrt ständig überwacht. Das ist auch die Aufgabe der Bezirks- und Kreisdispatcher. Der Hauptbezirksdispatcher trifft mit den drei Direktionen gleichfalls entsprechende Vorbereitungen.

Ja, und dann beginnt die Reise. Zur genau vorgesehenen Zeit zeigt in Großkorbetha ein Signal Hf 1, und 45 leere vierachsige Wagen werden von einer Ellok auf der ersten Etappe nach Magdeburg gebracht, um das flüssige Gold ins Innere des Landes zu holen.

Das ist jedoch nur ein Teil der Dispatcherarbeit. Neben dieser unmittelbar operativ lenkenden und überwachenden Tätigkeit obliegt es den Dispatchern, vorausschauend die Fahrzeug- und Streckenkapazitäten so mit zu gestalten, daß sie den steigenden Anforderungen der Wirtschaft gerecht werden. Diese Arbeit wird im Nachfolgenden ebenfalls an einem Beispiel erläutert.

Vor etwa drei Jahren wurde es bei dem ständigen Zuwachs von Erdölimporten – besonders mit der Eröffnung des Ölhafens Rostock – erforderlich, höhere Transportleistungen in der Nord-Süd-Richtung zu bewältigen. Nun kann zwar eine Eisenbahn mehr transportieren, wenn mehr Wagen eingesetzt werden und mehr Züge fahren. Dem sind jedoch bestimmte Grenzen gesetzt, weil jeder zusätzliche Wagen und jeder zusätzliche Zug auch mehr Platz auf den Schienen beansprucht, die Gleisanlagen aber nicht unbegrenzt ausdehnbar sind.

Zudem wird, bevor derartig große Investitionen erfolgen, erst ernsthaft geprüft, ob die bereits vorhandenen Anlagen schon weitgehendst genutzt werden. Dieser Untersuchung widmete sich auch ein Kollektiv von Fachexperten der Hauptverwaltungen des Betriebs- und Verkehrsdienstes und der Maschinenwirtschaft sowie der Hauptdispatcherleitung mit dem Ziel, bei gleicher Zugzahl die Transportleistung zu erhöhen. Die erste Aufgabe bestand darin, zu ermitteln, welche Zuglasten auf den im wesentlichen auf den Hauptmagistralen des DR-Netzes vorherrschenden Neigungen mit einer Lokomotive der Baureihe 52 befördert werden können. Die Gegenüberstellung dieser rechnerisch ermittelten Werte ergab, daß die Last der Züge mit vierachsigen Wagen und Rollenlagern ungefähr um das 1,7fache gegenüber zweiachsigen Wagen mit Gleitlagern erhöht werden kann.

Zu dieser theoretischen Schlußfolgerung kommt hinzu, daß ein vierachsiger Kesselwagen eine durchschnittliche Länge über Puffer von 12,25 m hat. Für einen Zug von 45 Wagen ergäbe sich somit eine Gesamtzuglänge einschließlich einer 23 m langen Lok von 574 m. Damit steht fest, daß ein 180 Achsen starker Zug, der aus vierachsigen Kesselwagen besteht, innerhalb der für 120 Achsen anzusetzenden Regellänge von 600 m bleibt.

Da ein leerer vierachsiger Kesselwagen durchschnittlich eine Last von 23,6 Mp hat, beträgt die Last eines Zuges mit 45 Wagen 1062 Mp.

Theoretisch bestanden also keine Bedenken, die Kesselwagenzüge aus den Bezirken Halle/Leipzig nach den Seehäfen von bisher 30 auf 45 Wagen zu erhöhen. Dadurch würde es möglich werden, statt bisher drei nur noch zwei Züge zu fahren und die Strecken wesentlich zu entlasten. Als Ergebnis der theoretischen Berechnungen wurden Versuchsfahrten durchgeführt, die dann durch einen über mehrere Wochen sich erstreckenden operativen Probebetrieb abgelöst wurden.

Dem Kollektiv genügte diese Erkenntnis jedoch noch nicht, denn die Leerwagenbewegung ist nur der eine Teil des Transportablaufes, der andere Teil ist die Lastfahrt. So wurde es auf Grund des hohen Rohölumschlages für das Synthesewerk Schwarzheide immer notwendiger, eine gute Schwerlastverbindung von den Seehäfen nach Ruhland zu schaffen. Das Ziel war es, Züge mit 30 ZZ-Wagen, die bisher mit zwei Lokomotiven gefahren wurden, möglichst auf der Gesamtstrecke mit einer Lok zu befördern.

Die neue Schwerlaststraße nach Ruhland sollte unter Ausnutzung der Neubaustrecke von Rostock über Güstrow–Lalendorf–Waren–Neustrelitz–Berlin–Lübbenau verlaufen. Die für die Zugbildung maßgebende Streckenhöchstlast von 1310 Mp für eine Lok der Baureihen 50 oder 52 lag im Streckenabschnitt Rostock–Güstrow–Neustrelitz begründet.

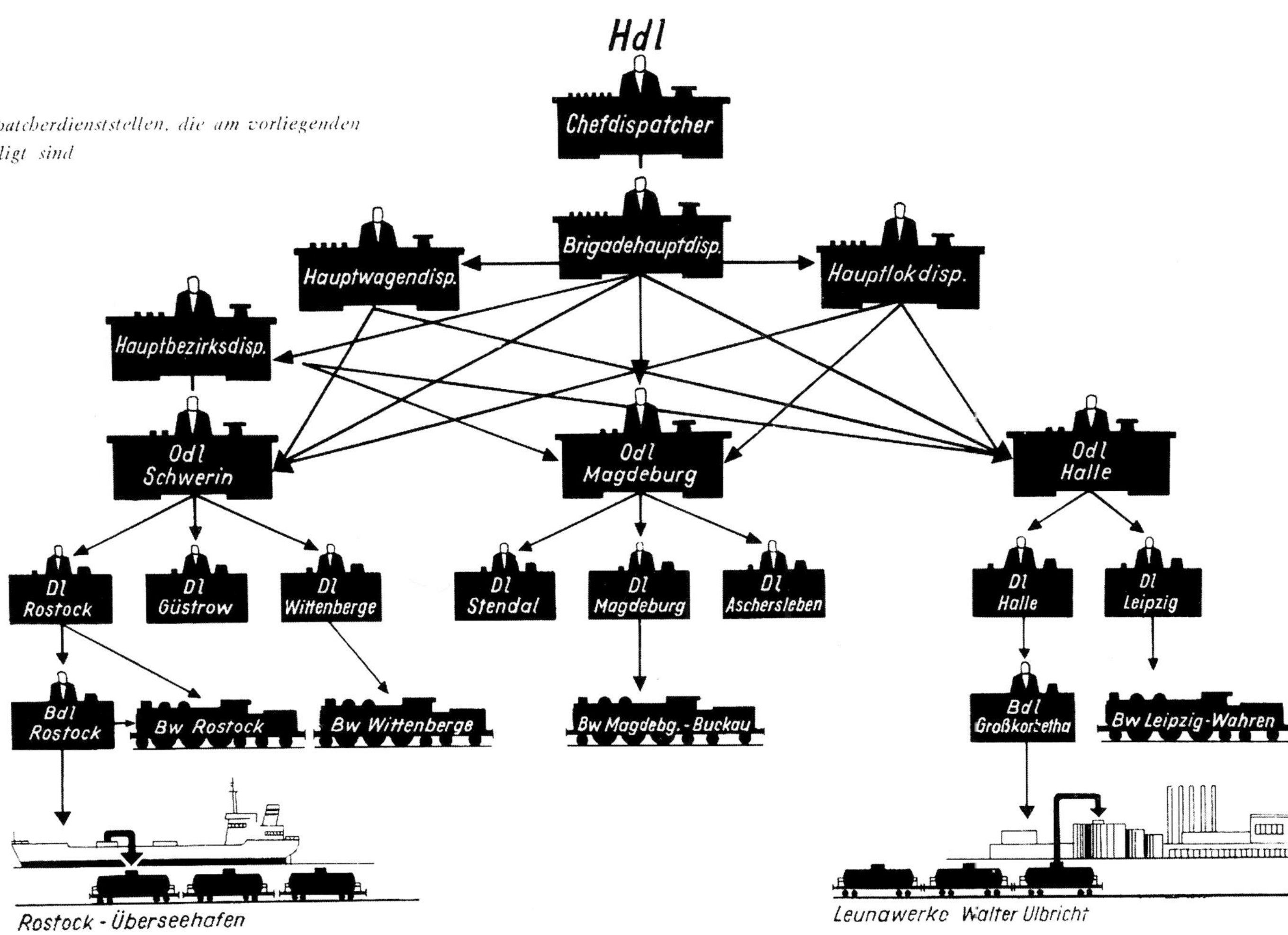

5 Schema der Dispatcherdienststellen, die am vorliegenden Modellfall beteiligt sind

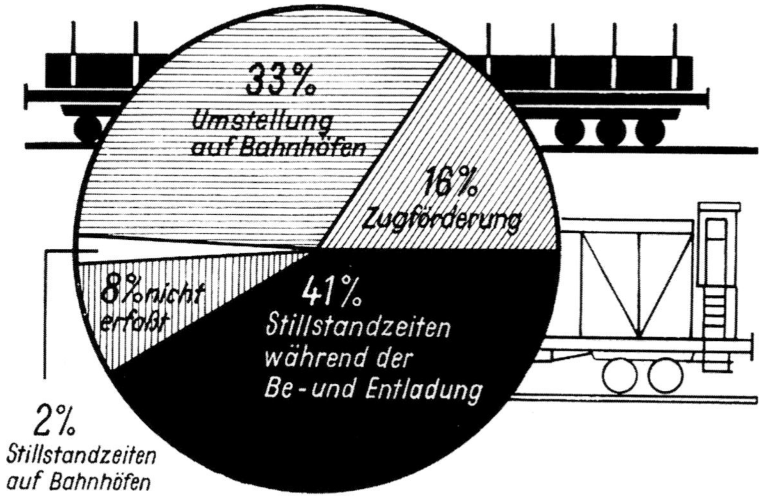

Die erste Probefahrt erfolgte am 22. 6. 1961 mit 25 ZZ und einer Gesamtlast von 1800 Mp. Dabei mußte festgestellt werden, daß im Streckenabschnitt Schwaan–Mistorf die Schleudergrenze erreicht wurde und die Voraussetzung für die Beförderung des Zuges mit einer Lok für diesen Abschnitt zunächst nicht gegeben war. Auf der übrigen Strecke konnte die Last von 1800 Mp reibungslos befördert werden. Bei der zweiten Versuchsfahrt mit 30 ZZ und 2174 Mp wurden zur Überwindung des kritischen Abschnittes von Rostock-Überseehafen bis Güstrow zwei Lokomotiven eingesetzt. Ab Güstrow bis Senftenberg wurde der Zug ohne Schwierigkeiten im vorgesehenen Plan mit nur einer Lokomotive befördert. Bis Mitte Oktober wurden Züge mit 30 ZZ und Lasten zwischen 2100 bis 2200 Mp im Probebetrieb als Sonderzüge gefahren. Ab 19. 10. 1961 verkehrt der Regelzug 7990 von Rostock nach Ruhland über Neustrelitz–Berlin–Lübbenau mit 2000 Mp Buchfahrplanlast, wobei von Güstrow bis Ruhland die Planbespannung mit nur einer Lokomotive vorgesehen ist.

Inzwischen haben sich die Lokpersonale die Technik zum Fahren der schwersten Züge zwischen Rostock und Güstrow angeeignet, so daß nur noch im Bedarfsfalle auf eine Schiebelok zwischen Schwaan und Mistorf zurückgegriffen wird.

Diese Maßnahme ergibt einen großen volkswirtschaftlichen Nutzen. Allein von Großkorbetha nach Wismar werden monatlich 30 Zugfahrten eingespart und von Gaschwitz nach Rostock-Überseehafen 15 Züge. Das ergibt eine Gesamteinsparung von rund 380 000,– DM.

Auf der Strecke Rostock–Ruhland verkehren monatlich 25 Züge weniger. Die hierdurch erzielte Einsparung beträgt rund 250 000,– DM.

Fassen wir das Ergebnis noch einmal zusammen:

Gleiche Leistung mit weniger Zügen bei weitaus geringeren Unkosten! Und das ist nur *ein* Beitrag von vielen, die die Dispatcher bei der Deutschen Reichsbahn zur Stärkung unserer Republik leisten.

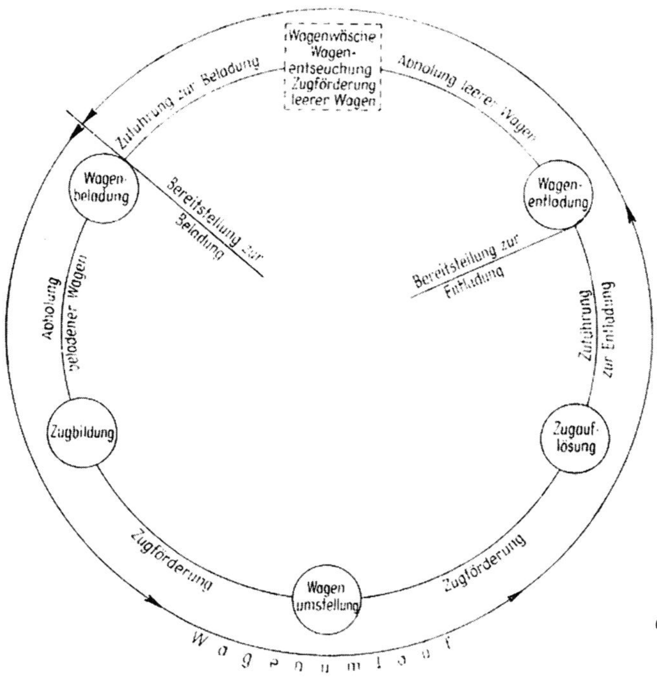

6 *Wagenumlauf und Wagenumlaufphasen*

BEGRIFFSERKLÄRUNGEN

Beladung	Die Beladung ist mit dem Zeitpunkt beendet, an dem ein Wagen vorschriftsmäßig beladen ist und mit den erforderlichen Begleitpapieren zur Abholung bereitsteht.
Entladung	Als entladen gelten Wagen, deren Entladung beendet ist und die zum Abholen bzw. zum Wiederbeladen bereitstehen.
Bereitstellung	Alle Tätigkeiten vom Eingang des Wagens auf dem Zielbahnhof bis zur vollzogenen Bereitstellung an der Ladestelle bzw. das Umstellen von Leerwagen zur Wiederbeladung.
Weiterleitung	Beförderung aller nicht für den eigenen Bezirk bestimmten beladenen und leeren Wagen und ihre Übergabe an den Nachbarbezirk.
Beistellung	Wagenhilfe für eine ausländische Bahnverwaltung, wenn die ausländische Bahn mit ihrem Wagenpark die Transporte nicht allein in der notwendigen Zeit ausführen kann.
Operative Arbeit	Alle sich aus der Betriebslage ergebenden Maßnahmen und Tätigkeiten, die zur Erfüllung der Planaufgaben nötig sind.
Rückstauzüge	Nichtbespannte Züge, die wegen Nichtaufnahmefähigkeit eines Bahnhofs, eines Bezirks oder zu dichter Streckenbelegung nicht zum Ziel gefahren werden können.
Regulativ	Überbezirklicher bzw. innerbezirklicher Leerwagenausgleich, um den wirtschaftlichen Einsatz aller Güterwagen durch ständiges Anpassen der Wagenbestände an den Wagenbedarf zu gewährleisten.
Ausfälle	Nicht rechtzeitig zur Beladung bereitgestellte Wagen.
Staffelpläne	Fahrpläne für Regulativwagenzüge.
Zielfahren	Beförderung der örtlichen Frachten, mit Ausnahme der Ortsfrachten, zum Zielbahnhof.
Ortsfrachten	Alle zur Entladung im eigenen Bahnhofsbereich bestimmten oder vorhandenen beladenen Wagen.
Sonderzug	Zug, der auf besondere Anordnung gefahren wird, entweder nach einem im voraus festgelegten Plan (Bedarfszug) oder nach einem von Fall zu Fall besonders aufgestellten Plan.
Wagenumlauf	Zeit, die von einer Beladung bis zur Wiederbeladung vergeht.

Es ist Mittagspause. Ich sitze unter einer Birke, in deren Blättern der Wind spielt. Knappe hundert Meter von mir sehe ich ein efeubewachsenes Stellwerk mit den zwei Emailleschildern: »Nst« und »Neustrelitz Hbf«, zwei rotweiße Schrankenbäume und dahinter die rußfarbenen Wände und Dächer eines Lokomotivschuppens. Auf den Abstellgleisen vor dem Schuppen warten qualmend einige Lokomotiven, und ab und zu höre ich vom Kohlebansen her das Poltern des Krans.

In wenigen Jahren wird dieses Bild verändert sein. Hier, wo sich die Magistrale von Berlin in die beiden Zweige nach Rostock und nach Stralsund gabelt, wird 1969 ein neues Bahnbetriebswerk für Diesel- und Elektrolokomotiven stehen. Rund neun Millionen Mark sollen die Baukosten betragen, und die ABC-Schützen von heute werden sich nur noch schwach an die dunklen, schnaufenden Lokomotiven und die verrußten Schuppen erinnern.

Heute abend werden bereits die ersten beiden Großdiesellokomotiven mit Blumen empfangen, die zur Stunde vom VEB Lokomotivbau »Karl Marx« in Babelsberg abfahren. Und gerade an diesem Tag begleite ich den Transit-Durchgangseilgüterzug TDe 5022 auf seiner Reise von Saßnitz nach Gutenfürst ein Stück Wegs durch unsere Republik, und zwar auf einer Dampflokomotive von Neustrelitz bis Seddin, auf einer Diesellokomotive von Seddin bis Halle und auf einer Elektrolokomotive von Halle bis Weißenfels.

Dipl.-Ing. FRITZ BORCHERT, Berlin

Mit dem TDe 5022 unterwegs

Eine Reportage im Zeichen des Traktionswandels

1 *Ob alle Muttern und Schrauben des Fahrgestells festsitzen?*

Es ist 13.30 Uhr. Im Vorraum der Lokleitung des Bw Neustrelitz sitzen einige »Schwarze«, wie man Lokführer und Lokheizer von Dampflokomotiven scherzhaft nennt. Sie machen »Schularbeiten«. Darunter verstehen die Eingeweihten das Ausfüllen der Dienstauftragzettel, der Fahrt- und Leistungsberichte, das Studieren und Quittieren der Befehlsbücher und all die anderen Obliegenheiten, die bei Dienstbeginn und Dienstschluß mit Bleistift und Papier verbunden sind.
Die Wände dieses Raumes sind mit den verschiedensten Aushängen in allen Formaten tapeziert. Da liest man zum Beispiel, daß die Anrechte für das Friedrich-Wolf-Theater zu erneuern sind, daß für zwei Tage die Wasserkräne in Neubrandenburg nicht in Betrieb sein werden und daß sich Lokheizer Bunger seines Urlaubs wegen beim Gruppenleiter melden möchte und so weiter.
»Na, dann kann es ja losgehn!« Der Mann, der sich mit diesen Worten von der Bank vor den Dienstplänen erhebt, ist keine 30 Jahre alt. Er trägt derbe Arbeitsschuhe; sein Schlosseranzug spiegelt die zahlreichen, innigen Bekanntschaften mit Öl und Schmierfett wider. Ein Knäuel Putzwolle bauscht die linke Jackentasche auf. Mit einer Hand-

2 *Die Aufsicht übergibt dem Lokführer einen Packen Wagenpapiere*

3 *Abfahrbereit*

lung, die fast alle seiner Zunft vollziehen, weist sich dieser Mann als Lokführer aus: Er nimmt die Ledermütze ab, verstaut in ihrem Teller den paßgerecht gefalteten Dienstauftragszettel und stülpt sie sich wieder aufs Haupt.

Adolf Tegge — so heißt der Lokführer — geht durch den Schuppen, vorbei an den Untersuchungskanälen, nach draußen. Hier steht die 41 314 auf einem Abstellgleis. Sie hatte eine kleine Reparatur zu überstehen — ein Luftrohr war undicht. Während wir auf den Führerstand klettern, hören wir oben jemanden mit dem Schürhaken hantieren. Es ist der Lokheizer, Heinz Lüdtke, 27 Jahre.

»Ich fahre wild«, begrüßt er uns. Sein gutmütig lächelndes Gesicht steht im völligen Widerspruch zu der drohend klingenden Ankündigung. Doch wie viele Eisenbahnerausdrücke ist auch diese Formulierung völlig harmlos: Lokheizer Lüdtke ist »Springer«, ein »Disponibler«, ein U- und K-Vertreter, ein Kollege also, der einen anderen infolge Urlaub, Krankheit oder anderer Gründe vertreten muß.

Die 41 314 wurde vor zwei Stunden abgestellt. Das Personal, das mit ihr zurückkam, hat sie untersucht, abgeölt, mit Kohle beladen, ausgeschlackt, hat Wasser genommen, so daß die Lokomotive zum sofortigen Einsatz bereitsteht. Wenn auch diese Abrüstarbeiten sehr sorgfältig vorgenommen werden und die nachfolgende Dienstschicht sich voll auf die Vorgänger verlassen kann, kontrolliert — wie allgemein üblich — Lokführer Tegge nochmal alles, sobald er Tasche und sonstige Utensilien in den Schrankkästen des Tenders verstaut hat. Vorher blickt er auf den Wasserstandsanzeiger und prüft die Feuerkiste auf undichte Rohre und die Beschaffenheit des Feuerbetts. »Wasserstand hab' ich schon kontrolliert«, bemerkt Heinz Lüdtke.

Das ist außerordentlich wichtig. Grundsätzlich ist vor jedem Fahrtantritt festzustellen, ob der Wasserstandsanzeiger des Kessels einwandfrei arbeitet. Dabei gibt es exakt vorgeschriebene Handgriffe. Jeder Heizer hat bereits wenige Tage nach Aufnahme seiner Tätigkeit in einer praktischen Prüfung nachzuweisen, daß er sie beherrscht. Dieser Sicherheitsmaßnahme ist es zu verdanken, daß relativ wenig Kesselzerknalle vorkommen.

Inzwischen hat Lokführer Tegge den Führerstand verlassen. Durch Abklopfen mit dem Hammer überzeugt er sich vom Festsitzen aller

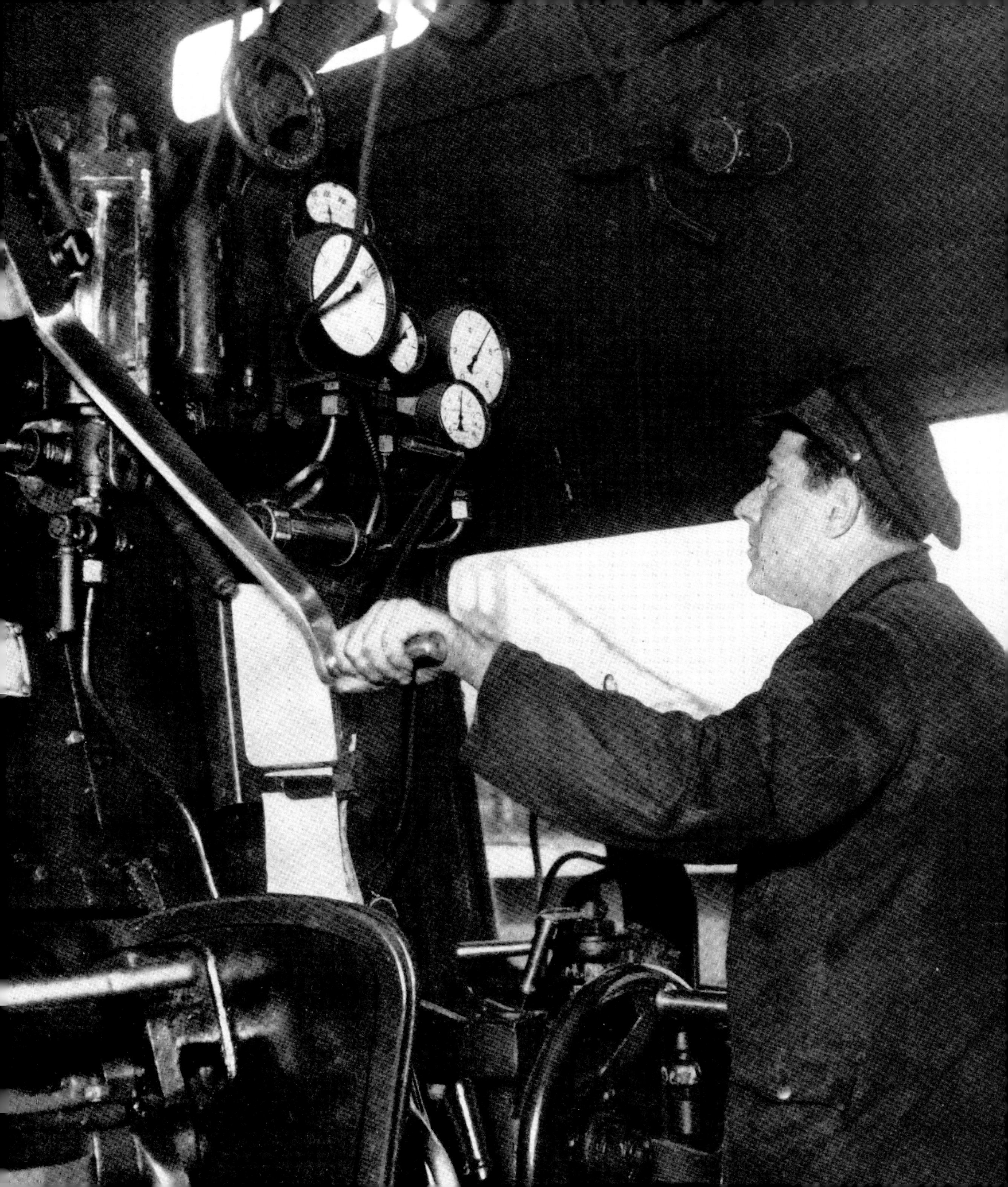

4 *»Dann öffnet er den Regler ...«*

5 *Aus dem Tender wird eine Schaufel Kohle entnommen*

6 *Wieder eine Schippe Kohle aufs Feuer!*

5

6

Muttern und Schrauben des Fahrgestells, der Dampfmaschine und des Tenders. Sein Blick tastet sich von Bolzen zu Bolzen, registriert, daß die Splinte und Sicherungen vorhanden sind, bemerkt, daß der Ölfilm an der Schwinge und der Kreuzkopfgleitbahn einwandfrei ist, und stolpert schließlich über die Ölsperre an der vorderen Schieberlaufbuchse. Hier ist Öl ausgetreten. Nachdem er auf der anderen Lokseite noch eine gelockerte Mutter am Bahnräumer angezogen hat, geht er ins Magazin, kommt mit einer neuen Ölsperre zurück und wechselt sie gegen die schadhafte aus. Dann ruft er zum Führerstand: »Heinz, kurbele mal den Zentralöler durch!«
Nun ist die Sperre in Ordnung.
Die Putzwolle nimmt nur mühsam die Öl- und Schmierfettreste an den Händen, den Schraubenschlüsseln und dem Hammerstiel auf.
Der Heizer hat unterdessen Öl an der Luft- und derSpeisewasserpumpe nachgefüllt. Und während der Meister nach der Kontrolle der Funkenschutzeinrichtung die Rauchkammertür wieder verschließt und noch nachsieht, ob Wasser im Tender ist (sich nur auf die Anzeigevorrichtung zu verlassen, hat sich schon manchmal gerächt), beschickt der Geselle das Feuer. Es gehört schon sehr viel Geschicklichkeit dazu, mit der Schaufel, deren Stiel so lang ist wie das Blech, die 10 kg schweren Kohlenladungen durch das kleine Feuerloch auf die 2,35 m lange und 1,80 m breite Rostfläche gleichmäßig zu verteilen; noch dazu, wenn während der Fahrt Lokomotive und Tender mit meist unvorhergesehenen Bewegungen Stehen und Schippen erschweren.
Die Feuertür klappt zu. Ein Blick zum Wasserstandsglas: zur Hälfte gefüllt. Ein zweiter Blick zum Kesseldruckmanometer: 14 at Überdruck. Befriedigt greift Heinz Lüdtke zum Besen, fegt den Führerstand aus und spritzt mit einer Dusche heißen Wassers den Fußboden ab.

Meister Tegge hat indessen noch in den Sandkasten geschaut, die Luftpumpe in Gang gesetzt und eine Dichtigkeitsprobe vorgenommen.
»Haben wir genug Öl?« fragt er den Gesellen.
»Reicht.«
Adolf Tegge läßt jetzt die Dampfpfeife ertönen. Die Drehscheibe setzt sich in Bewegung. Der Wärter winkt, der Heizer ruft: »Kommen!« Der Lokführer nickt, greift mit der einen Hand zum Regler, öffnet mit der anderen die Zylinderventile. Die 163 t schwere Lok setzt sich behutsam in Bewegung.
15 Minuten später stehen wir vor dem Zug. Er ist erst vor 10 Minuten angekommen; deshalb ist nach dem Kuppeln nur eine vereinfachte Bremsprobe nötig.
Ein paar Augenblicke später erscheint die Aufsicht. Sie übergibt dem Lokführer einen Packen Wagenpapiere, den Bremszettel und trägt die Zugleistung auf dem Leistungsbericht ein. Nach dem Bremszettel hat der TDe 5022 eine Masse von 991 t und ist zu 68 Prozent abgebremst. »Ein schöner Zug«, kommentiert der Heizer, greift zur Schaufel, streut sieben, acht Ladungen Steinkohle übers Feuer und beweist der Umgebung, wie schwarz die Kohle auf unserem Tender ist: Blauschwarzer Qualm quillt dick aus dem Schornstein und wälzt sich über die Gleisanlagen. Zufrieden nimmt er einen Schluck aus der Brauseflasche.
Doch Lokführer Tegge ist unzufrieden. »Neulich mußte einer fürs Qualmen drei Mark bezahlen«, meint er und öffnet die Feuertür und den Hilfsbläser. Schon brennt das Feuer mit heller Flamme; die Rauchballen verschwinden.
14.45 Uhr. Das Ausfahrsignal zeigt Hf 2. Adolf Tegge dreht die Steuerung nach vorn, legt sie fest bei 80 Prozent Füllung. Dann öffnet er

7 *Auf dem Führerstand einer V 180 hat man nach allen Seiten freies Blickfeld*

den Regler. Der Dampf strömt in die Zylinder; der Druck steigt: 2··· 3··· 4,5 kp/cm². Die Lok zieht an; wenige Zentimeter. Der Zug hat sich gestrafft. Weiter steigt der Druck: 8···9 kp/cm². Jetzt setzt die Bewegung erneut ein, Zentimeter um Zentimeter. Ein Griff zum Sandstreuer. Druckluft befördert feinkörnigen Sand aus dem Vorratsbehälter vom Langkessel vor die Treibräder, um ein Schleudern zu verhindern.

Wir fahren!

In immer rascherer Folge gehen die Luftschläge durch die Feuerung, wenn der entspannte Dampf aus den Zylindern durch die Ausströmrohre und den Blasrohrkopf in den Schornstein entweicht und dabei dichte Rauchmassen mitreißt. Langsam dreht der Lokführer die Steuerung zurück, verringert die Füllung: 70 Prozent, 60, 50, 40. Bei 30 Prozent hält er schließlich ein. Der Druck in den Zylindern beträgt 11,5 kp/cm².

Die Nadel des Tachometers steht auf 40 km/h. Das ist zu langsam; der Fahrplan verlangt 60. Weiter wird der Regler geöffnet. 12,5 kp/cm². Die Lok reagiert. Noch härter werden die Schläge. Der Heizer reißt die Feuertür auf. Aus der weißglühend brodelnden Hölle springt die Hitze. Drei, vier Schippen Kohle fliegen hinein. Man kann nicht sehen, ob sie an der richtigen Stelle ankommen, sondern muß sich auf das Gefühl, die Erfahrung verlassen. Nach jedem Hineinwerfen schließt der Lokführer die Feuertür und öffnet sie wieder im Takt des Schaufelns. Er »klappt«. Er unterstützt auf diese Weise den Heizer und verhütet, daß der Kessel unnütz abkühlt.

Hinter uns breiten sich dunkle Rauchschwaden über die Wiesen.

Das Kesselmanometer zeigt 15 kp/cm². Wir fahren jetzt mit 60 km/h. Die buntgemischte Wagenschlange unseres Zuges schwingt sich durch den weiten Bogen einer Kurve.

»Einfahrt frei!« ruft der Heizer. »Frei!« antwortet der Lokführer. Wieder wird die Feuertür geöffnet. Wieder wandern vier Schaufeln Kohle auf die Roste. Der Lokführer zieht den Regler etwas ein. Nur noch 9 kp/cm². Wir fahren eine kaum spürbare Neigung hinab. Dann wieder: »Frei!«. Die Antwort: vier Schippen Kohle, wieder vier Schippen.

Eine Steigung liegt vor uns. Die Pausen zwischen den Schippen verringern sich. Der Druck in den Zylindern steigt auf 15 kp/cm². Die Füllung wird auf 35 Prozent erhöht, aber die Geschwindigkeit fällt auf 30 km/h. Schippen, steuern, regeln, beobachten der Strecke! Ein hastiger Schluck aus der Brauseflasche! Schippen, schippen, schippen ...

Wir haben sowjetische Steinkohle auf dem Tender. Sie hat eine hohe Heizkraft, muß aber dünn über das Feuerbett gestreut werden. Oberschlesische Kohle verlangt eine andere »Technologie«, bei der westfälischen ist es wiederum anders. Der Heizer muß das wissen, sich darauf einstellen. Er muß auch spüren, wie die Feuerung arbeitet. Obwohl die Maschinen einer Serie nach den gleichen Zeichnungen gebaut sind und sich in allen Maßen gleichen, haben sie ihre Eigenheiten. Die eine »frißt alles weg«, die andere »reißt leicht nach vorn«.

Obwohl Heinz Lüdtke heute zum ersten Mal auf dieser Lok nach Seddin fährt — er war sieben Jahre bei den bewaffneten Organen und ist seit einem Jahr Heizer —, stellt er sich schnell auf die 41314 ein. Der Kesseldruck pendelt zwischen 15 und 16 kp/cm². Das Wasserstandsglas ist stets halb voll.

Düsterförde. Die Aufsicht grüßt.« ... nächstes Jahr ... internationales Zeltlager ...«, verstehe ich. Der Fahrwind reißt die Worte vom Mund des Lokführers und zerfetzt sie. Dann ein Jochmontageplatz der Reichsbahn: Fürstenberg.

Weiter! Schippen! Schippen! Steuerung! Regler! Schippen! Dazwischen erschallen jedesmal Rufe, wenn ein Signal erkannt ist. Für die weitere Unterhaltung sorgen der Lärm und der Wind, der zwischen Führerhaus und Tender hereinpfeift. Vor Gransee muß der Lokführer bremsen und die Geschwindigkeit auf 30 km/h verringern. Eine La-Stelle, eine Langsamfahrstelle, kommt. Sie ist nur 20 m lang. Eine Brücke wird erneuert. Dann geht es mit Volldampf weiter.

Punkt 16.00 Uhr fahren wir durch Löwenberg. Die erste Verschnaufpause ist da, denn hier beginnt eine längere Gefällestrecke. Der Regler wird geschlossen, die Steuerung von 30 auf 60 Prozent vorgelegt, dann auf 10 Prozent eingezogen. Die 41314 ist — wie fast alle Dampflokomotiven der Einheitsbaureihen der Deutschen Reichsbahn — mit Trofimoff-Schiebern ausgerüstet, einer sowjetischen Konstruktion. Diese wurde 1959 im Reichsbahnausbesserungswerk »Wilhelm Pieck« Karl-Marx-Stadt eingebaut, als die Lokomotive einen neuen Kessel erhielt.

Der Heizer hat auch während der Gefällefahrt alle Hände voll zu tun. Mit dem Schürhaken korrigiert er die Feuerlage, reißt die Schlacke auf. Die Kratze ist hellglühend, als er sie wieder an ihren Platz im Tender schiebt. Dann schaufelt er neue Kohle aufs Feuer. Schon wird der Regler wieder geöffnet. Der Rhythmus beginnt von neuem: Schippen! »Frei!« Schippen! Schippen! ...

Plötzlich ruft der Lokführer irgend etwas. Er zeigt nach vorn, hängt sich an den Griff der Dampfpfeife. Was ist los? Uns begegnet auf dem Gegengleis zwischen Lehnitz und Borgsdorf eine Diesellok, die uns mit dumpfem Sirenenton begrüßt: die V 180003, die erste der beiden angekündigten Diesellokomotiven auf dem Weg nach Neustrelitz.

Dieses außerplanmäßige Pfeifen widerspricht zwar allen Vorschriften, aber wie sollte Adolf Tegge seiner Freude anders Ausdruck verleihen? Er hat ja bereits das Patent zum Diesellokführer für die V 60 in der Tasche und den Ausbildungslehrgang für die V 180 zur Hälfte beendet. Bald wird er auf solch ein Triebfahrzeug umsteigen.

Weiter! Abzweigungen folgen. Berlin ist nahe. Schippen! Signale! Schippen!

Dann halten wir nach 100 km zum ersten Mal: Hohen Neuendorf West. Von 16.33 bis 16.51 Uhr, so steht es im Fahrplan. Pause? Irrtum. Der Lokführer klettert von der Maschine und überprüft das Fahrwerk. Sein Handrücken wandert von Lager zu Lager. Das linke Treibstangenlager ist etwas warm. Er öffnet die Ölverschraubung, zieht die Schmiernadel heraus und säubert sie. Es ist nichts Ernstes. Er gießt etwas Öl nach und schraubt wieder zu.

Der Lokheizer hat inzwischen das Feuer auch wieder in Ordnung gebracht. Erst jetzt bleibt Zeit für eine Zigarettenlänge.

Punkt 16.51 Uhr zeigt das Signal »Ausfahrt frei«. Von Hennigsdorf bis Falkenhagen fahren wir unter einer elektrischen Fahrleitung. Es ist die Versuchsstrecke, die der volkseigene Betrieb LEW »Hans Beimler« in Hennigsdorf zur Erprobung der 50-Hertz-Lokomotiven benutzt. 25000 Volt sind im Fahrdraht.

In Golm zeigt uns der Fahrdienstleiter die K-Scheibe: ein weißes Dreieck mit rotem Rand und dem schwarzen Buchstaben K. Wir sollen schneller fahren, sollen die »kürzeste Fahrzeit« anstreben. Sie steht im Buchfahrplan und dient dazu, daß ein nachfolgender Zug nicht halten muß. Mit kurzem Pfiff quittiert der Lokführer das Signal und öffnet den Regler weiter. Und wieder wird die Feuertür aufgerissen, wieder fliegt Kohle in die tobende Glut, wieder zieht eine dunkle Rauchfahne über das Land. Wir fahren durch den Hauptbahnhof Potsdam, über den Damm quer durch den Templiner See, durch Michendorf. 18.03 Uhr hat unser Zug pünktlich Seddin erreicht. Die Lokomotive wird abgehängt und fährt zur Lokübergabestelle. Es ist 18.13 Uhr. 2 Minuten später stehen wir am Ausschlackkanal.

Und nun beginnt das Restaurieren. Zuerst wird Wasser genommen. Rund 20 m^3 haben wir verdampft. Heinz Lüdtke dreht den Wasserkran auf; ein dicker Strahl ergießt sich in den Tender. Dann werden 3 t Kohle zugeladen. Danach wird der Aschekasten geöffnet. Der Ausschlacker steigt auf den Führerstand, dreht den Kipprost herunter. Dann poltert die glühende Schlacke wie ein Lavastrom in den Schlakkensumpf, zischt auf und versinkt. Beißende Dampf-, Asche- und Rauchwolken wallen auf. Es stinkt nach allem Möglichen.

Der Lokführer verschwindet im Aufenthaltsraum der Ausschlacker und quittiert die Arbeiten.

Dann ist auch diese Prozedur überstanden. Wir fahren zur Scheibe, lassen uns drehen und ein Gleis mit einem Untersuchungskanal zuweisen. Hier wird die Lok wie zu Beginn der Fahrt überprüft.

Während die beiden »Schwarzen« aus Neustrelitz ihre Maschine restaurieren, wird der TDe 5022, ein Zugverband mit Wagen der DR, der DB, der ČSD, der CFR, der DSB, der SJ, der FS, der ÖBB, auf der »internationalen Drehscheibe Seddin« umgebildet. Hier treffen sich alle durch die DDR fahrenden internationalen Güterzüge. Die Wagen werden binnen kürzester Frist rangiert und verlassen bald den Bahnhof in neuer Richtung. Unser Zug hat hier nur 90 Minuten Aufenthalt.

8

Auf einem Abstellgleis in der Nähe des Bahnbetriebswerks wartet eine weinrote Lokomotive mit elfenbeinfarbenem Dach. Sie trägt die Kennzeichnung V 180022. Ich gehe um die Maschine, betrachte die gummigefederten Radsätze, die zweiachsigen Drehgestelle, die Beschriftung auf der lackglänzenden glatten Außenfläche, das Firmenschild: »VEB Lokomotivbau Karl Marx Babelsberg. Baujahr 1964. Leistung 1320 kW.«

Ich rufe. In der Seitenwand öffnet sich eine Tür. Ich stelle mich vor und legitimiere mich. Lokführer Eßmann winkt einladend: »Bitte, treten Sie ein.« Eine kleine Treppe in dem Triebfahrzeug führt auf den Führerstand. Der zweite Mann erhebt sich von einem bequemen Drehstuhl: Lokführer Apel. Beide stammen aus dem Bahnbetriebswerk Halle P, beide sind etwa 40 Jahre alt. »Moment bitte«, sagt Lokführer Apel und verschwindet durch den Maschinenraum. Nach wenigen Augenblicken kommt er mit einem dritten bequemen Stuhl vom hinteren Führerstand zurück und sagt: »Legen Sie ab, machen Sie es sich bequem.«

Dieser Übergang von der 41 314, einer durchaus modernen Dampflokomotive, auf die V 180022 ist wie ein Sprung von einem technischen Zeitalter in ein anderes. Decke und Wände des Führerstandes sind olivgrün gestrichen, das Schaltpult ist in dunklerem Grün gehalten. Den Fußboden bedeckt eine Gummimatte. Die Fenster sind rundum verglast und geben nach allen Seiten freies Blickfeld.

Wir sitzen bequem zurückgelehnt und plaudern. Beide Lokführer haben saubere Kleidung, saubere Hände. Kein Schmutzkrümelchen ist auf dem Fußboden zu finden, kein Staub auf dem Pult. Nichts deutet darauf hin, daß wir in 20 Minuten einen schweren, schnellen Zug befördern sollen.

Die Sonne neigt sich zum Horizont.

19.45 Uhr. Lokführer Eßmann drückt auf einen Knopf: »Diesel 1 anlassen.« Durch vielfach verzweigte Leitungen fließen Ströme. Relais kontrollieren Öldruck und Temperaturen und geben schließlich dem Kraftstrom den Weg von der Batterie zum Anlasser frei. Ein kurzer Anlauf, und schon brummt gedämpft aus dem Maschinenraum hinter uns der 900 PS starke Motor. Danach geschieht das gleiche noch einmal mit Motor 2. Eine knappe Minute nach dem ersten Knopfdruck stehen 1800 PS zur Zugförderung bereit

Das ist alles so einfach, so sauber, so elegant. Niemand hat sich von seinem Platz erhoben. Und als uns jetzt ein Signal zum Vorfahren auffordert, wird lediglich der Fahrschalter von Stufe 0 auf Stufe 1 gedreht. Die Motoren laufen schneller, die Lokomotive fährt.

Wir müssen rückwärts an den Zug heranfahren. Deshalb wechseln wir den Führerstand. Der Richtungswender wird betätigt. Kontrolllampen leuchten auf, verlöschen wieder. Fahrstufe 1: Wir fahren. Fahrstufe 0: Die Diesel trudeln im Leerlauf. Wir rollen, bremsen, stehen am Zug. Jetzt wird gekuppelt. Dann ist Bremsprobe, kurz

8 *Maschinenraum einer V 180*

9 *Bequem sitzt der Lokführer im Führerstand einer E 11*

10 *Eine elektrische Kochplatte im Führerstand einer E 11 sorgt für heißen Kaffee*

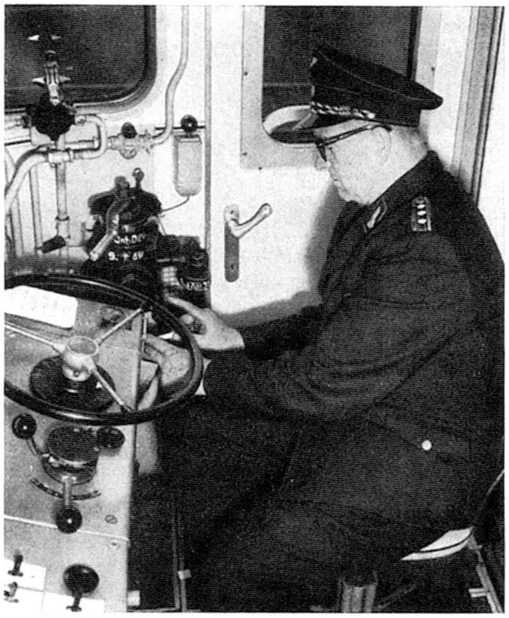

9

10

darauf kommen die Papiere, der Bremszettel. So, nun sind noch 10 Minuten Zeit. Die Motoren werden abgestellt.
Durch die geöffneten Fenster dringt von weit her das Geräusch des Rangierbetriebs. Die Lokführer erklären mir, warum sie zu zweit fahren: Kollege Apel hat erst vor kurzer Zeit seine Prüfung abgelegt und muß nun Erfahrungen sammeln. Nach einigen Fahrten wird dann ein Beimann, eine Hilfskraft, an die Stelle des Kollegen Apel treten, und er wird selbst eine V 180 fahren. Sie berichten ferner, daß die Lokomotive nur alle drei Tage für wenige Stunden in den Schuppen kommt. Dort wird sie betankt, durchgesehen, abgeschmiert. Ansonsten löst sich das Personal am Bahnsteig, am Zug ab. Es prüft die Ölstände, kontrolliert die zugänglichen Teile durch Augenschein. Das ist alles, was zum Auf- und Abrüsten zu tun ist. Ja, und dann muß man noch den Aschenbecher leeren und Staubwischen.
»Fensterputzen?« »Na ja, das auch.«
Es ist 20.00 Uhr. In ein paar Minuten fahren wir. Wieder werden durch Druck auf die Anlaßknöpfe die Motoren angelassen. Als sich die Tür zum Maschinenraum öffnet, dringt mächtiger Lärm heraus. Lokführer Apel schließt sie. Schon ist das Geräusch um ein Vielfaches gedämpft, wird geschluckt von der Antidröhnmasse, mit der alle Blechteile der Lokomotive dick bespritzt sind, und von den doppelten Wänden zwischen Führer -und Maschinenraum.
20.11 Uhr. Das Ausfahrsignal zeigt grünes Licht. Fahrstufe 1: Die Motoren heulen nicht auf, sondern laufen gleichmäßig schnell. Fahrstufe 2: Die Motoren laufen noch schneller. Kaum merklich sind wir angefahren. Fahrstufe 3: Die Motoren haben einen festen, gesunden Klang. Man merkt, daß sie jetzt auf Leistung arbeiten. Die Fahrt beschleunigt sich. Nach zwei Kilometern schon beträgt die Geschwindigkeit 60 km/h, so wie es der Fahrplan vorschreibt. Der Fahrwind fächelt leise zum Fenster herein. Vor uns, weithin sichtbar, liegt der südliche Teil des Berliner Außenringes.

Die Diesellokomotiven der Baureihe V 180 sind — wie ihre kleineren Schwestern V 15, V 60 und V 100 — Neuschöpfungen aus Babelsberg. Dort, wo noch vor wenigen Jahren Dampflokomotiven gebaut wurden, laufen jetzt die V 180 vom Band. Die Lokomotiven haben sich in den letzten drei Jahren gut herausgemacht. Fehler, wie sie jeder Neuschöpfung anhaften, führten anfangs zu Störungen. Überhebliche Besserwisser rümpften damals die Nase und verwiesen auf die V 200 der Deutschen Bundesbahn. Sie übersahen, daß auch dort Erfahrungen gesammelt werden mußten. Jetzt gestehen sie ihren Irrtum ein, weil sie von Fachleuten und Praktikern übereinstimmend hören: »Die V 180? Große Klasse!«
Sie ist nicht nur formschön, die V 180, sondern auch modern in der Kraftübertragung. Strömungsgetriebe sorgen für einen stufenlosen Kraftfluß vom Motor zu den Treibachsen. Diese Strömungsgetriebe sind Drei-Wandler-Getriebe. Jeder dieser Drehmomentwandler besteht aus drei Teilen, dem auf der Antriebswelle montierten Pumpenrad, dem stillstehenden Leitapparat und dem mit dem Antrieb fest verbundenen Turbinenrad. Die Wandler werden in Abhängigkeit von der Drehzahl des Motors durch einen Fliehkraftregler und den sich ändernden Füllpumpendruck automatisch geschaltet.
Es ist 20.50 Uhr. Wir fahren durch Ludwigsfelde. Unser Gespräch wird nur hin und wieder unterbrochen durch den Signalzuruf. Die Lok zieht gleichmäßig auf Fahrstufe 3 den 844 t schweren Zug mit 60 km/h durch die sinkende Nacht.
Lokführer Eßmann schaltet die Scheinwerfer ein. Ihr Licht bricht sich an den vorbeiziehenden Vorsignalbaken. Der UV-Strahler läßt die Geschwindigkeits- und die Druckluftanzeiger auf dem Führerpult fluoreszierend aufleuchten.
»Es ist frisch heut abend«, meint Kollege Apel. Er zieht das Seitenfenster zu und schließt die Lüftungsklappen im Dach. Dann setzt er sich wieder.

11 *Eine E 11 setzt sanft an den Zug*

Luckenwalde, Jüterbog. Wir stutzen einige Male vor Signalen, kommen fast zum Halten. »Abstand 6816«, wird angezeigt. Als wir diesen Zug schließlich auf einem Bahnhof überholen, läßt uns eine kurze Drehung am Fahrschalter schnell wieder Geschwindigkeit gewinnen. Wir sind etwa 10 km vor Wittenberg, als eine Gefällestrecke beginnt. Der Zug rollt mit 60 km/h. Lokführer Eßmann schaltet auf Fahrstufe 0 zurück und stellt schließlich die Motoren ab. Still wird es. Die wenigen Fahrgeräusche auf dem lückenlos verschweißten Neubaugleis werden von der Gummifederung der Lokomotive verschluckt. Der Fahrwind rauscht am Fenster vorbei. Wir schweigen. Nach einer Krümmung wird der Bahnhof Lutherstadt Wittenberg sichtbar. Ein Lichterwald wie im Märchenbuch tut sich vor uns auf: rote, grüne und tausend weiße Lichter. Lautlos gleiten wir hinein. Menschen warten auf den Bahnsteigen, an erleuchteten Zügen. Vorbei. Die Elbebrücke zwingt uns zum Bremsen; dann beginnen erneut die Motoren ihr Lied. Es ist kurz vor Mitternacht, als ich in Halle von der Lokomotive steige. Sie wird in den Schuppen fahren, denn heute nacht ist die Durchsicht fällig. Morgen früh geht es dann wieder auf die Reise: Berlin-Ostbahnhof — Halle — Sangerhausen — Halle — Nordhausen — Halle — Cottbus—Halle—Leipzig—Seddin—Halle. Sicher, zuverlässig und bequem.

Die Lichter der V 180 022 sind kaum verschwunden, als bereits zwei andere lautlos auf mich zukommen: Eine Elektrolokomotive setzt sanft gegen den Zug. An der Stirnwand lese ich: E 11 037.
Wieder stelle ich mich vor, wieder zeige ich meinen Ausweis. Mollige Wärme empfängt mich auf dem Führerstand. Das tut gut bei der nächtlichen Kühle. Hier ist es noch komfortabler als auf der V 180: auf dem Fußboden Linoleum, zarte Pastellfarben an den Wänden, in Regalen ein Handwaschbecken mit Heißwasserspeicher und eine elektrische Kochplatte.
Während der Bremsprobe blicke ich mich weiter um. Das Führerpult ist gespickt mit Meßgeräten und Kontrollampen. Ich sehe Steuerknöpfe für Scheibenheizung, Pultlampe, Hauptluftpumpe, Fahrmotorenlüfter, Dachscheinwerfer, Achslastausgleich, Zugheizung, Stromabnehmer, Lokhauptschalter, Sandstreuer. Mit dem Handrad des Fahrschalters kann man 14 Fahrstufen einstellen. Der Bügelwahlschalter dient für die Stellungen »Hauptschalter aus und beide Bügel ab« »ein Bügel an«, »beide Bügel an« und »Hauptschalter aus bei beiden Bügeln an«. Der Fahrtwendeschalter zeigt Vorwärts- und Rückwärtsfahrt und Prüfstellung an.
Auch hier stehen bequeme Stühle, auch von hier bieten große Scheiben weite, ungehinderte Sicht auf die Strecke.
Die vereinfachte Bremsprobe ist bald erledigt, und bereits 20 Minuten nach unserer Ankunft in Halle zeigt das Signal »Fahrt frei« für den TDe 5022 in Richtung Weißenfels. Lokführer Müller, aus dem Bahnbetriebswerk Halle P, dreht das Steuerrad des Fahrschalters auf Stufe 1, dann Stufe 2. Zeiger spielen über Skalen. Elektrischer Strom fließt von der Fahrleitung durch den Stromabnehmer, den Transformator, das Schaltwerk und die Wendeschalter zu den Fahrmotoren, baut hier elektrische Felder auf und zwingt die Anker zum Drehen.
Wir fahren bereits. Kein Ruck, kein Geräusch hat die Bewegung eingeleitet. Der Fahrschalter wird um eine Stufe weitergerastet. Die Zeiger der Amperemeter, der Stromstärkemesser, springen auf hohe Werte, sinken dann bei steigender Geschwindigkeit wieder ab. Gleichzeitig laufen die Lüfter an, die in dieser Stellung automatisch eingeschaltet werden und Kühlwind in die Fahrmotoren blasen. Weiter wandert der Fahrschalter bis auf Stufe 6. Die Zeiger der Amperemeter pendeln. Fortschaltrelais sorgen dafür, daß das Schaltwerk in dem Maße die vorgewählte Fahrstufe nachschaltet, wie es der Fahrmotorenstrom zuläßt, ohne daß die Radsätze zu schleudern beginnen.
Durch dieses Fahren an der Reibungsgrenze wird die maximale Beschleunigung ausgenutzt, die theoretisch möglich ist. Das geschieht unabhängig von der Fahrkunst des einzelnen Lokführers. So haben wir dann auch nach wenigen Augenblicken die vorgeschriebene Geschwindigkeit erreicht. Lokführer Müller dreht den Fahrschalter auf Stufe 0 zurück.
Der Zug rollt mit eigenem Schwung, die Lokomotive verbraucht — außer für die Beleuchtung — kein Watt Energie. Und während der dreiviertelstündigen Fahrt bis Weißenfels wiederholt sich dieser Prozeß immer wieder: ein kurzes Stück mit Strom fahren, ein langes Stück ohne Energieverbrauch ausrollen. Es gibt kaum eine Fahrweise, die noch wirtschaftlicher ist.
Unsere Lok, die E 11 037, ist im Jahre 1963 im LEW »Hans Beimler« Hennigsdorf gebaut. Sie ist eine Bo'Bo'-Lokomotive, das heißt, sie hat zwei Drehgestelle mit je 2 Treibachsen, die einzeln angetrieben werden. Jeder der 4 Fahrmotoren verfügt über eine Leistung von 685 kW. Die Fahrdrahtspannung beträgt 15 000 V und die Frequenz $16^2/_3$ Hz. Dieser spezielle Bahnstrom ist durch den Stand der technischen Forschung in den Anfangsjahren der Elektrifizierung gewählt worden und hat sich inzwischen so gut bewährt, daß er auf bereits elektrifizierten Strecken beibehalten und nicht durch das 50-Hz-System ersetzt wird. Die Deutsche Reichsbahn hat außer der E 11 im Jahre 1962 noch eine zweite Neubauserie in Betrieb genommen, die E 42. Während die E 11 vornehmlich im Reisezugdienst eingesetzt werden soll, ist die E 42 für den Güterzugdienst vorgesehen. Bis auf das Übersetzungsverhältnis des Antriebs gleichen sich beide Lokomotiven wie ein Ei dem anderen. Dadurch kann man nicht nur einen rationellen Vorrat an Tausch- und Ersatzteilen halten, sondern auch die Lokomotiven weitgehend universell einsetzen.
Die erste Stunde des neuen Tages geht zu Ende, als wir in Weißenfels halten und abspannen. Eine Dampflok wird den Zug wieder übernehmen. Auf die E 11 037 aber wartet schon wieder ein Gegenzug. In 20 Minuten geht die Reise zurück nach Halle. Restaurierungszeiten gibt es nicht.

Vorläufig ist die Fahrleitung in Weißenfels zu Ende. Aber bereits jetzt sind die Elektrifizierungsarbeiten in Richtung Naumburg, Weimar, Erfurt und darüber hinaus im Gange. Der Oberbau wird verstärkt, Brücken werden gehoben. Gleise gesenkt, Freileitungen der Telefon-, Licht- und Kraftanlagen verkabelt. Fundamente gegossen, Maste aufgestellt und zum Schluß die Fahrleitungen gezogen. Wenn man bedenkt, daß 1 km kupferner Fahrdraht eine Masse von fast 1 t hat und für Gegenden mit chemisch aggressiver Luft die Tragseile aus Bronze hergestellt werden, vermag man abzuschätzen, welches Vermögen über und unter den Gleisen installiert ist.

Dipl.-Ing. oec. GÜNTER GÖTZ, Berlin

Mit der S-Bahn zum Zentralflughafen Berlin-Schönefeld

„Baustelle der Rekorde“ – das war im vergangenen Jahr zu einer zwar nicht offiziellen, aber doch sehr treffenden Bezeichnung für den Bau der neuen S-Bahnstrecke zum Bahnhof Zentralflughafen Berlin-Schönefeld geworden.

„Baustelle der Rekorde“ – das bedeutete:

Rekorde hinsichtlich der kurzen Bauzeit,
Rekorde hinsichtlich der bewegten Erdmassen,
Rekorde hinsichtlich der Anzahl der zu bauenden Brücken,
Rekorde hinsichtlich der verwendeten Kubikmeter Beton,
Rekorde hinsichtlich des Einsatzes der neuen Technik,
Rekorde aber auch hinsichtlich der schlechten Witterung.

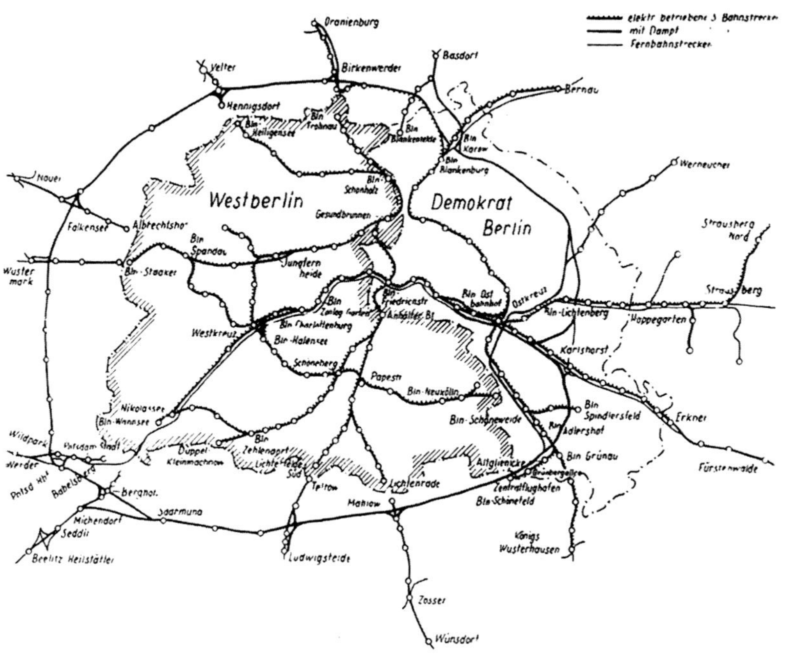

1 Das Netz des Berliner S-Bahn-Verkehrs

Ein Bau der Superlative also? Nein! Es war ein Bau, der nicht um der Rekorde willen durchgeführt wurde, sondern ganz bestimmten Erfordernissen Rechnung trug.

Die Verkehrsverhältnisse in den südöstlichen Randgebieten Berlins verlangten nach einer Lösung. Dieses Gebiet war bisher verkehrsmäßig unzureichend erschlossen. Schönefeld war lediglich durch eine Omnibuslinie mit Berlin-Grünau verbunden; Altglienicke nannte man „das verlorene Dorf“. Die Straßenbahnlinie 84 (Friedrichshagen–Adlershof–Altglienicke) war allein nicht mehr in der Lage, die Verkehrsbedürfnisse dieser Gebiete zu befriedigen.

Weiterhin hatte Schönefeld durch den Zentralflughafen der Deutschen Lufthansa als Verkehrszentrum zunehmende Bedeutung erlangt. Bereits im Jahre 1960 berührten etwa 290 000 Fluggäste im Inlandverkehr und im internationalen Verkehr den Zentralflughafen. 1965 wird sich diese Zahl verdoppeln.

Die Fluggäste müssen vom Zentrum der Hauptstadt der DDR Berlin zum Zentralflughafen befördert werden. Die von der Deutschen Lufthansa eingerichtete Omnibusverbindung reichte sowohl quantitativ als auch qualitativ nicht mehr aus. Der Zeitgewinn, der vornehmlich im Inlandverkehr durch die Benutzung des Flugzeuges entstand, ging durch die zeitaufwendige Beförderung der Fluggäste vom Stadtzentrum zum Zentralflughafen wieder verloren.

Schließlich waren die Schutzmaßnahmen unserer Regierung vom 13. August 1961 ein weiterer bestimmender Faktor für dieses Bauvorhaben. Sie erforderten eine völlige Umstellung der Verkehrsver-

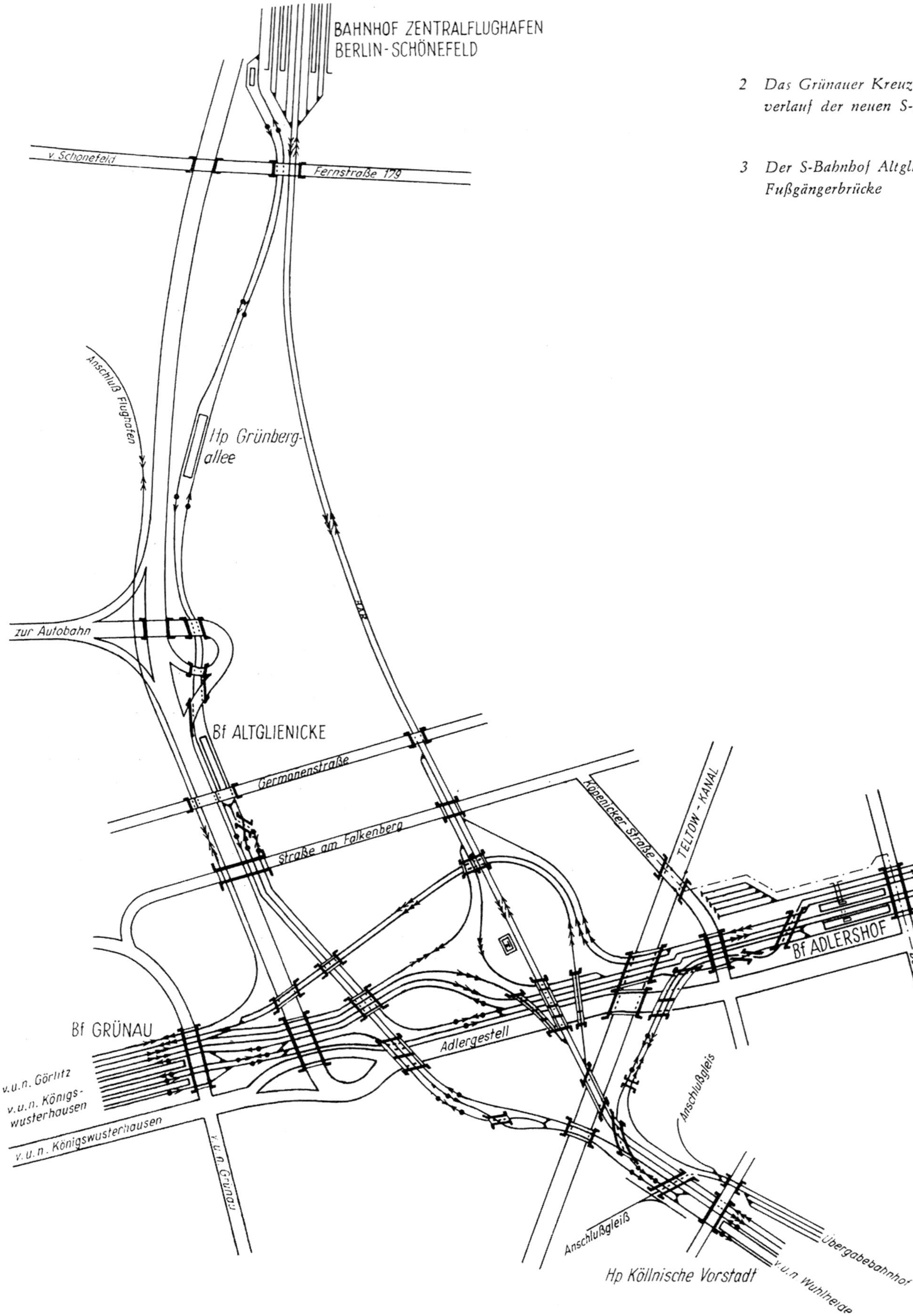

2

2 *Das Grünauer Kreuz und der Streckenverlauf der neuen S-Bahnstrecke*

3 *Der S-Bahnhof Altglienicke erhielt eine Fußgängerbrücke*

bindungen von den westlichen, südlichen und südwestlichen Randgebieten nach Berlin. Die Züge des Berufsschnellverkehrs, die „Sputniks“, verkehren in dichter Zugfolge, um die Werktätigen aus diesen Gebieten nach Berlin zu ihren Arbeitsstellen, zu den Kultur- und Bildungsstätten und zu ihren sonstigen Fahrtzielen und zurück zu bringen. Ein großer Teil dieser Werktätigen mußte von den Zielbahnhöfen der Berufsschnellverkehrszüge (Ostbahnhof, Karlshorst) in die im Südosten Berlins gelegenen Industriebezirke weiterfahren. Das war nur mit teilweise beträchtlichen und sehr zeitraubenden Gegenfahrten möglich. Betroffen waren vor allem Werktätige des Kabelwerkes Oberspree, des Werkes für Fernmeldewesen, des Transformatoren- und Röntgenwerkes Oberschöneweide, einiger chemischer Betriebe in Adlershof und Grünau und auch des VEB Schwermaschinenbau „Heinrich Rau“ in Wildau.

Zudem belastete der starke Berufsverkehr die an sich schon ausgelastete S-Bahnstrecke Treptow–Schöneweide–Grünau so sehr, daß Entlastungsmaßnahmen notwendig wurden.

Streckenverlauf

Zwischen dem S-Bahn-Haltepunkt Adlershof und dem S-Bahnhof Grünau – also im Bereich des Verkehrszentrums Grünauer Kreuz – verläßt die neue S-Bahnstrecke das S-Bahn-Streckengleis Ostkreuz–Königs Wusterhausen. Sie unterfährt dieses Gleis, die Fernbahngleise Cottbus–Berlin und Berlin–Cottbus sowie die Verbindungskurven Grünau–BAR, BAR–Grünau und Grünau–Schönefeld. Vorbei am S-Bahn-Unterwerk Grünauer Kreuz verläuft die Strecke über die Straße am Falkenberg zum S-Bahnhof Altglienicke. Dieser Bahnhof liegt am Rande des Ortsteiles Altglienicke und ist Ausgangspunkt einer günstigen Omnibusverbindung der BVG (Linie A 23–S-Bahnhof Altglienicke–Schönefelder Chaussee–Altglienicke Kirche).

Auch ein Teil der Bewohner von Berlin-Bohnsdorf erhielt mit diesem Bahnhof eine wesentlich günstigere Verkehrsverbindung zum Zentrum Berlins als bisher. Nach einem weiten Bogen in südwestlicher Richtung erreicht die neue Strecke den S-Bahn-Haltepunkt Grünbergallee. Er erschließt das Siedlungsgebiet an der Grünbergallee und den östlichen Teil des Ortsteils Schönefeld-Siedlung. Mit der Benennung dieses Haltepunktes wurde der Antifaschist Grünberg geehrt, der in der Zeit des Faschismus sein Leben für die Sache der Arbeiterklasse ließ.

Unmittelbar vor dem Bahnhof Zentralflughafen Berlin-Schönefeld unterfährt die neue Strecke die Fernverkehrsstraße 179. Sie führt dann auf die südliche Seite des Bahnhofs und endet an einem zweiseitigen Bahnsteig, dem eine Kehranlage zum Abstellen von S-Bahnzügen angeschlossen ist. Der S-Bahnsteig ist über eine 3,50 m breite und 130 m lange Fußgängerbrücke mit den Fernbahnsteigen und dem Bahnhofsvorplatz verbunden.

Bau der Strecke

Mit dem Bau der Strecke wurde Ende September 1961 begonnen. Bereits am 26. Februar 1962 konnte auf dem S-Bahn-Haltepunkt Adlershof dem ersten S-Bahnzug zum Bahnhof Zentralflughafen

3

Berlin-Schönefeld der Abfahrauftrag erteilt werden. Zwischen diesen beiden Daten liegen etwa 150 Tage Bauzeit. Während dieser Zeitspanne mußten zum Bau der neuen Strecke und zur Veränderung bestehender Anlagen 200 000 m³ Erdmassen bewegt werden. Zum Verlegen der 10 km S-Bahngleis mit Stromschiene waren 20 000 t Schotter notwendig. Das entspricht dem Fassungsvermögen von 20 Zügen mit je 50 Wagen.

Sechs äußerst komplizierte Brückenbauwerke mußten errichtet werden, um die S-Bahnstrecke in die bestehenden Verkehrsanlagen einfügen zu können. Auf den Bahnhöfen Altglienicke und Zentralflughafen Berlin-Schönefeld überspannen Fußgängerbrücken die Bahnhofsanlagen. 14 000 m³ Beton und Stahlbeton waren für die Brückenbauwerke erforderlich. Allein für die Überbauten der Brückenbauwerke wurden 1300 t Stahlkonstruktion benötigt. Die Überbauten mit Längen zwischen 16 und 152 m und Massen bis zu 86 t wurden in mehreren Stahlbaubetrieben der Deutschen Demokratischen Republik hergestellt und zum Teil auf Culemeyer-Fahrzeugen nach Berlin transportiert. Die Brückenkonstruktionen mußten unter ungünstigsten Witterungsbedingungen mit 50-Mp-Eisenbahn-Drehkranen eingeschwenkt werden.

Die Trassenführung verlangte zum Teil schiefwinklige Überbauten. Auch diese schwierigen Montagen wurden sicher und termingemäß ausgeführt. Zur Einbringung mußten besonders konstruierte Hilfsvorrichtungen montiert werden.

Erschwerend für den Bau der neuen Strecke war, daß der Betrieb der S-Bahnstrecke Ostkreuz–Königs Wusterhausen durch die Bauarbeiten nicht unterbrochen oder wesentlich eingeschränkt werden durfte.

Elf Betriebs- und Bauanweisungen und neun den Betrieb wesentlich

4

5

4 *Zwei Eisenbahndrehkrane schwenken an einem der neuen Brückenbauwerke die Stahlkonstruktion ein*

5 *Am 26. Februar 1962 verließ der erste S-Bahnzug den S-Bahn-Haltepunkt Adlershof in Richtung Berlin-Schönefeld*

6 *Parallel zur S-Bahnstrecke verläuft die neue Schnellstraße*

6

beeinflussende Fahrplananordnungen waren notwendig, um diese Forderung zu erfüllen. So wurden zum Beispiel bis zur Herstellung der Baufreiheit am Brückenbauwerk 4 die S-Bahn-Streckengleise Königs Wusterhausen–Ostkreuz und Ostkreuz–Königs Wusterhausen in Richtung Adlergestell verschwenkt. Dadurch mußte eine vorübergehende Langsamfahrstelle mit einer Höchstgeschwindigkeit von 10 km/h eingerichtet werden. Zur Herstellung des Bauwerkes 5 (Überführung des S-Bahn-Streckengleises Ostkreuz–Königs Wusterhausen und einiger Ferngleise über die neue Strecke) mußten diese Gleise nochmals verschwenkt werden. Der Einbau der Gleisverbindungen aus dem S-Bahn-Streckengleis Ostkreuz–Königs Wusterhausen nach Altglienicke und von dort in das S-Bahn-Streckengleis Königs Wusterhausen–Ostkreuz erforderte weitere betriebliche Maßnahmen. So wurde zum Beispiel zwischen den S-Bahnhöfen Adlershof und Grünau zeitweise S-Bahn-Pendelverkehr eingerichtet.

Obwohl sich den Bauarbeitern sehr viele Schwierigkeiten in den Weg stellten – zu den komplizierten Baubedingungen gesellten sich noch ungünstige Witterungsverhältnisse –, wurde der Endtermin des Bauvorhabens eingehalten. Beim Einbau der Brückenüberbauten kam es oftmals zur Sperrung der benachbarten S-Bahngleise, um sowohl Sicherheitsforderungen zu genügen als auch den notwendigen Platz für den Arbeitsbereich der Eisenbahndrehkrane zur Verfügung zu haben. Trotzdem konnte während der Bauarbeiten der übrige Betrieb im wesentlichen ungehindert durchgeführt werden.

Technische Ausrüstung und Betrieb

Bei der technischen Ausrüstung der neuen Strecke ließ man sich von den Erkenntnissen der modernen Technik leiten. So wurden die S-Bahn-Stellwerke Grünauer Kreuz und Schönefeld mit Gleisbildstellwerken der Bauart WSSB Form II ausgerüstet.

Bemerkenswert bei dieser Bauform ist der automatische Weichenumlauf. Beim Bedienen der jeweiligen Fahrstraßentaste werden alle Weichen, die zu einer Fahrstraße gehören und sich in der falschen Stellung befinden, automatisch in die richtige Lage gebracht. Um die technischen Möglichkeiten solcher Anlagen voll auszunutzen, werden die Weichen und Signale des S-Bahnhofs Altglienicke vom S-Bahn-Stellwerk Grünauer Kreuz aus bedient. Die beim S-Bahn-Haltepunkt Grünbergallee vorgesehenen Signale werden an das S-Bahn-Stellwerk Schönefeld angeschlossen. Die neue S-Bahnstrecke wurde mit Lichthauptsignalen ausgerüstet, die zur Zeit noch die Signalbegriffe Hl 100 bis 102 zeigen. Im Zuge des weiteren Ausbaus der Strecke werden die Signalbegriffe Hl 1 bis 13 angewandt. Die dabei zu sammelnden Erfahrungen sollen gleichfalls die Grundlage für die Umstellung und Neuausrüstung weiterer S-Bahnstrecken mit

Hl-Signalen und die Anwendung der Signalbegriffe Hl 1 bis 13 im Bereich der Berliner S-Bahn bilden. Weiterhin werden die Signalbegriffe Hl 1 bis 13 im System eines automatischen Streckenblocks nach den Erfordernissen der Betriebsführung der S-Bahn erprobt.

Zur Abfertigung der Fahrgäste wurden auf den Bahnhöfen Zentralflughafen Berlin-Schönefeld und Altglienicke sowie dem S-Bahn-Haltepunkt Grünbergallee Passimeter aufgestellt. Damit wurde diese neue, bei der Berliner U-Bahn bereits bestens bewährte Abfertigungsmethode erstmalig komplex auf einer Strecke bei der S-Bahn angewandt. Die Passimeter wurden in Abfertigungstrakten aufgestellt, die gleichzeitig den Fahrgästen zum kurzzeitigen Aufenthalt dienen. können.

Zur Abfertigung der S-Bahnzüge auf dem S-Bahn-Haltepunkt Grünbergallee wird eine Fernbeobachteranlage vom Typ FBA 2, hergestellt vom VEB Werk für Fernmeldewesen Berlin, eingesetzt. Damit ist es möglich, die Abfertigung der Züge vom S-Bahnhof Altglienicke aus vorzunehmen. Diesem Einsatz sind längere Versuche bei der Berliner S-Bahn vorangegangen. Durch die Anwendung der Fernbeobachteranlage erübrigt sich der Einsatz einer Aufsicht auf dem S-Bahn-Haltepunkt Grünbergallee. Die Abfertigung der S-Bahnzüge wird überdies schneller und reibungsloser vor sich gehen.

Seit der Aufnahme des S-Bahn-Zugbetriebes auf der neuen Strecke am 26. Februar 1962 verkehrt die Zuggruppe C von Berlin-Ostbahnhof zum Bahnhof Zentralflughafen Berlin-Schönefeld in der Zeit von 6.00 bis 21.00 Uhr im Abstand von 20 Minuten. Sie stellt damit eine unmittelbare Verbindung zwischen dem Zentrum des Fernreiseverkehrs und dem Zentralflughafen Berlin-Schönefeld dar. Die Zuggruppe 2 verkehrt zwischen Bernau und dem Zentralflughafen Berlin-Schönefeld ganztägig, und zwar ebenfalls im Abstand von 20 Minuten. Diese Zuggruppe verbindet die nördlichen Randgebiete um Oranienburg und Bernau sowie Blankenburg und Pankow mit den südöstlichen Randgebieten.

Über die neue Strecke verkehren täglich 218 Züge. In der Zeit von 6.00 bis 21.00 Uhr fahren vom Bahnhof Zentralflughafen Berlin-Schönefeld die S-Bahnzüge im Abstand von 10 Minuten in Richtung Ostkreuz. Bei einem Angebot von 1200 Plätzen je Zug können stündlich 7200 Fahrgäste zum Stadtzentrum und in die nördlichen Randgebiete befördert werden. Das ist eine Leistung, die nach dem endgültigen Ausbau der Strecke noch verdoppelt werden kann. Selbst bei stärksten verkehrlichen Belastungen des Bahnhofs Zentralflughafen Berlin-Schönefeld wird diese Kapazität auch in Zukunft ausreichend sein. Entsprechend den eingangs erwähnten Erfordernissen wurde die neue Strecke in das System des Berliner Berufsverkehrs einbezogen. Die mit den Zügen des Berufsschnellverkehrs und den übrigen Reisezügen auf dem Bahnhof Zentralflughafen Berlin-Schönefeld ankommenden Reisenden können die S-Bahn in Richtung Stadtzentrum und nach den nördlichen Gebieten benutzen und die Industriebetriebe in Schöneweide, Grünau und Wildau/Königs Wusterhausen bei erheblicher Zeiteinsparung direkt erreichen.

Wie geht es weiter?

In der Zukunft wird die S-Bahnstrecke vom Zentralflughafen Berlin-Schönefeld über das Grünauer Kreuz nach Wuhlheide, in einem späteren Bauabschnitt bis Karow/Blankenburg weitergeführt.

7

7 Passimeter vereinigen Verkauf und Entwertung der Fahrausweise und tragen daher zur Beschleunigung des Verkehrsflusses bei

8 Das Modell des Zentralflughafens Berlin-Schönefeld. Im Hintergrund sind die Gleisanlagen zu erkennen

8

Durch diese Strecke wird eine direkte Verbindung zwischen dem Zentralflughafen Berlin-Schönefeld und dem auch als Fernbahnhof Bedeutung erlangenden Bahnhof Karlshorst hergestellt. Zwischen dem S-Bahnhof Altglienicke – dort wird die Stammstrecke verlassen – und dem S-Bahnhof Wuhlheide werden die S-Bahn-Haltepunkte Köllnische Vorstadt und Pionierpark errichtet. Der geplante S-Bahn-Haltepunkt Köllnische Vorstadt wird die Wohngebiete Köllnische Vorstadt, Wendenheide sowie die Gebiete in der Umgebung des Glienicker Weges verkehrsmäßig besser erschließen. Der Pionierpark „Ernst Thälmann" wird durch den vorgesehenen S-Bahn-Haltepunkt ebenfalls günstiger zu erreichen sein.

Im Bereich des Grünauer Kreuzes werden dann neben den durchgehenden S-Bahnstrecken Ostkreuz–Königs Wusterhausen und Zentralflughafen Berlin-Schönefeld–Wuhlheide die S-Bahn-Verbindungskurven Adlershof–Altglienicke und Grünau–Köllnische Vorstadt–Wuhlheide liegen. Damit wird das Grünauer Kreuz, dessen Bedeutung gegenwärtig noch für den Fernverkehr überwiegt, auch für die Berliner S-Bahn zu einem sehr wichtigen Verkehrszentrum werden. Die wachsende Bedeutung der neuen S-Bahnstrecke zum Bahnhof Zentralflughafen Berlin-Schönefeld muß auch im Zusammenhang mit der weiteren Entwicklung der Anlagen der Deutschen Lufthansa in Berlin-Schönefeld gesehen werden.

Das Projekt Zentralflughafen Berlin-Schönefeld sieht unter anderem neben dem Ausbau der bereits bestehenden Hauptanlagen des Zentralflughafens auf der südlichen Seite den Bau eines Kurz- und Mittelstrecken-Flugplatzes auf der nördlichen Seite vor. Über eine 17 m breite, den gesamten Bahnhof überspannende Fußgängerbrücke, die beide Anlagen verbindet, werden die mit der S-Bahn ankommenden Reisenden die Abfertigungsanlagen der Deutschen Lufthansa niveaugleich erreichen. Der Höhenunterschied zwischen Bahnsteig und Fußgängerbrücke wird durch moderne Fahrtreppen überwunden. Das Wahrzeichen von Berlin-Schönefeld und ein Kennzeichen für die neuen Beziehungen zwischen Deutscher Reichsbahn und Deutscher Lufthansa wird das gemeinsame Abfertigungsgebäude sein, das alle an der Abfertigung beteiligten Institutionen zusammenfassen wird. Damit wird im Südosten Berlins ein Verkehrszentrum geschaffen, das für das einheitliche sozialistische Verkehrswesen charakteristisch ist.

Die Überlandbahnen in der DDR

Dipl.-Ing. FRIEDRICH SPRANGER

1 Die Kirnitzschtalbahn dient fast ausschließlich dem Ausflugs- und Urlauberverkehr

Überlandbahn — Mittelding zwischen Fernbahn und Straßenbahn

Die Einsatzbereiche unserer Schienenverkehrsmittel sind ziemlich klar gegeneinander abgegrenzt. Während die Eisenbahn vornehmlich Aufgaben des Fernverkehrs erfüllt, ist im allgemeinen die Straßenbahn für den öffentlichen Nahverkehr innerhalb einer größeren Stadt verantwortlich.

Eine Mittelstellung nimmt die »straßenbahnähnliche Überlandbahn« ein, im folgenden kurz als »Überlandbahn« bezeichnet. Sie verbindet entweder ein großes Verkehrszentrum mit benachbarten Landgemeinden oder wirtschaftlich zusammenhängende Wohn- und Industriegebiete untereinander. Auch Ausflugsgegenden werden vielfach durch eine derartige Bahn an einen nahegelegenen Verkehrsknoten angeschlossen.

Innerhalb einer Stadt sind die Überlandbahnen kaum von gewöhnlichen Straßenbahnen zu unterscheiden. Die Gleise bestehen aus Rillenschienen, die man in Fahrbahnmitte in die Straßendecke einbaut. Die Höchstgeschwindigkeit darf 50 km/h nicht übersteigen, der Haltestellenabstand liegt zwischen 0,3 und 0,7 km und die Reisegeschwindigkeit ist selten höher als 15 km/h.

Außerhalb der Stadt verkehrt die Überlandbahn meistens auf einem besonderen Bahnkörper. Die Gleise werden ähnlich wie bei Eisenbahnen verlegt, der gesamte Oberbau wird jedoch leichter gehalten. Vielfach genügt ein Gleis, da mit größerer Entfernung von einer Stadt die Zugdichte geringer wird. Die Kreuzungsgleise befinden sich zweckmäßigerweise an den Haltestellen.

● ausschließlich oder über große Streckenteile besonderer Bahnkörper

○ kein oder nur über kurze Streckenteile besonderer Bahnkörper

⊘ Bahnkörper entspricht den Bestimmungen der DR

◐ ehem. Überlandbahn, die durch Eingemeindungen nur noch innerstädt. Verkehrsaufgaben erfüllt

⊗ stillgelegte Überlandbahn

DR Strecke, die durch die Deutsche Reichsbahn betrieben wird

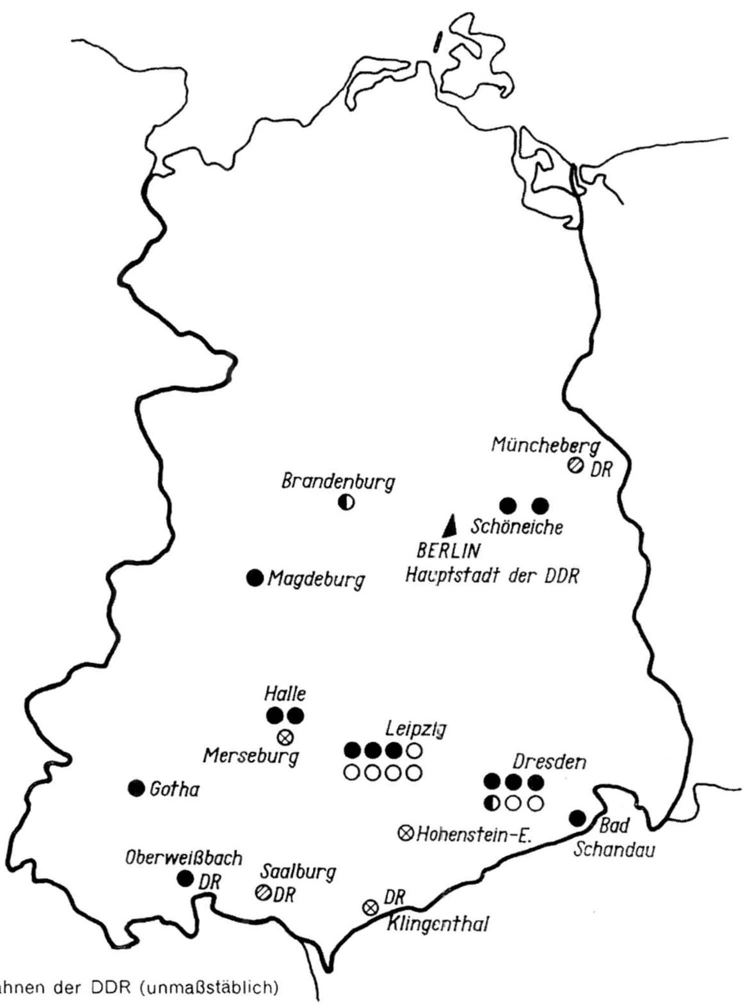

2 Die Überlandbahnen der DDR (unmaßstäblich)

Die Neigungen sollen auf der freien Strecke 33°/₀₀ nicht übersteigen, für kürzere Strecken sind jedoch 66°/₀₀ zugelassen. Bei Krümmungen soll der Radius mindestens 100 m betragen; dadurch ist eine Höchstgeschwindigkeit von 60 bis 75 km/h möglich. Die Reisegeschwindigkeit beträgt dann 25 bis 35 km/h.

Für Überlandbahnen wird meist die 1000-mm-Schmalspur oder 1435-mm-Normalspur gewählt. In Dresden und Leipzig liegt die Spurweite entsprechend den dortigen Straßenbahnnetzen bei 1450 bzw. 1458 mm. Die Linienführung wird häufig durch Landstraßen bestimmt; dann verläuft die Strecke in sogenannter Rand- oder Seitenlage neben der Straße. Ein von der Straße unabhängiger Bahnkörper wird erst dann angelegt, wenn sich dadurch die Streckenlängen wesentlich verkürzen, die Verkehrsbeziehungen verbessern und eventuell günstigere Neigungen erzielen lassen.

Die Fahrzeuge sind entweder Straßenbahnwagen oder straßenbahnähnliche Sonderformen. Im Personenverkehr werden in der Regel Triebwagen mit einem Beiwagen oder zwei eingesetzt. Sind Güterwagen zu befördern, werden sie gewöhnlich von Straßenbahntriebwagen und nur selten von besonderen Elektrolokomotiven gezogen.

Es gibt Überlandbahnen mit starrem Fahrplan, wie er im Nahverkehr üblich ist, und solche, auf denen die Triebwagenzüge in unregelmäßigen Abständen verkehren.

Der Antrieb ist in der Stadt der gleiche wie bei Straßenbahnen. Auf der freien Strecke wird vielfach zur Geschwindigkeitserhöhung die doppelte Spannung benutzt.

3 Die bedeutendsten Überlandbahnen der Dresdner Verkehrsbetriebe (unmaßstäblich)

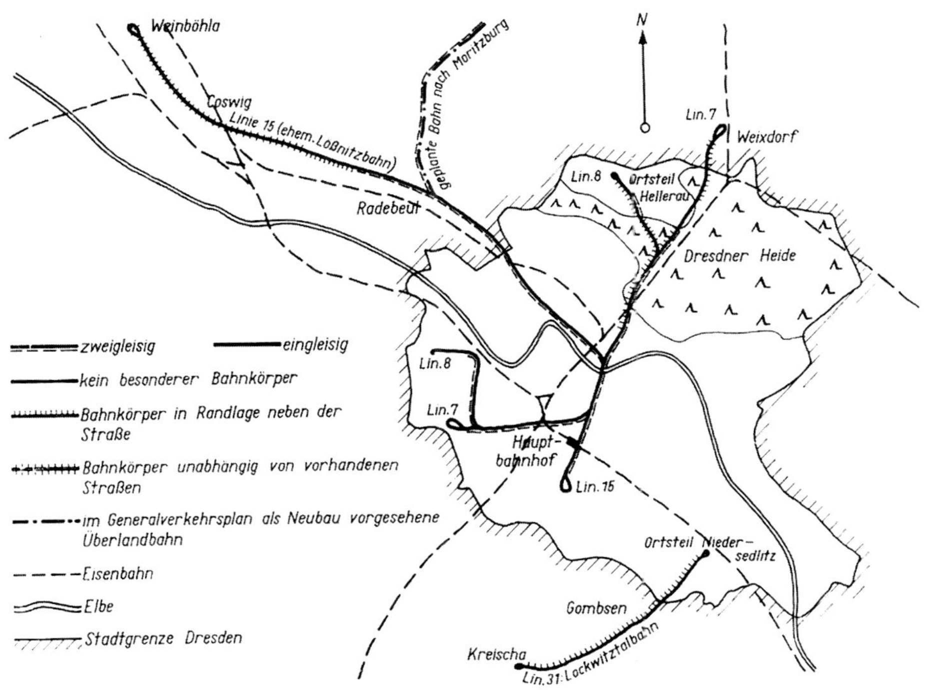

Infolge Vereinigung ehemals selbständiger Bahnbetriebe, Verschmelzung von Überlandbahnen mit angrenzenden städtischen Straßenbahnnetzen und infolge nachträglicher Bebauung entlang einer Strecke ist es oft schwer, heute eine klare Grenze zwischen Straßenbahn und Überlandbahn zu ziehen. Deshalb sollen im folgenden alle diejenigen Strecken zu den Überlandbahnen gerechnet werden, auf denen straßenbahnähnliche Triebwagen verkehren und die mindestens zwei selbständige Ortschaften miteinander verbinden.

Hierbei muß jedoch darauf hingewiesen werden, daß bei einer Unterscheidung nach baulichen Gesichtspunkten (Trassierung, eigener Bahnkörper, Neigungen, Bogenradien u. ä.) verschiedene Bahnen des innerstädtischen Verkehrs als Überlandbahnen angesehen werden müssen. Das trifft besonders für solche Bahnen zu, die ursprünglich mehrere Orte miteinander verbanden, durch Eingemeindungen und Zusammenlegen von Städten und Gemeinden jedoch keine Ortsgrenze mehr überfahren.

Die Überlandbahnen am Stadtrand von Leipzig und Dresden sowie die Halle-Merseburger Überlandbahnen sind, mit Ausnahme der Lockwitztalbahn, mit den Straßenbahnnetzen der Großstädte vereinigt worden. Sie beginnen nicht mehr an der Stadtgrenze, sondern führen als Durchmesserlinien durch die ganze Großstadt hindurch und werden in einer Richtung als Überlandbahn über die Stadtgrenze hinaus betrieben. Im Stadtgebiet verkehren zusätzliche Stadtlinien zur Verstärkung auf der Strecke der Überlandbahn.

In derartigen Fällen wird teilweise auch tariflich ein Unterschied zwischen den Streckenabschnitten des Stadtverkehrs und denen des Überlandverkehrs gemacht. So gibt es in Leipzig sogenannte Zahlgrenzen, bei deren Überfahren ein Zuschlag zum gewöhnlichen Fahrpreis zu zahlen ist.

Noch deutlicher ist die tarifliche Trennung bei den Überlandbahnen Halle—Merseburg. Im Stadtgebiet von Halle gilt der Einheitstarif der Straßenbahnen; das Fahrgeld ist im OS-Betrieb in die Zahlbox zu werfen. An der Stadtgrenze hingegen gilt ein gestaffelter Überlandtarif; Schaffner verschließen die Zahlboxen und kassieren von den Fahrgästen das Fahrgeld.

Tabelle 1 Städte bzw. Gemeinden in der DDR mit Sitz einer Straßen- bzw. Überlandbahnverwaltung

Lfd. Nr.	Ort	Betrieb	Straßenbahn	Überlandbahn
Nahverkehrsbetriebe				
1.	Bad Schandau	VEB (K) Verkehrsbetriebe Bad Schandau	—	ja
2.	Berlin	Berliner Verkehrsbetriebe	ja	—
3.	Brandenburg	VEB (K) Verkehrsbetriebe Brandenburg (Havel)	ja	—
4.	Cottbus	VEB Verkehrsbetriebe der Stadt Cottbus	ja	—
5.	Dessau	VEB (K) Dessauer Verkehrsbetriebe	ja	—
6.	Dresden	VEB (K) Verkehrsbetriebe der Stadt Dresden	ja	ja
7.	Eisenach	VEB (K) Städtischer Verkehr, Straßenbahn der Wartburgstadt Eisenach	ja	—
8.	Erfurt	VEB (K) Erfurter Verkehrsbetriebe	ja	—
9.	Frankfurt (Oder)	VEB (K) Verkehrsbetriebe der Stadt Frankfurt (O)	ja	—
10.	Gera	VEB (K) Verkehrsbetriebe der Stadt Gera	ja	—
11.	Görlitz	VEB (K) Verkehrsbetriebe der Stadt Görlitz	ja	—
12.	Gotha	VEB (K) Thüringer Waldbahn und Straßenbahn Gotha	ja	ja
13.	Halle	VE Verkehrsbetriebe Halle	ja	ja
14.	Halberstadt	VEB (K) Verkehrsbetriebe der Stadt Halberstadt	ja	—
15.	Jena	VEB (K) Städtischer Verkehr Jena	ja	—
16.	Karl-Marx-Stadt	VEB Nahverkehr Karl-Marx-Stadt	ja	—
17.	Leipzig	VEB (K) Verkehrsbetriebe der Stadt Leipzig	ja	ja
18.	Magdeburg	VEB (K) Magdeburger Verkehrsbetriebe	ja	ja
19.	Mühlhausen (Thür.)	VEB (K) Städtischer Verkehr Mühlhausen (Thür.)	ja	—
20.	Nordhausen	VEB (K) Verkehrsbetriebe Nordhausen	ja	—
21.	Naumburg (Saale)	VEB (K) Straßenbahn Naumburg (Saale)	ja	—
22.	Plauen (Vogtl.)	VEB (K) Verkehrsbetriebe der Stadt Plauen	ja	—
23.	Potsdam	VEB (K) Verkehrsbetriebe Potsdam	ja	—
24.	Rostock	VEB (K) Nahverkehrsbetrieb Rostock	ja	—
25.	Schöneiche	VEB (K) Verkehrsbetriebe Schöneiche und Woltersdorf	—	ja
26.	Schwerin	VEB (K) Nahverkehrsbetrieb Schwerin	ja	—
27.	Strausberg	VEB (K) Strausberger Eisenbahn	ja	—
28.	Zwickau	VEB (K) Verkehrsbetriebe der Stadt Zwickau	ja	—
Deutsche Reichsbahn				
29.	Berlin	Reichsbahndirektion Berlin	—	ja
30.	Dresden	Reichsbahndirektion Dresden	—	ja
31.	Erfurt	Reichsbahndirektion Erfurt	—	ja

Bei den Dresdner Verkehrsbetrieben gibt es keinen besonderen Überlandtarif. Hier ist es beispielsweise möglich, für einen 0,20-M-Fahrschein des Einheitstarifes (bei Sammelkarten 0,17 M) die 23 km lange Strecke von Dresden über Radebeul und Coswig nach Weinböhla zu befahren.

In Tabelle 1 sind alle Nahverkehrsbetriebe und Reichsbahndirektionen aufgeführt, die mindestens eine Straßenbahn- oder Überlandbahnlinie betreiben. Aus der letzten Spalte ist ersichtlich, wo eine Bahn die Ortsgrenze überfährt und somit als Überlandbahn nach der bereits genannten Definition anzusehen ist.

Tabelle 2 enthält alle Bahnen, die noch heute zwei und mehr selbständige Orte miteinander verbinden. Die letzte Spalte gibt über den baulichen Charakter der Bahn Auskunft. Darüber hinaus sind am Schluß der Übersicht noch einige Bahnen genannt, die durch Eingemeindungen keine Stadtgrenze mehr überfahren, aber baulich gesehen als Überlandbahnen gelten. Diese Liste ist nicht vollständig.

Die wichtigsten Überlandbahnen

Bei der nun folgenden Beschreibung einzelner Überlandbahnen werden vorwiegend die Strecken behandelt, die in Tabelle 2 mit Ü gekennzeichnet sind.

Kirnitzschtalbahn

Streckenverlauf:	Bad Schandau—Lichtenhainer Wasserfall
Streckenlänge (km):	8,5
eigener Bahnkörper (km):	etwa 7,5 (Straßenrand)
Spurweite (mm):	1000
Inbetriebnahme:	1898
Stromart:	Gleichstrom
Spannung (V):	550
Anzahl der Fahrzeuge	
Triebwagen:	5
Beiwagen:	6

Fahrzeit über die Gesamtstrecke (min):	29
Reisegeschwindigkeit (km/h):	17,6
Anzahl der Stationen (einschl. Endstationen):	9
mittl. Stationsabstand (km):	0,9
Zugpaare je Tag (Sommer):	27
Zugpaare je Tag (Winter):	11
Fahrplan:	unregelmäßig

Die Kirnitzschtalbahn durchfährt eines der schönsten Täler der Sächsischen Schweiz. Sie dient fast ausschließlich dem Urlauber- und Ausflugsverkehr.

In Bad Schandau beginnend, führt sie am rechten Rand der schmalen Talstraße entlang zum Lichtenhainer Wasserfall und der bekannten Gaststätte gleichen Namens. Sie kommt, abgesehen von Bad Schandau, mit keiner anderen Ortschaft in Berührung. Nur Wald und steile Hänge mit teilweise senkrechten Sandsteinwänden säumen die Strecke.

Der Saisoncharakter der Bahn geht am deutlichsten aus der unterschiedlichen Zugstärke und Zugfolge während der verschiedenen Jahreszeiten hervor. Im Sommer verkehren innerhalb einer reichlichen Stunde drei Dreiwagenzüge in jeder Richtung, im Winter ist es im gleichen Zeitraum ein einzelner Triebwagen. Die jährliche Beförderungsmenge liegt zwischen 0,3 Mill. und 0,4 Mill. Personen. Die heute verkehrenden Triebwagen wurden 1928 beschafft, nachdem sämtliche Wagenhallen und Fahrzeuge 1927 durch ein Schadenfeuer zerstört worden waren.

Dresdner Überlandbahnen

Streckenverlauf:
Linie 5: Dresden—Radebeul—Coswig—Weinböhla
Linie 7: Dresden—Weixdorf
Linie 8: Dresden—Ortsteil Hellerau
Linie 31: Dresden—Gombsen—Kreischa
(Tabelle rechts unten)

Die geschichtliche Entwicklung der Dresdner Überlandbahnen verlief recht kompliziert und läßt Parallelen zu anderen großen Städten erkennen.

In Dresden entstanden noch vor der Jahrhundertwende verschiedene Pferde- und Straßenbahngesellschaften, die einander konkurrierten. Bis 1905 gelang es der Stadt, alle Straßenbahnlinien zu erwerben und zu einem einheitlichen Ganzen unter dem Namen »Städtische Straßenbahn Dresden« zusammenzufassen.

Tabelle 2 Überlandbahnen in der DDR

Lfd. Nr.	Sitz der Verwaltung	Name der Bahn	Strecke	Linienführung als¹)
Bahnen, die noch heute mindestens zwei selbständige Orte verbinden				
1.	Bad Schandau	Kirnitzschtalbahn	Bad Schandau—Lichtenhainer Wasserfall	Ü
2.	Dresden	Linie 31, Lockwitztalbahn	Dresden—Kreischa	Ü
3.	Dresden	Linie 5 (ehem. Lößnitzbahn)	Dresden—Weinböhla	Ü
4.	Dresden	Linie 7	Dresden—Weixdorf	Ü
5.	Dresden	Linie 12	Dresden—Freital	S
6.	Dresden	Linie 19	Dresden—Cossebaude	S
7.	Gotha	Thüringer Waldbahn	Gotha—Tabarz	Ü
8.	Halle	Linie 5	Halle—Merseburg—Leuna	Ü
9.	Halle	Linie 33²)	Merseburg—Mücheln	Ü
10.	Halle	Linie 34	Merseburg—Bad Dürrenberg	Ü
11.	Hohenstein-Ernstthal	Straßenbahn Hohenstein-Ernstthal³)	Hohenstein-Ernstthal—Oelsnitz (Erzg.)	Ü
12.	Leipzig	Linie 2	Leipzig—Engelsdorf	S
13.	Leipzig	Linie 11	Leipzig—Markkleeberg Ost	S
14.	Leipzig	Linie 13	Leipzig—Taucha	Ü
15.	Leipzig	Linie 15	Leipzig—Liebertwolkwitz	Ü
16.	Leipzig	Linie 16	Leipzig—Wiederitzsch	S
17.	Leipzig	Linie 17	Leipzig—Böhlitz-Ehrenberg	S
18.	Leipzig	Linie 28	Leipzig—Markkleeberg West	S
19.	Leipzig	Linie 29	Leipzig—Schkeuditz	Ü
20.	Magdeburg	Linie 14	Magdeburg—Schönebeck	Ü
21.	Schöneiche	Schöneicher Straßenbahn	Berlin-Friedrichshagen—Rüdersdorf	Ü
22.	Schöneiche	Woltersdorfer Straßenbahn	Berlin-Rahnsdorf—Woltersdorfer Schleuse	Ü
23.	DR, Rbd Berlin	—	Müncheberg (Mark)—Buckow (Märk. Schweiz)	E
24.	DR, Rbd Dresden	—	Schleiz—Saalburg	E
25.	DR, Rbd Erfurt	Oberweißbacher Bergbahn	Lichtenhain (a. d. Bergbahn)—Cursdorf	Ü
Beispiele von Überlandbahnen, die nach Eingemeindung von Vororten nur noch innerstädtische Verkehrsaufgaben erfüllen				
26.	Brandenburg	—	Brandenburg—Ortsteil Kirchmöser	Ü
27.	Dresden	Linie 8	Dresden—Ortsteil Hellerau	Ü
28.	DR, Rbd Dresden	Klingenthaler Straßenbahn³)	Klingenthal—Ortsteil Sachsenberg-Georgenthal	Ü

¹) Es bedeuten:
S Bahn mit ausschließlich oder vorwiegend Straßenbahncharakter. Sie benutzt kaum oder nur über geringe Entfernungen (bis zu 1 km) einen eigenen Bahnkörper.
Ü Überlandbahn. Sie benutzt ausschließlich oder über große Entfernungen einen eigenen Bahnkörper. Innerhalb der Stadt kann sie wie eine Straßenbahn betrieben werden.
E Nebenbahn der Deutschen Reichsbahn, auf der straßenbahnähnliche Triebwagen verkehren. Der Bahnkörper ist unabhängig von vorhandenen Straßen und nach den Bestimmungen der Deutschen Reichsbahn für Nebenbahnen gebaut.
²) Größtenteils stillgelegt; auf dem Restabschnitt innerhalb Merseburgs verkehrt heute die Linie 35.
³) Stillgelegt.

Dresdner Überlandbahnen	Linie 5	Linie 7⁴)	Linie 8	Linie 31
Streckenlänge (km):	23,2	16,4	15,6	9,1
eigener Bahnkörper (km):	7	7	6	7
Spurweite (mm):	1450	1450	1450	1000
Inbetriebnahme:	1899¹)	?	1911¹)	1906
Stromart:	Gleichstrom	Gleichstrom	Gleichstrom	Gleichstrom
Spannung (V):	600	600	600	600
Fahrzeit (min):	78	58	59	33
Reisegeschwindigkeit (km/h):	17,8	17,0	15,9	16,6
Anzahl der Stationen:	43	31	32	16
mittl. Stationsabstand (km):	0,54	0,55	0,50	0,61
Zugstärke (Wagen):	3	2²)	3	3
starrer Fahrplan, Zugfolge (min)³):	15	15	15	15

¹) Eröffnung des ersten Teilabschnitts
²) Großraumwagen
³) Auf den Linien 5, 7 und 8 streckenweise Verstärkung durch andere Linien und Einsatzwagen
⁴) Vor Einsatz der T 4 D-Wagen

4

Anders war es mit den Überlandbahnen am Stadtrand und in Großstadtnähe. Sie gehörten zum überwiegenden Teil dem sächsischen Staat, aber auch privaten Unternehmern und den anliegenden Gemeindeverwaltungen. 1928 wurden alle Überlandbahnen in der DRÜVEG, der »Dresdner Überland GmbH«, vereinigt. Sie waren von da an Besitz des Staates, wurden aber von der Städtischen Straßenbahn betrieben, was immer wieder zu Komplikationen in Verwaltung und Abrechnung führte. Erst 1941 ging die DRÜVEG an die Dresdner Straßenbahn über.

Heute sind die Linien der ehemaligen DRÜVEG kaum von den reinen Stadtlinien zu unterscheiden. Auf allen Linien gibt es den gleichen Tarif, sie verfügen über einheitliche Spur und Stromart und haben einen gemeinsamen Wagenpark.

Eine Sonderstellung nimmt die Lockwitztalbahn ein, die heutige Linie 31, da ihre Spurweite mit 1000 mm vom Gesamtnetz abweicht. Die Bahn wurde 1906 von mehreren Gemeindeverwaltungen in Betrieb genommen, mußte aber 1928 wegen finanzieller Schwierigkeiten an die DRÜVEG verkauft werden. Ihre Bedeutung für den Berufsverkehr nahm 1945 mit der Zerstörung der Dresdner Innenstadt erheblich zu, weil viele Dresdner nach den Außenbezirken umsiedeln mußten. Nach Kriegsende wurde die Zugfolge vom 30- auf den 15-Minuten-Verkehr verdichtet.

Die im Betriebsbahnhof Kreischa beheimateten 11 Trieb- und 12 Beiwagen sind größtenteils aus Normalspurwagen der Dresdner Straßenbahn entstanden. Sie werden bis 1970 durch modernere Wagen ersetzt, die von den Erfurter Verkehrsbetrieben übernommen und in Dresdner Werkstätten rekonstruiert werden.

Die bedeutendste Überlandbahn der Dresdner Verkehrsbetriebe ist die Linie 5 (bisher Linie 15). Sie ging aus einer Stadtlinie der 1450-mm-Spur und einer 1000-mm-Spur hervor. Die Stadtlinie 15 endete ursprünglich im nördlich gelegenen Ortsteil Mickten. Hier schloß sich die sogenannte Lößnitzbahn an, die durch die Vororte des Radebeuler Obst- und Weinbaugebietes führte.

In den zwanziger Jahren wurde die Linie 15 nach Umspuren der Lößnitzbahn schrittweise über die Stadtgrenze hinaus erweitert. Später verlängerte man sie zunächst entlang

der Straße und dann ab Radebeul-Naundorf auf unabhängiger Trasse über Coswig hinaus nach Weinböhla.
Heute ist die »5« mit 23 km Strecke die längste Linie der Dresdner Verkehrsbetriebe. Verstärkungslinien verdichten im Berufsverkehr nach der Großstadt hin die Zugfolge auf 2,5 Minuten.
Die Linien 7 und 8 führen zu Vororten, die durch Ausläufer der Dresdner Heide von der Dresdner Innenstadt getrennt sind. Im Heidegebiet und in den Vororten verkehren sie über große Abschnitte auf einem zweigleisigen Bahnkörper am Straßenrand, aber auch eingleisige und von Straßen unabhängige Bahnkörper werden benutzt.
Seit den fünfziger Jahren gehört Hellerau infolge Eingemeindung zu Dresden, so daß die Linie 8 ihrer Entstehung und Linienführung nach eine Überlandbahn ist, aber nur noch dem innerstädtischen Verkehr dient.

Thüringer Waldbahn

Streckenverlauf: Gotha—Sundhausen—Leina—Waltershausen—Friedrichroda—Tabarz	
Streckenlänge (km):	21,7
eigener Bahnkörper (km):	14,5
Spurweite (mm):	1000
Inbetriebnahme:	1926
elektrischer Betrieb seit:	1929
Stromart:	Gleichstrom
Spannung (V):	600
Anzahl der Fahrzeuge (Triebwagen):	25
(Beiwagen):	14
(Gelenkwagenzüge):	16
Fahrzeit (min):	66
Reisegeschwindigkeit (km/h):	19,6
Anzahl der Stationen:	16
mittl. Stationsabstand (km):	1,55
Zugstärke: 3 Wagen oder 1 Gelenkwagen + 1 Beiwagen + 1 Gepäckwagen	
Fahrplan:	unregelmäßig

Die Thüringer Waldbahn ist die bekannteste Überlandbahn der DDR. Sie verbindet Gotha mit dem Thüringer Wald und erfreut sich eines außerordentlich großen Zuspruchs. In Gotha benutzt sie die Gleise der städtischen Straßenbahn, außerhalb Gothas führt sie auf besonderem Bahnkörper eingleisig und von Straßen unabhängig über kleinere Ortschaften nach Waltershausen. Am Gleisdreieck, in dem jede der drei Verbindungskurven mit langem Kreuzungsgleis versehen ist, zweigt eine kürzere Stichbahn nach dem Bahnhof Waltershausen ab.
Die Hauptstrecke verläuft weiter über den Urlauberort Friedrichroda nach Tabarz.
Die Bedeutung der Bahn für den Erholungsverkehr geht auch daraus hervor, daß ihr Fahrplan in das Kursbuch der Deutschen Reichsbahn aufgenommen wurde. Im Sommerhalbjahr 1968 waren zwischen Gotha und Gleisdreieck 26 Fahrten in jeder Richtung vorgesehen. Tatsächlich verkehrten weitaus mehr Züge, da bei jeder Fahrt Gruppen von zwei bis fünf Zügen gebildet wurden.

Halle-Merseburger Überlandbahnen

Streckenverlauf[1]):
Linie 5: Halle—Schkopau—Merseburg—Leuna
Linie 33: Merseburg—Leuna—Reipisch—Frankleben (stillgelegt am 26. Mai 1968)
Linie 34: Merseburg—Leuna—Daspig—Kröllwitz—Spergau—Fährendorf—Bad Dürrenberg

	Linie 35	Linie 33²)	Linie 34
Streckenlänge (km):	19,8	8,5	12,5
eigener Bahnkörper (km):	4,0		6,7
Spurweite (mm):	1000	1000	1000
Inbetriebnahme:	1902	1919	1919/21
Stromart:	Gleichstrom		
Spannung (V):	600	600	600
Fahrzeit (min):	73	33	43
Reisegeschwindigkeit (km/h):	16,2	15,4	17,4
Anzahl der Stationen:	33	14	16
mittl. Stationsabstand (km):	0,60	0,61	0,78
Zugstärke (Wagen):	3	3	3
Zugpaare je Tag:	bis 85	bis 38	bis 55
starrer Fahrplan, Zugfolge (min):	20³)	40³)	40³)

¹) Linie 5 ist 1968 aus den Linien 31 (Halle—Schkopau—Merseburg) und 32 (Halle—Schkopau—Merseburg—Leuna) hervorgegangen. Ein Teil der Wagenzüge verkehrt über Merseburg hinaus bis Leuna.
Linie 34 verkehrt zwischen Daspig und Fährendorf teilweise über den Neubauabschnitt, ohne die Orte Kröllwitz und Spergau zu berühren.
²) Stand vom 1. Januar 1968.
³) Zusätzlich verkehren Einsatzwagen

Die Halle-Merseburger Überlandbahnen verbinden die großen chemischen Werke Leuna und Buna mit Wohngebieten in Halle und Merseburg sowie mit kleineren an der Strecke gelegenen Ortschaften.
1902 entstand als erste Strecke die sogenannte »Fernbahn Halle—Merseburg«, die 1919 über Beuna, Reipisch und Frankleben nach Mücheln im Geiseltal verlängert wurde. Gleichzeitig baute man eine andere Linie von Merseburg nach Leuna und erweiterte sie 1920/21 über Kröllwitz und Spergau nach Bad Dürrenberg. Von diesem Zeitpunkt an nannte sich der Betrieb »Merseburger Überlandbahnen AG«, kurz »MÜBAG«. 1946 wurde er der VVB des Verkehrswesens Sachsen-Anhalt unterstellt, und 1951 fand der Zusammenschluß mit der städtischen Straßenbahn Halle zum »VEB (K) Straßenbahn- und Überlandbahnen Halle« statt, der seit 1957 »Volkseigene Verkehrsbetriebe Halle« heißt.
Der Abschnitt Frankleben—Mücheln (11,4 km) mußte wegen des Braunkohlentagebaus mehrmals verlegt werden. 1958 wurde er ganz abgebrochen. Im Mai 1968 ersetzte man den Schienenverkehr auf dem Abschnitt Merseburg Süd—Frankleben durch Kraftomnibusverkehr, so daß nur noch der etwa 4 km lange Abschnitt Merseburg—Merseburg Süd übrigblieb, auf dem heute die ehemalige Verstärkungslinie 35 verkehrt.
Die Überlandbahnen haben in den letzten Jahrzehnten immer mehr an Bedeutung für den Berufsverkehr gewonnen, was auf die Erweiterung der großen Chemiebetriebe und den Bau von Chemiearbeitersiedlungen in Merseburg Süd (1960), Bad Dürrenberg (noch nicht abgeschlossen) und anderen Gebieten entlang der Strecke zurückzuführen ist. Daher mußte man auch die Strecken erweitern und die Zugfolge verdichten. So sind heute zwischen Halle und Schkopau im Berufsverkehr 8000 Werktätige zu befördern, weshalb hier werktäglich zwischen 4.45 Uhr und 6.00 Uhr 17 Dreiwagenzüge zusätzlich verkehren.
Dieser starke Berufsverkehr zwang dazu, von 1960 bis 1965 den 3 km langen Abschnitt Ammendorf—Schkopau neu zu verlegen und zweigleisig auszubauen. Dazu waren fünf größere Brückenbauwerke über die Saale und deren Flutgräben nötig.
1968 wurde eine 2,8 km lange direkte Verbindung zwischen Daspig und Fährendorf in Betrieb genommen, die 1,6 km kürzer ist als die alte Strecke über Kröllwitz und Spergau. Der neue Abschnitt ist Teil einer zu errichtenden Schnellverbindung zwischen Leuna und Bad Dürrenberg und führt schon jetzt zu einer Verkürzung der Reisezeit von sieben Minuten. Heute fahren die Wagenzüge der Linie 34 teilweise über den alten und teilweise über den neuen Streckenabschnitt. Für später ist vorgesehen, die Linie 5 von Leuna aus über den neuen Abschnitt bis Bad Dürrenberg zu verlängern. Die Linie 34 soll dann ganz entfallen oder nur noch Aufgaben des Berufsverkehrs wahrnehmen.

5

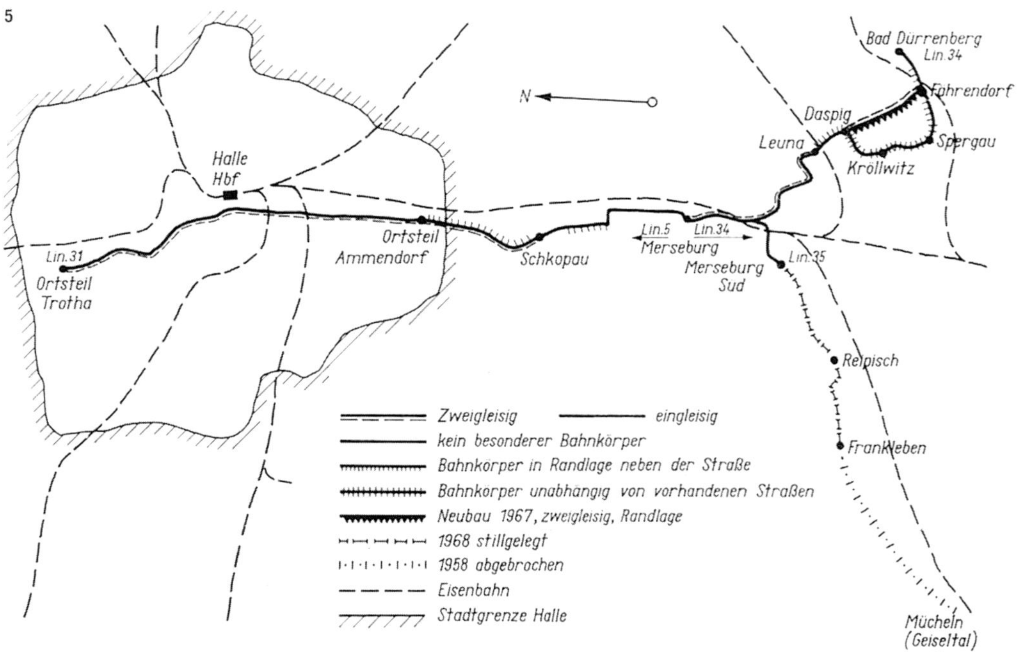

Hohenstein-Ernstthal—Oelsnitz (Erzg.)

Streckenverlauf: Hohenstein-Ernstthal—Oberlungwitz—Hermsdorf—Gersdorf—Lugau—Oelsnitz (Erzg.)

Streckenlänge (km):	11
eigener Bahnkörper (km):	5
Spurweite (mm):	1000
Inbetriebnahme:	1912
Stromart:	Gleichstrom
Spannung (V):	1000
Anzahl der Fahrzeuge (Triebwagen):	11
(Beiwagen):	8
Fahrzeit (min):	46
Reisegeschwindigkeit (km/h):	14,4
Anzahl der Stationen:	17
mittl. Stationsabstand (km):	0,65
Zugstärke (Wagen):	3
Zugpaare je Tag:	23
starrer Fahrplan, Zugfolge (min):	40

Die Überlandbahn Hohenstein-Ernstthal—Oelsnitz (Erzg.) diente im Oelsnitzer Steinkohlenrevier vorwiegend dem Berufsverkehr. Sie wurde am 31. März 1960 stillgelegt und durch Kraftomnibusverkehr ersetzt.

4 Blick zum Gleisdreieck Waltershausen der Thüringer Waldbahn. Jede Verbindungskurve ist mit einem langen Kreuzungsgleis versehen (Seite 162)

5 Die Halle-Merseburger Überlandbahnen (unmaßstäblich)

6 Gelenkwagen aus Gotha auf der Thüringer Waldbahn

7 Die aus der ČSSR importierten Triebwagen T 4 D werden in den nächsten Jahren mehr und mehr das Gesicht unserer Überlandbahnen bestimmen

8 Der Oberbau zwischen Magdeburg und Schönebeck ist nicht vom Oberbau unserer Reichsbahngleise zu unterscheiden

9 Aus Leipziger Straßenbahnwagen rekonstruierte Wagen der Schöneicher Bahn

10 Klingenthal—Sachsenberg-Georgenthal, eine ehemalige Überlandbahn der Deutschen Reichsbahn: Straßenbahnwagen aus Gotha benutzen Reichsbahnoberbau und führen ein Zugschlußsignal nach dem Signalbuch der Deutschen Reichsbahn

6

7

Leipziger Überlandbahnen

Streckenverlauf:
Linie 13: Leipzig—Taucha
Linie 15: Leipzig—Liebertwolkwitz
Linie 29: Leipzig—Lützschena—Schkeuditz

	Linie 13	Linie 15	Linie 29
Streckenlänge (km):	16,6	16,0	17,3
eigener Bahnkörper (km):	4	3	6,8
Spurweite (mm):	1458	1458	1458
Stromart:	Gleichstrom	Gleichstrom	Gleichstrom
Spannung (V):	550	550	550
Fahrzeit (min):	58	57	58
Geschwindigkeit (km/h):	17,2	16,9	17,9
Anzahl der Stationen:	31	32	29
mittl. Stationsabstand (km):	0,54	0,50	0,60
Zugstärke (Wagen):	3	3	Gelenkwagen + 1 Beiwagen
starrer Fahrplan, Zugfolge (min):	15	15	15

Die Entwicklung in Leipzig ist der von Dresden sehr ähnlich. Hier wurden schon im Jahre 1900 alle Überlandbahnen zur »Leipziger Außenbahn AG«, zur »LAG«, vereinigt, die Betriebsführung nahm auch hier die städtische »Große Leipziger Straßenbahn« wahr. Heute sind Stadt- und Überlandlinien im »VEB (K) Verkehrsbetriebe der Stadt Leipzig« zusammengeschlossen.
Die bedeutendste Leipziger Überlandbahn ist die heutige Linie 29, die über die ehemalige sächsische Landesgrenze hinaus bis zu der im einstigen Sachsen-Anhalt gelegenen Stadt Schkeuditz führt. Bis 1966 bestand hier das Kuriosum, daß am Reformationstag, der in Sachsen arbeitsfrei war, auf der Linie 29 im Werktagsverkehr gefahren wurde, während auf allen anderen Leipziger Linien Feiertagsverkehr herrschte.
Tariflich nimmt die Schkeuditzer Strecke noch heute eine Sonderstellung ein. Während auf den Leipziger Straßenbahnlinien beim Überfahren der Zahlgrenze lediglich ein Zuschlag zu zahlen ist, gilt auf der Linie 29 im Überlandverkehr ein besonderer Staffeltarif.

Magdeburg—Schönebeck

Streckenverlauf:	Magdeburg—Schönebeck (Elbe)
Streckenlänge (km):	6,0
eigener Bahnkörper (km):	3,2
Spurweite (mm):	1435
Inbetriebnahme:	1926
Stromart:	Gleichstrom
Spannung (V):	600
Fahrzeit (min):	20
Anzahl der Stationen:	11

8

9

10

mittl. Stationsabstand (km):	0,55
Zugstärke (Wagen):	2
Zugpaare je Tag:	40
starrer Fahrplan, Zugfolge (min):	30

Die Überlandbahn war ursprünglich 12 km lang und verlief in Magdeburg durch die eingemeindeten Vororte Fermersleben, Salbke und Westerhüsen. Außerhalb Magdeburgs ging es weiter über Frohse nach Schönebeck. Damals gehörten zur Bahn 13 Trieb- und 14 Beiwagen. Später führte man die Linie in Betriebsgemeinschaft mit der Magdeburger Straßenbahn als Linie 14 bis in die Innenstadt. Seit einigen Jahren wird jedoch der Abschnitt innerhalb Magdeburgs ausschließlich von der Stadtlinie 12 befahren, so daß die Linie 14 nur noch von der Stadtgrenze (Betriebsbahnhof Westerhüsen) nach Schönebeck verkehrt.

Überlandbahnen von Schöneiche und Woltersdorf

Streckenverlauf: I) Berlin-Friedrichshagen—Schöneiche—Rüdersdorf
II) Berlin-Rahnsdorf—Woltersdorfer Schleuse

	I	II
Streckenlänge (km):	13,3	5,6
eigener Bahnkörper (km):	10	2,3
Spurweite (mm):	1000	1435
Inbetriebnahme:	1910/12	1913
Stromart:	Gleichstrom	Gleichstorm
Spannung (V):	750	750
Anzahl der Fahrzeuge		
(Triebwagen):	10	7
(Beiwagen):	11	5
Fahrzeit (min):	39	20
Reisegeschwindigkeit (km/h):	20,4	16,8
Anzahl der Stationen:	19	9
mittl. Stationsabstand (km):	0,70	0,56
Zugstärke im Hauptverkehr (Wagen):	3	3
starrer Fahrplan, Zugfolge (min):	20	20

Die beiden Überlandbahnen sind zwei unabhängig voneinander bestehende Strecken, was schon aus der unterschiedlichen Spurweite hervorgeht. Sie wurden als »Schöneicher Straßenbahn« und »Woltersdorfer Straßenbahn« vor dem ersten Weltkrieg gebaut, um Schöneiche und Woltersdorf an die S-Bahnstrecke Berlin—Erkner anzuschließen und die wirtschaftliche Entwicklung der Gemeinden zu fördern.
Zwei Jahre nach Inbetriebnahme der Schöneicher Straßenbahn ließ der Gemeinderat Rüdersdorf eine Überlandbahn bauen, die seitdem unter Mitbenutzung der Schöneicher Strecke Rüdersdorf mit dem S-Bahnhof Berlin-Friedrichshagen verbindet.
1963 wurden die Schöneicher und die Woltersdorfer Überlandbahnen zum »VEB (K) Verkehrsbetriebe Schöneiche und Woltersdorf« mit Sitz in Schöneiche vereinigt.

Brandenburg—Brandenburg-Kirchmöser

Streckenverlauf:	Brandenburg—Ortsteil Plaue—Ortsteil Kirchmöser
Streckenlänge (km):	14,1
eigener Bahnkörper (km):	11,3
Spurweite (mm):	1000
Inbetriebnahme:	1912
Stromart:	Gleichstrom
Spannung (V):	600
Fahrzeit (min):	45
Reisegeschwindigkeit (km/h):	20.2
Anzahl der Stationen:	28
mittl. Stationsabstand (km):	0,50
Zugstärke (Wagen):	3
Zugpaare je Tag:	28
starrer Fahrplan, Zugfolge (min):	40

Die Linie 1 (bis 31. Dezember 1967 Linie 6) der Brandenburger Verkehrsbetriebe hat nach Eingemeindung von Plaue und Kirchmöser nur noch innerstädtische Verkehrsaufgaben. Trotzdem soll sie in diesem Beitrag genannt werden, da sie baulich (ihrer ursprünglichen Aufgabe entsprechend) den Charakter einer Überlandbahn trägt. Mit 80% ist der Anteil der Strecke mit eigenem Bahnkörper an der Gesamtstrecke größer als bei jeder anderen bisher beschriebenen Überlandbahn. Auch mit der Reisegeschwindigkeit liegt sie neben der Schöneicher Straßenbahn an der Spitze aller Überlandbahnen der DDR.

Überlandbahnen der Deutschen Reichsbahn

Alle bisher beschriebenen Überlandbahnen sind heute einem städtischen Nahverkehrsbetrieb unterstellt. Darüber hinaus betreibt die Deutsche Reichsbahn elektrisch betriebene Nebenbahnen, auf der Straßenbahntriebwagen oder straßenbahnähnliche Fahrzeuge verkehren.
Die Strecken Saalburg—Schleiz und Müncheberg—Buckow gleichen ihrem baulichen Charakter nach mehr einer Eisenbahn, während die Strecke Cursdorf—Lichtenhain und die stillgelegte Strecke Klingenthal—Sachsenberg-Georgenthal kaum von den Überlandbahnen der städtischen Verkehrsbetriebe zu unterscheiden sind. Diese Strecken können jedoch erst zu einem späteren Zeitpunkt beschrieben werden.

Zukunft der Überlandbahnen

Die Zukunft der Überlandbahnen hängt von den örtlichen Gegebenheiten ab. Bahnen wie die Thüringer Waldbahn und die Halle-Merseburger Überlandbahnen sind wegen ihres hohen Verkehrsaufkommens nicht durch Kraftomnibusse zu ersetzen.
Für andere Strecken könnte ein Omnibusverkehr wirtschaftlicher sein. So weist der Generalverkehrsplan der Stadt Dresden in der Perspektive für das Lockwitztal eine Stadtomnibuslinie aus.
Doch es gibt auch Beispiele, wo eine Überlandbahn von einem attraktiveren Schienenverkehrsmittel abgelöst wird. Für die Linie 5 der Dresdner Straßenbahn ist mit Inbetriebnahme der Schnellbahn Dresden nach 1970 die Stillegung des Abschnitts Coswig—Weinböhla vorgesehen.
Bei anderen Bahnen gilt es, nicht nur wirtschaftliche Gesichtspunkte zu erwägen. Für die Kirnitzschtalbahn muß beispielsweise auch die Aufgabe als Anziehungspunkt für den Touristenverkehr beachtet werden.
Mit Neubauten von Überlandbahnen ist wegen der hohen Anlagekosten gegenüber dem Busverkehr kaum zu rechnen. Doch auch hier kann ein Beispiel genannt werden, in dem die Einrichtung einer neuen Überlandbahn vorgesehen ist. Zwischen Radebeul und Radeburg bei Dresden verkehrt eine Schmalspurbahn der Deutschen Reichsbahn, die vorwiegend dem Personenverkehr dient. Sie soll bis 1975 stillgelegt werden. Für den am stärksten benutzten Abschnitt vom Haltepunkt Weißes Roß in Radebeul durch den Lößnitzgrund bis zum Wald- und Seengebiet von Moritzburg plant die Stadt Dresden den Bau einer Überlandlinie. Auf ihr sollen Wagen der Dresdner Straßenbahn verkehren. Sie würde den Bahnkörper der Schmalspurbahn benutzen und durch einen Überlandtarif eine Sonderstellung unter den Dresdner Straßenbahnlinien einnehmen.
Auf verschiedenen Überlandbahnen ist der Einsatz der aus der ČSSR importierten Triebwagen T 4 D vorgesehen, der mit einer Geschwindigkeit von 55 km/h und einem Fassungsvermögen von 123 Personen das künftige Bild unserer Überlandbahnen bestimmen wird.

20 Jahre DDR
20 Jahre
Tradition und Fortschritt
im Schienenfahrzeugbau

Ein neues Verbandszeichen wird zum Symbol für jahrelange Traditionen und technischen Fortschritt im Bau von Schienenfahrzeugen und Ausrüstungen in höchster Qualität.
Zum Warenzeichenverband Vereinigter Schienenfahrzeugbau DDR e. V. gehören: die 14 bekannten Betriebe des Industriezweiges Schienenfahrzeuge, der Außenhandelsbetrieb Transportmaschinen, das Institut für Schienenfahrzeuge und ab 1. Januar 1969 der VEB LEW »Hans Beimler« Hennigsdorf.

Vereinigter Schienenfahrzeugbau-DDR

Verteilung der Stückgutknoten in der DDR

Ing. HORST VETTER, Berlin

Stückgut-Knotenverkehr – Sinnbild sozialistischer Zusammenarbeit

Vor nunmehr fast 130 Jahren genehmigte die Ludwigseisenbahn dem Nürnberger Bierbrauer Lederer einen regelmäßigen Biertransport: »Dem Bierbrauer Herrn Lederer wird gestattet, mit dem ersten nach Fürth gehenden Wagen zwei Fäßchen Bier an den Wirt ‚Zur Eisenbahn' gegen Vergütung von 6 Kreuzern pro Fäßchen für Transportlohn zu senden, unter der Bedingung, daß solche jedesmal von dem Wirt bei Ankunft des Wagens sogleich abgenommen werden. Der Herr Direktorialkommissär Dr. Löhner wird daher beauftragt, Sorge zu tragen, daß dieser kleine Anfang des Gütertransports in gehöriger Ordnung vor sich gehe, um solchen vielleicht späterhin ins Große ausdehen zu können. Da der Personentransport nach Fürth in der Frühe ohnehin nicht zahlreich ist, so wird solches um so leichter auszuführen sein.«
Wie hat sich der Gütertransport der Eisenbahn seitdem entwickelt!

Volkswirtschaftliche Bedeutung und Organisation des Stückgutverkehrs

Im Gegensatz zum Wagenladungsverkehr, bei dem insbesondere Massengüter wie Kohle, Düngemittel und Baustoffe befördert werden, umfaßt der Stückgutverkehr den Transport von Konsumgütern, Massenbedarfsartikeln, Maschinenersatzteilen, Packmitteln und dergleichen mehr. Der Stückgutverkehr beeinflußt deshalb maßgeblich die Warenzirkulation und den planmäßigen Produktionsablauf der Industrie. Als Stückgut bezeichnet man alle Güter, die nach Umfang und Masse nur einen mehr oder weniger großen Teil des Laderaumes oder der Tragfähigkeit eines Güterwagens beanspruchen und verpackt oder unverpackt — mit Klebezetteln oder Anhängern versehen — als »Stückgutsendung« mit Frachtbrief zur Beförderung übergeben und während des Transports durch Eisenbahn und Kraftverkehr umgeschlagen werden.
Heute befördert die Deutsche Reichsbahn allein im Stückgutverkehr etwa 8 Millionen Tonnen im Jahr. Obwohl der Anteil des Stückgutverkehrs am Gesamttransport (gemessen an der umzuschlagenden Menge) nur etwa 4 Prozent beträgt, braucht sie dafür etwa 12 Prozent der täglich bereitzustellenden Güterwagen, davon 75 Prozent gedeckte Wagen. Charakteristisch für den Stückgutverkehr sind u. a.

a) die Vielzahl der zu behandelnden Sendungen und

b) die nach Art, Umfang, Masse und Verpackung unterschiedlichen Einzelstücke.

Diese Faktoren und der Umschlag unterwegs verursachen einen hohen Aufwand an Arbeitskräften, Umschlageinrichtungen, Verkehrsanlagen und Transportmitteln.
Diese Tatsache bildete von jeher den Anlaß,

die Anzahl der Umladungen zu verringern,
die Ladevorgänge zu mechanisieren und
die Güterwagen besser auszunutzen.

Auf der Grundlage der bereits im Jahr 1900 herausgegebenen »Grundsätze für die Verladung und Beförderung der Frachtstückgüter« entstand nach und nach eine »Ladeorganisation«, die im Prinzip noch heute gilt.
Das Stückgutaufkommen ist zwar in der verschiedenen Verkehrsverbindungen sehr unterschiedlich, es haben sich aber im Laufe der Zeit bestimmte Güterströme herausgebildet, die ein straffes Organisieren der Stückgutbeförderung ermöglichen. Zu diesem Zweck teilte man das Territorium der DDR in »Verkehrsgebiete« auf und richtete eine Anzahl Verkehrsanlagen für den Stückgutumschlag ein.
Der Grundgedanke dieser Ladeorganisation ist, das Stückgutaufkommen eines »Sammelgebietes« bei einer »Sammelstelle« zu konzentrieren und von hier bis möglichst nahe an den Bestimmungsbahnhof zu befördern, wo es eine »Verteilungsstelle« innerhalb eines »Verteilungsgebietes« weiterleitet.
Die Größe der Sammel- und Verteilungsgebiete richtet sich nach dem jeweiligen Gutaufkommen und wird ohne Rücksicht auf Verwaltungsgrenzen festgelegt. Da die mit der Sammlung und Verteilung beauftragten Stellen beide Funktionen auszuüben haben, nennt man sie auch »Umladestellen«. Sie sind entweder selbständige Dienststellen der Deutschen Reichsbahn oder gehören zu einer Güterabfertigung; meist verfügen sie über besondere bauliche und technische Anlagen. Im Bereich der Deutschen Reichsbahn bestehen gegenwärtig 27 Umlade- und Hilfsumladestellen.
Grundsätzlich wird angestrebt, das Gut von einer Sammelstelle möglichst ohne Unterwegsbehandlung direkt der Verteilungsstelle zuzuführen. Reicht das örtliche Aufkommen zum Abrichten eines Stückgutwagens nicht aus, dann befördert eine »Vermittlungsstelle« das Gut an die Verteilungsstelle weiter (Abb 1).

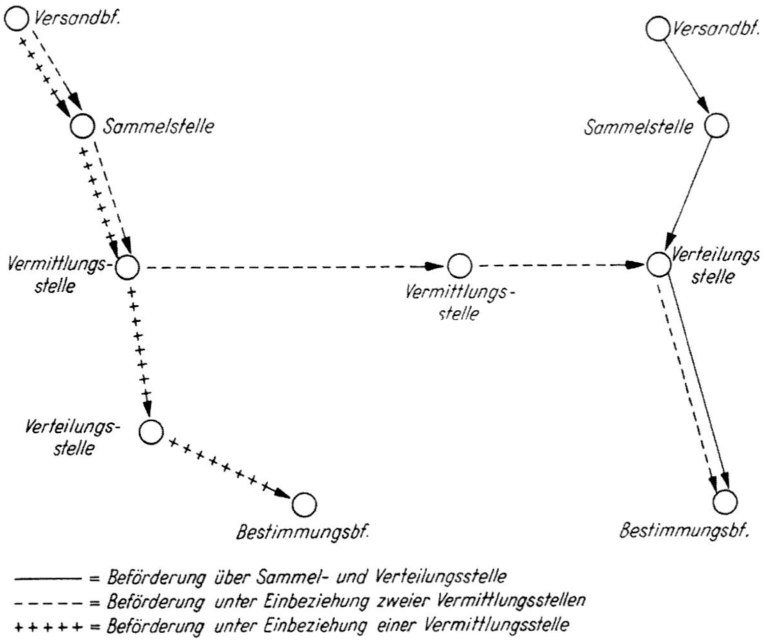

1 *Prinzipskizze über das Zusammenwirken der Umladestellen im Stückgutverkehr*

Die Reorganisation des Stückgutverkehrs — Bestandteil der sozialistischen Rationalisierung

Die inzwischen eingeleiteten umfangreichen Maßnahmen zur Reorganisation des Stückgutverkehrs gründen sich nicht nur auf zeitweise (etwa im Herbstspitzenverkehr) auftretende Schwierigkeiten, sondern auf das gewaltige Anwachsen des Stückgutaufkommens. So hat sich zum Beispiel der Stückgutverkehr gegenüber 1950 in den letzten Jahren auf das 4½fache gesteigert (Abb. 2).

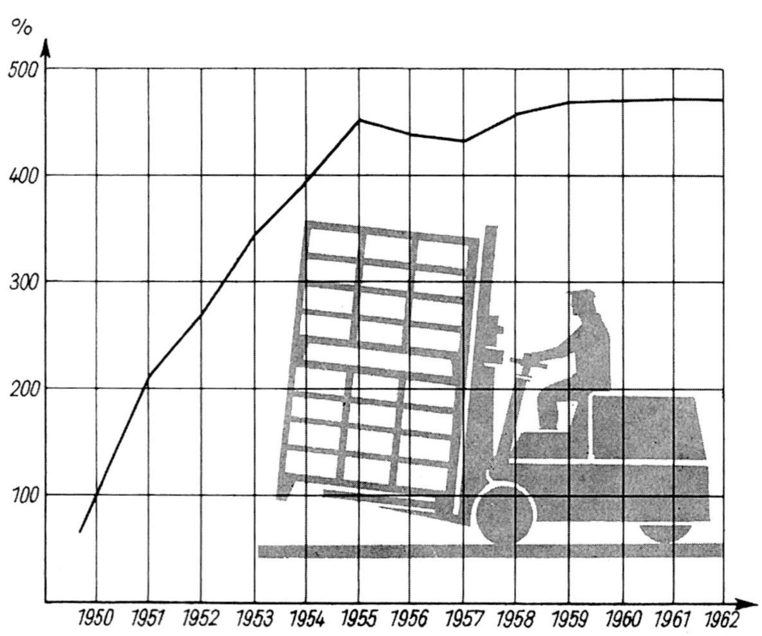

2 *Stückgutbeförderung in der Deutschen Demokratischen Republik*

Ein weiteres Zunehmen des Gutaufkommens ist zu erwarten. Deshalb ist es auch zwingend notwendig, den Stückgutumschlag zu mechanisieren. Dadurch werden die körperlich schweren Ladearbeiten beseitigt, die Arbeitsproduktivität wird gesteigert und der Arbeitskräftemangel im Stückgut-Ladedienst gemildert.

Der Hauptzweck der Reorganisation des Stückgutverkehrs ist, im Rahmen der sozialistischen Rationalisierung im Eisenbahnwesen die Aufgaben zwischen Eisenbahn und Kraftverkehr am ökonomisch zweckmäßigsten zu verteilen, wobei vor allem der unwirtschaftliche Parallelverkehr zwischen diesen Verkehrszweigen wegfallen soll. Dieser war häufig dadurch gegeben, daß Kurswagen und leichte Güterzüge (Leig) der Eisenbahn und in den gleichen Relationen Fahrzeuge des Kraftverkehrs zum Sammeln und Verteilen von Stückgut verkehrten.

Voraussetzung für die Reorganisation des Stückgutverkehrs in der DDR ist, daß hier sozialistische Produktionsverhältnisse geschaffen wurden, die einen Konkurrenzkampf zwischen Straße und Schiene ausschließen. Eisenbahn und Kraftverkehr sind Teile eines einheitlichen sozialistischen Transportwesens, eines führenden Zweiges unserer Volkswirtschaft.

Eingeleitet wurden die Reorganisationsmaßnahmen in den vergangenen Jahren durch Einrichtung eines umfangreichen Schienenersatzverkehrs. Die Deutsche Reichsbahn mietete bei den Kraftverkehrsbetrieben Lastkraftwagen und setzte sie vorwiegend im Linien- oder Sternverkehr sowie als Beförderungsmittel zwischen mehreren Güterbahnhöfen eines Ortes ein. Da die Lastkraftwagen beweglicher und schneller sind als Güterwagen, konnte die Eisenbahn in vielen Relationen unwirtschaftliche Stückguttransporte über kurze Entfernungen vermeiden, die Beförderungszeiten verkürzen, Güterwagen für andere Zwecke freimachen und aufwendige Kurswagen und Leig-Verbindungen aufheben. Diese Maßnahmen waren aber nur eine Teillösung.

Bei der Suche nach neuen Wegen im Stückgutverkehr wurden selbstverständlich auch internationale Erfahrungen ausgewertet und nutzbar gemacht.

So studierte man eingehend die Erfahrungen der ČSSR bei der Neuordnung des Stückgutverkehrs und zog daraus Schlußfolgerungen für die Reorganisation des Stückgutverkehrs in der Deutschen Demokratischen Republik. Der dann vom Ministerium für Verkehrswesen der DDR beschlossene »Plan der technisch-organisatorischen Maßnahmen« sieht folgende Entwicklungsstufen vor:

1. Einführung der konzentrierten Rollfuhr innerhalb von Ortsbereichen. Rollfuhr nennt man die Beförderung der Stückgüter von der Güterabfertigung zu den Empfängern oder von den Absendern zu der Güterabfertigung;

2. Bildung von Knotenbahnhöfen für den Stückgutverkehr und Aufnahme der konzentrierten Rollfuhr im Güterliniennahverkehr von und zu diesen Knotenbahnhöfen bei gleichzeitiger Einstellung des Schienenersatzverkehrs;

3. Beseitigung des Parallelverkehrs im Stückgutverkehr der Deutschen Reichsbahn und im Sammelladungsverkehr der Spediteure;

4. schrittweise Mechanisierung des Güterumschlages durch Gabelstapler und Paletten sowie wesentliche Erweiterung des Behälterverkehrs.

3

4

3 *Aufteilung einer Stadt in Rollbezirke (schematische Darstellung)*

4 *Gabelstapler erleichtern die Umschlagsarbeit*

Bedeutungsvoll an diesem Plan ist die komplexe Zielsetzung für die Verkehrszweige Eisenbahn und Kraftverkehr in organisatorischer und technischer Hinsicht.

Stand der organisatorischen Maßnahmen

Im Jahre 1956 wurde begonnen, die erste Entwicklungsstufe — konzentrierte Rollfuhr innerhalb von Ortsbereichen —zu verwirklichen. Schrittweise übertrug man die Stückguttransporte zwischen Güterabfertigung und Absender oder Empfänger in bestimmten Orten der Republik ausschließlich auf die Betriebe des Kraftverkehrs. Damit entfiel gleichzeitig die Möglichkeit, daß die Absender und Empfänger ihr Stückgut bei der Güterabfertigung selbst aufliefern oder selbst abholen konnten. Zunächst wurde nur das Empfangsstückgut den Empfängern konzentriert zugerollt. Nach und nach übernahm der Kraftverkehr jedoch auch, das Versandstückgut von den Absendern zur Güterabfertigung konzentriert anzurollen. Diese Maßnahme fand später in der »Anordnung über den Stückgutverkehr von Haus zu Haus« ihren Niederschlag. Damit das Abholen und Zuführen von Stückgut mit dem geringsten Aufwand geschieht, teilte man insbesondere größere Orte in Rollbezirke (Abb. 3) ein, die jeweils von bestimmten Kraftfahrzeugen (auch Auftragspediteuren) bedient werden. Dadurch werden Gegen- und Querläufe der Lastkraftwagen innerhalb der einzelnen Bedienungsbereiche vermieden.
Am 1. Januar 1959 waren 171 Orte — in denen sich heute in der Regel die Knotenbahnhöfe für Stückgut befinden — in den Haus-Haus-Stückgutverkehr einbezogen. Damit war zugleich die erste Entwicklungsstufe abgeschlossen.
Bereits diese erste Maßnahme war von erheblichem volkswirtschaftlichen Nutzen, weil die Güterböden schneller geräumt und die Stückgutsendungen vereinfacht behandelt werden konnten. Die starke Konzentration der Stückgutanfuhr und -abfuhr auf den Kraftverkehr führte schließlich zu einem wirtschaftlichen Einsatz der Kraftfahrzeuge, wodurch wiederum die Rollgelder im DDR-Durchschnitt um etwa 11 Prozent gesenkt wurden, in Berlin sogar um rund 40 Prozent. Insgesamt brauchte man bedeutend weniger Transportraum als vorher und sparte erhebliche Mengen Kraftstoff ein. Schon im Einschichtbetrieb konnten die Rollfahrzeuge des Kraftverkehrs höher als vorher ausgelastet werden.
Der Grundgedanke der zweiten Entwicklungsstufe ist, das Stückgut bestimmter Verkehrsgebiete in Knotenbereichen zusammenzufassen, bei verhältnismäßig wenigen Güterabfertigungen zu konzentrieren und die sich daraus ergebenden lade- und abfertigungsdienstlichen Vorteile für Eisenbahn und Kraftverkehr einerseits sowie Industrie und Handel andererseits voll auszuschöpfen. Das bedeutet, daß innerhalb eines Knotenbereichs nur noch eine Güterabfertigung für den Stückgutverkehr zuständig ist — nämlich die Knotengüterabfertigung —, während alle anderen in dem Bereich gelegenen Abfertigungen keine Stückgüter mehr behandeln. Alle Transporte von Stückgutsendungen

zwischen der Knotengüterabfertigung und den Absendern oder Empfängern,
zwischen den Orten des eigenen Knotenbereichs sowie
zwischen den Orten benachbarter Knotenbereiche

übernimmt grundsätzlich der Kraftverkehr und entlastet damit die Eisenbahn von unwirtschaftlichem Nahverkehr. Die Stückgutbeförderung zwischen den einzelnen Stückgutknoten — ausgenommen benachbarter Knoten — verbleibt bei der Eisenbahn. Die Abb. 5 verdeutlicht diese Aufgabenteilung anhand des Knotenbereichs Bergen, dem die gesamte Insel Rügen zugeordnet ist.

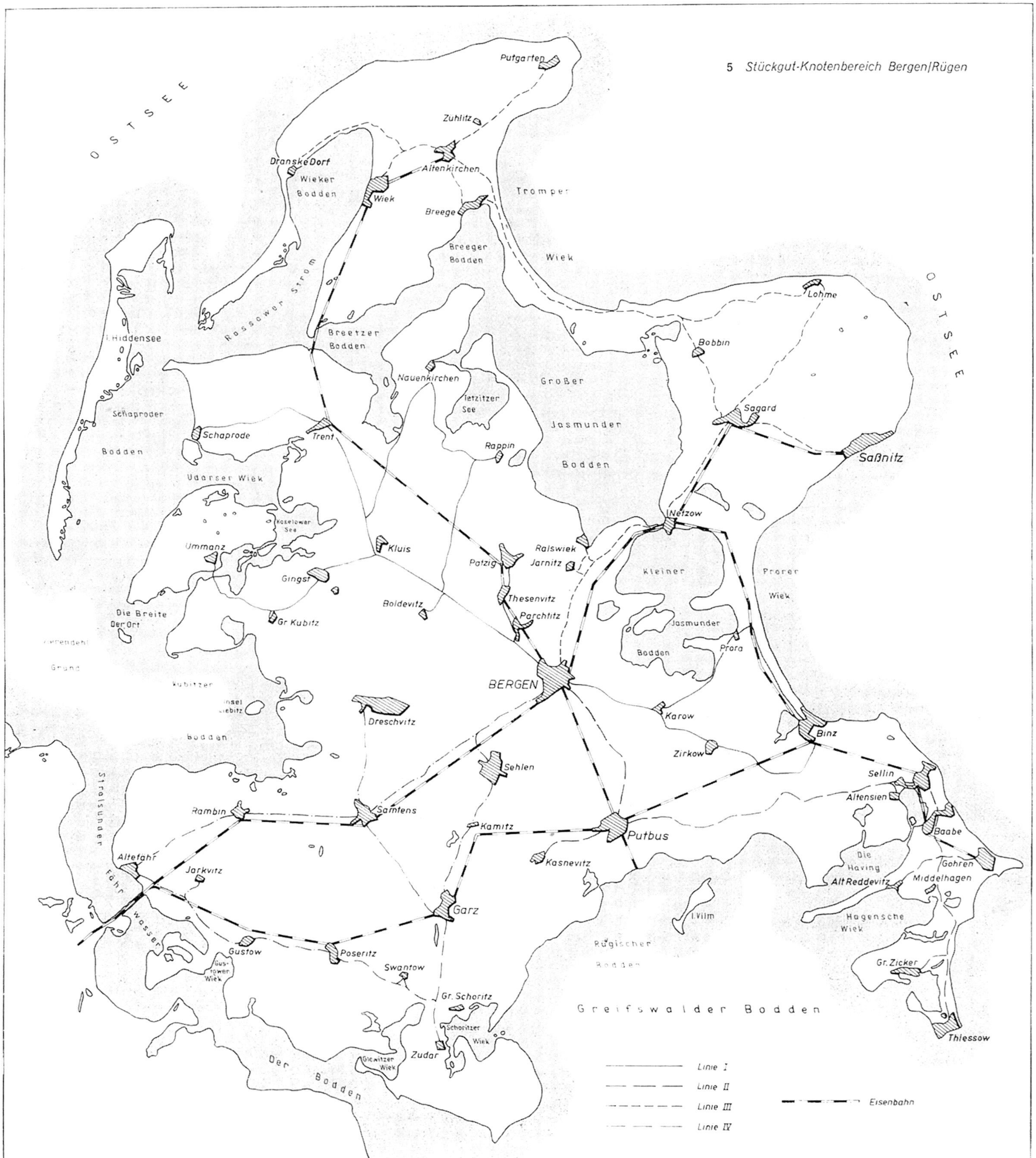

5 *Stückgut-Knotenbereich Bergen/Rügen*

Vor Aufnahme der ersten praktischen Versuche untersuchte man jedes Verkehrsgebiet dahingehend, wie es am zweckmäßigsten in Knotenbereiche nach verkehrsökonomischen Gesichtspunkten aufzuteilen ist. Zu berücksichtigen waren hierbei die vorhandenen Kapazitäten bei Eisenbahn und Kraftverkehr, zum Beispiel die Umschlagflächen der Güterhallen, der Kraftfahrzeugpark usw., sowie das Gutaufkommen der vorgesehenen Knotengüterabfertigung und der Güterverkehrsstellen, die dieser später zugeordnet werden sollten. Die Auswertung der Untersuchungen ergab, daß auf dem Territorium der DDR zunächst 186 Knotenbereiche für den Stückgut-Knotenverkehr zu bilden sind. Später soll etwa ein Drittel dieser Knotenbereiche, die gegenwärtig lediglich die Funktion von »Hilfsknotenbereichen« ausüben, in die verbleibenden Knoten eingegliedert werden. Voraussetzung hierfür ist, daß man bestimmte Knotengüterabfertigungen baulich erweitert und technisch vervollkommnet, womit inzwischen planmäßig begonnen wurde.
Die ersten Versuche, die konzentrierte Rollfuhr auf einen gesamten Knotenbereich auszudehnen, fanden 1959 in 14 Versuchsknotenbereichen statt.
Dabei erwies es sich als zweckmäßig, einen Knotenbereich jeweils strecken- oder linienweise zu erschließen. So konzentriert sich das Gutaufkommen bei der Knotengüterabfertigung nur allmählich und ermöglicht, es zweckmäßig in die Abfuhrpläne einzugliedern.
Mit der Aufnahme des Stückgut-Knotenverkehrs bildete sich sehr bald ein völlig neues Verhältnis zwischen der Eisenbahn und dem Kraftverkehr heraus. Wesentlich dabei war die Tatsache, daß der Kraftverkehr nun nicht mehr wie bisher Erfüllungsgehilfe, sondern gleichberechtigter Partner der Eisenbahn bei der Abwicklung des Stückgutverkehrs wurde. Dies erforderte neue Regeln für die Zusammenarbeit beider Verkehrszweige, die in einer gemeinsamen Arbeitsanweisung für die Beschäftigten von Eisenbahn und Kraftverkehr verankert wurden und später Gegenstand einer gemeinsamen Dienstvorschrift sein werden.
Ende 1962 war bereits mehr als die Hälfte der vorgesehenen Knotenbereiche in den Stückgut-Knotenverkehr einbezogen. Damit war das bisher bei über 1500 Güterabfertigungen aufkommende Stückgut bei nur 90 Knotengüterabfertigungen konzentriert. Gegenwärtig ist die angestrebte Konzentration zu etwa 75 Prozent verwirklicht. Die Verteilung der Knoten zeigt die Karte auf Seite 114.
Schon die teilweise Einführung des Stückgut-Knotenverkehrs ergab trotz der unvermeidlichen Anfangsschwierigkeiten recht deutliche ökonomische Ergebnisse. Der größte Nutzen liegt in der Konzentration des bisher auf viele Abfertigungen zersplitterten Stückgutaufkommens. Diese Tatsache ermöglicht u. a.

das Auslasten der Transportmittel von Eisenbahn und Kraftverkehr,
das Bilden von Fernwagen,
das Senken der Umladeleistungen und
das Einsparen von Güterwagen im Stückgutverkehr.

Die gegenwärtig bestehenden Knotenbereiche wurden zunächst territorial unabhängig voneinander gebildet. Zweifellos wird sich der zur Zeit erreichte ökonomische Nutzen noch erhöhen, wenn das gesamte Territorium der DDR in den Stückgut-Knotenverkehr einbezogen ist und der Kraftverkehr alle Stückguttransporte zwischen Orten benachbarter Knotenbereiche übernommen hat. Eisenbahn und Kraftverkehr unternehmen deshalb alle Anstrengungen, die zweite Entwicklungsstufe baldmöglichst abzuschließen.
Die Beseitigung des Parallelverkehrs im Stückgutverkehr der Eisenbahn und im Sammelladungsverkehr der Spediteure — die dritte Entwicklungsstufe — wurde als Übergangslösung so geregelt, daß der Sammelladungsverkehr nur noch in den Relationen aufrechterhalten wird, in denen wöchentlich mindestens zwei volle Wagen abgesandt werden. Alle übrigen Verbindungen wurden aufgelöst und in den Stückgut-Knotenverkehr überführt.

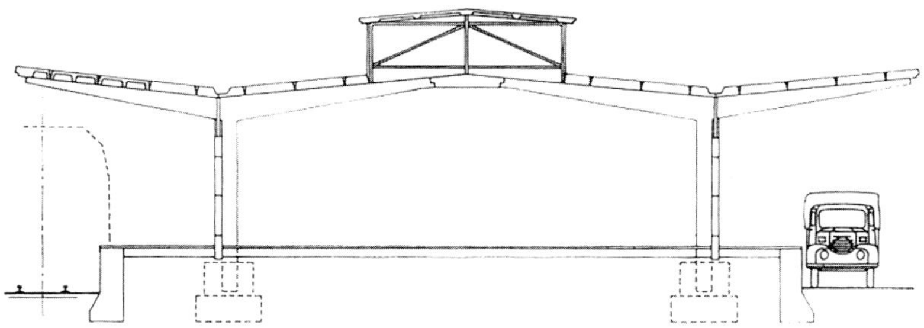

6 *Querschnitt durch die moderne Güterhalle einer Knotengüterabfertigung*

Dadurch werden unnötige Sammelzeiten für Stückgüter vermieden und der Sammelladungsverkehr wird insgesamt beschleunigt. Mit der vollen Aufnahme des Stückgut-Knotenverkehrs sollen nach und nach alle bestehenden Sammelgutrelationen in den allgemeinen Stückgutstrom eingegliedert werden.

Die nächsten Aufgaben organisatorischer Art

Der Stückgut-Knotenverkehr erfordert für alle Beteiligten (Eisenbahn, Kraftverkehr, Industrie und Handel) neue Rechtsnormen, weil die entsprechenden Bestimmungen der Eisenbahnverkehrsordnung (EVO) den neuen Bedingungen nicht mehr entsprechen. Durch diese neuen Rechtsnormen sind insbesondere zu regeln:

die Beförderungspflicht für Eisenbahn und Kraftverkehr,
die Frachtbriefvorlage als Transportanmeldung,
die tage- und richtungsweise Annahme von Stückgut,
die Angabe der Masse (früher Gewicht) durch den Absender und
die einheitlichen Lieferfristen für den Gesamttransport.

Eisenbahn und Kraftverkehr werden künftig den Stückgutverkehr gemeinsam als Verkehrsgemeinschaft entsprechend den Prinzipien des einheitlichen sozialistischen Verkehrswesens abwickeln. Deshalb müssen die Stellung dieser Verkehrsgemeinschaft, ihre Aufgaben, Pflichten und Rechte gesetzlich festgelegt werden. Diese verwaltungsrechtliche Vereinbarung wird schließlich die Grundlage für die Rechtsbeziehungen zwischen den Kraftverkehrsbetrieben und den Reichsbahnämtern bilden, wodurch später die zur Zeit noch gültigen Rollfuhrverträge abgelöst werden.

Auch die Tarife sind neu zu ordnen, wofür inzwischen wertvolle Vorarbeit geleistet wurde. Der künftige Stückguttarif wird die neue Qualität der Zusammenarbeit von Eisenbahn und Kraftverkehr dokumentieren. Er soll deshalb u. a. auf folgenden Grundsätzen beruhen:

auf einheitlichem Frachtsatz vom Haus des Absenders bis zum Haus des Empfängers,
auf der Luftlinienentfernung und der Masse des Gutes als Grundlage der Frachtberechnung und
auf dem Freimachungszwang, das heißt auf der Vorausbezahlung der Fracht.

Aufbauend auf diesem Tarif und auf den neuen Rechtsnormen für den Stückgut-Knotenverkehr wird es möglich sein, ein neues vereinfachtes Abfertigungsverfahren einzuführen, das zum Ziel hat, die bisher getrennten Arbeitsgänge beider Partner zu einem einheitlichen Arbeitsablauf zu verschmelzen und Doppelarbeiten bei beiden Verkehrszweigen weitestgehend abzuschaffen. Die Konzentration der Abfertigungsarbeiten bei den Knotengüterabfertigungen wird ferner ermöglichen, im größeren Umfang Buchungsmaschinen einzusetzen, wodurch übersichtlichere Unterlagen gewonnen werden können und die Arbeitsproduktivität bedeutend gesteigert wird.

Mechanisierung des Stückgutumschlags

Wie eingangs erwähnt, muß gleichzeitig mit den organisatorischen Maßnahmen zur Reorganisierung des Stückgutverkehrs auch die technische Weiterentwicklung planmäßig vorangetrieben werden. Die vierte Entwicklungsstufe sieht deshalb die schrittweise Mechanisierung des Stückgutumschlages durch Gabelstapler und Paletten sowie die Erweiterung des Behälterverkehrs vor. Damit sollen hauptsächlich die schweren körperlichen Arbeiten im Stückgutumschlag beseitigt und die Arbeitsproduktivität entscheidend gesteigert werden, um das bei den Knotengüterabfertigungen verstärkt anfallende Stückgut reibungslos und möglichst ohne zusätzliche Arbeitskräfte umschlagen zu können.
Gerade der Paletten- und Behälterverkehr bieten die Voraussetzungen, daß der Stückgutumschlag innerhalb der gesamten Transportkette vom Erzeuger über die Verkehrszweige bis zum Verbraucher komplex mechanisiert werden kann. Diese Forderung ist deshalb so wichtig, weil die Gesamtaufwendungen für den Transport teilweise zwischen 20 und 80 Prozent des Wertes der Ware schwanken. Durch Mechanisierung und Rationalisierung aller Transportarbeiten werden die Kosten erheblich gesenkt, wobei selbstverständlich ist, daß die verladende Wirtschaft und die Verkehrszweige die Transportrationalisierung gemeinsam betreiben. So müssen zum Beispiel alle am Güterverkehr Mitwirkenden einheitliche Transportgefäße, einheitliche Mechanismen wie Gabelstapler usw. verwenden.
Entscheidende Voraussetzung für die Mechanisierung des Stückgutumschlages ist das Bilden von Ladeeinheiten in Kleinbehältern oder auf Paletten. Dadurch werden viele Einzelstücke zu einer größeren Lade- und Transporteinheit zusammengefaßt.
Die Deutsche Reichsbahn stellt zu diesem Zweck folgende Transporthilfsmittel bereit:
Kleinbehälter (vgl. Eisenbahn-Jahrbuch 1963, Seite 121) sowie Flach- und Boxpaletten mit den Abmessungen 800 × 1200 mm. Zur Gewährleistung eines rationellen Paletteneinsatzes hat die Deutsche Reichsbahn das Palettenaustauschverfahren eingeführt, an dem alle Transportbeteiligten, die eigene Standardpaletten besitzen, teilnehmen können. Dadurch verfügen diese Transportbeteiligten stets über einen gleichgroßen Palettenpark, der Rücktransport leerer Paletten vom Empfänger zum Absender wird vermieden und wertvoller Transportraum eingespart.
Von dem Palettenaustauschverfahren wird gegenwärtig noch zu wenig Gebrauch gemacht, weil die Industrie zum Teil noch unterschiedlich mit Paletten ausgerüstet ist. Es gehen jedoch immer mehr Industriezweige und Betriebe dazu über, ihren Transportablauf auf den Palettenverkehr umzustellen. Nach internationalen Erfahrungen lassen sich etwa 70 bis 80 Prozent des gesamten Stückgutaufkommens palettieren oder zu Ladeeinheiten zusammenfassen. Es gilt deshalb, den Transportbeteiligten die Vorteile des Palettenverkehrs zu erläutern. Wichtig ist vor allem zu erkennen, daß die Palette bereits beim Absender gebildet und erst beim Empfänger wieder aufgelöst wird. Nur so wird der Palettenverkehr innerhalb der gesamten Transportkette nutzbringend.
Eisenbahn und Kraftverkehr müssen in diesem Zusammenhang mehr als bisher ihre technischen Einrichtungen — insbesondere an den Nahtstellen der Transportkette — den neuen Bedingungen anpassen. Hierzu gehören LKW-Ladekrane für den Paletten- und Behälterumschlag, verstellbare Ladebrücken an den straßenseitigen Ladebühnen der Güterhallen zur Überwindung der Höhenunterschiede zwischen dem Hallenfußboden und den Ladeflächen der LKW usw. Aber auch die Transportbeteiligten können durch entsprechende Rampen, Hubbühnen und dergleichen den Paletten- und Behälterumschlag erleichtern und beschleunigen helfen.

Bauliche Gestaltung der Stückgutumschlagplätze

Die Reorganisation des Stückgutumschlages wirkt sich auch auf die Güterverkehrsanlagen aus, weil die Zusammenarbeit von Eisenbahn und Kraftverkehr und die damit verbundene neue Technologie des Stückgutumschlages neue Bedingungen stellt.
Das ist bei der Rekonstruktion sowie beim Neubau von Güterverkehrsanlagen entsprechend zu berücksichtigen. Diese Forderungen betreffen u. a. den Flächenbedarf der Güterhallen, die Tragfähigkeit des Fußbodens für Gabelstapler und andere Förderzeuge, die notwendigen Verkehrswege für diese Geräte, die Breite der Ladebühnen, die Stützenfreiheit der Hallen, die Breite und Höhe der Tore usw.
Auch die Zuordnung der einzelnen Räume im Abfertigungsgebäude muß der Technologie des Stückgut-Knotenverkehrs entsprechen. Dabei ist grundsätzlich davon auszugehen, daß die Beschäftigten sowohl der Eisenbahn als auch des Kraftverkehrs in der Knotengüterabfertigung arbeiten und die Anlagen gemeinsam nutzen.
Die »Arbeitsgemeinschaft für die bauliche Gestaltung von Güterverkehrsanlagen« hat inzwischen Grundsätze für die Ausgestaltung von Knotengüterabfertigungen erarbeitet (Abb. 6).
Es ist beabsichtigt, die Güterverkehrsanlagen für den Stückgut-Knotenverkehr auf der Grundlage dieser Ausarbeitungen schrittweise zu rekonstruieren oder auszubauen.

Dipl.-Ing. WERNER ADNER
und Dipl.-Ing. HORST SCHENDEL

Containerverkehr in Vergangenheit und Zukunft

Rückblick auf den bisherigen Containerverkehr bei der Deutschen Reichsbahn

Der Behälter als dauerhaftes und wiederholt verwendbares Gefäß, das zur Aufnahme von Gütern unterschiedlicher Beschaffenheit dient, ist keine Erfindung des 20. Jahrhunderts. Er ist von den Urformen an (wie Krüge, Körbe und Kisten) bis zu den heutigen modernen Transport-Großbehältern mit der Entwicklung der Produktivkräfte verbunden.

Die Transportbehälter haben die Funktion, das eingeladene Gut als geschlossene Ladung bis zur Entnahme am Bestimmungsort zusammenzuhalten, gleichgültig, welche Transportwege und Verkehrsmittel benutzt werden. Deshalb haben die Verkehrsmittel und der Stand der Umschlagstechnik die Form und die Größe der Behälter maßgeblich beeinflußt, wobei selbstverständlich die Faktoren Berücksichtigung fanden, die den Schutz des Gutes und den wirtschaftlichen Nutzeffekt in der Transportkette vom Erzeuger zum Verbraucher betreffen.
In der internationalen Verkehrspraxis setzt sich für die Transportbehälter mit einem Rauminhalt von 1 m³ immer mehr die Bezeichnung »Container« durch.
Die ersten Ansätze eines Containerverkehrs bei der Deutschen Reichsbahn fallen etwa in das Jahr 1925. Im Vordergrund stand hierbei infolge der damals herrschenden kapitalistischen Produktionsverhältnisse weniger

1 Großbehälter bei der Deutschen Reichsbahn vor etwa 40 Jahren

3 Postcontainer heute im Überseehafen Rostock (Seite 74)

2 Vor etwa 40 Jahren: Großbehältertransport bei der DRG

GES. MASSE
800 Kg
MAX. TRAGKRAFT
20 Mp
DR 20-00029
Gkt
Tara 2050kg
Deutsche Post
FÜR

die Absicht, ein Rationalisierungsmittel für den kombinierten Verkehr anzubieten, als vielmehr ein Mittel im Konkurrenzkampf gegen den aufkommenden Güterkraftverkehr einzusetzen. Erst in den folgenden Jahren setzte sich die Erkenntnis durch, daß der Container zu einer vernünftigen Arbeitsteilung zwischen Schiene und Straße beitragen kann.

Wegen der damals nur beschränkten Möglichkeiten für den Einsatz großer Container wurden vorzugsweise rollbare Kleincontainer geschaffen, die in ihrem Grundaufbau bereits den heutigen Typen A, B und C entsprachen. 1933 hatte die Deutsche Reichsbahn einen Park von über 6500 Kleincontainern, der bis 1939 auf etwa 30000 Stück anstieg.

An größeren Containern mit einer Ladefähigkeit bis zu etwa 4 t waren 1934 nur 111 und 1939 erst 300 Stück vorhanden.

Der zweite Weltkrieg und die nachfolgenden schweren Jahre des Wiederaufbaus unserer Volkswirtschaft unterbrachen die Entwicklung des Containerverkehrs.

1945 verfügte die Deutsche Reichsbahn lediglich über rund 8000 Kleincontainer und einige wenige große Container, die jedoch nur in örtlichen Verkehrsverbindungen eingesetzt wurden. Von 1956 bis 1968 wuchs der Bestand auf etwa 40000 Kleincontainer an.

Nicht unerwähnt bleiben soll, daß im gleichen Zeitraum die ansehnliche Anzahl von insgesamt 401000 Paletten und S-Behältern angeschafft wurden und daß damit die dominierende Rolle des Kleincontainers als eines Mittels zur Bildung von Ladeeinheiten bis 1 t immer mehr dahinschwand.

Die Entwicklung von Großcontainern als Hauptelement eines modernen Containerverkehrs begann in der Deutschen Demokratischen Republik in den Jahren 1958/59. Gleichzeitig wurden im Exportverkehr nach der UdSSR beigestellte sowjetische Container mit einer Bruttomasse von 2,5 t eingesetzt. Die bis 1961 von der Deutschen Reichsbahn beschafften Container haben ein eigenes Rollwerk (pa-System), worüber im Eisenbahn-Jahrbuch 1963 (Seite 123ff.) ausführlich berichtet wurde.

Untersuchungen über das effektivste System der Container bis zu einer Bruttomasse von 5 t ergaben jedoch, daß Container ohne Rollwerk dem pa-System wirtschaftlich überlegen sind und daß eine im Modulsystem aufeinander abgestimmte Größenreihe von Containern der Laststufe 2,5 t und 5 t am zweckmäßigsten ist. Folglich wurden in der Deutschen Demokratischen Republik ab 1962 Containertypen der Gattungen E und D entwickelt, von denen die Deutsche Reichsbahn insgesamt 6010 Stück im Dienst hat (vgl. Tabellen 1 und 2).

Die Container der Gattungen D und E bieten einen Laderaum an, der nur einen Teil eines Güterwagens ausmacht. Daher eignen sie sich für den Transport von Sendungen, die wegen ihrer Partiegröße keinen ganzen Güterwagen in Anspruch nehmen oder wegen ihrer Abmessungen keinen größeren Laderaum erfordern. Damit sind bereits die Grenzen dieser Container grob abgesteckt. Größere und zur Containerbeförderung geeignete Sendungen können zwar in mehreren Containern verladen und versandt werden.

Tabelle 1 Containerbestände der Deutschen Reichsbahn (Stück)

Jahr	Kleincontainer A, B, C	Großcontainer D	E (pa)	E	Transcontainer G
1958	16850	—	3	—	—
1959	19260	—	135	—	—
1961	21830	—	330	—	—
1963	25545	—	330	84	—
1964	28715	15	300	402	—
1965	32040	315	300	727	—
1966	34640	1132	300	1547	—
1967	37140	1939	300	2562	—
1968	39600	2400	300	3310	400

Tabelle 2 Containergestellungen und Versandmengen (Container der Deutschen Reichsbahn und anderer Bahnverwaltungen)

Jahr	Kleincontainer Gestellungen (Stück)	Kleincontainer Versandmenge (t)	Großcontainer Gestellungen (Stück)	Großcontainer Versandmenge (t)
1958	434180	186700	3000	3600
1960	547025	228000	5150	9200
1962	598975	260500	11000	18800
1964	684025	342000	24080	45800
1966	781010	340000	40620	80300
1967	746145	324000	62980	133300
1968[1]	758600	335000	76000	168000

[1] Jahresergebnis nach dem 1. Halbjahrergebnis geschätzt

Die Anzahl der dann erforderlichen Umschlagsoperationen läßt sich jedoch verringern, wenn Container doppelter oder gar vierfacher Länge verwendet werden. Solche Container nennt man Transcontainer.

Bei einem massenhaften Einsatz von Transcontainern ergeben sich weitreichende Konsequenzen im Verkehrswesen und in der übrigen Wirtschaft, angefangen von der notwendigen Konzentration des Containerverkehrs auf relativ wenige Bahnhöfe, die mit hochleistungsfähigen Umschlagsanlagen sowie Straßenzustellfahrzeugen auszurüsten sind, über die Umprofilierung des Fahrzeugparks der Eisenbahn, der Verkehrs- und Betriebsanlagen bis zur Anpassung der Güterbeförderungstechnologie und der Lagerwirtschaft an das neue Transportsystem und anderes mehr.

Nachdem in der Deutschen Demokratischen Republik erste Voraussetzungen für die umfassende Einführung eines modernen Transportsystems mit Transcontainern geschaffen worden waren und sich die Tendenzen der internationalen Standardisierung abgezeichnet hatten, wurden 1967/68 die ersten Maßnahmen eines umfangreichen Programms eingeleitet, das im Prognosezeitraum als eines der strukturbestimmenden Vorhaben unserer Volkswirtschaft verwirklicht wird.

Im Raw »7. Oktober« Zwickau wurden die Prototypen geschlossener Transcontainer der Gattung 10 (F) und 20 (G) mit einer Bruttomasse von 10 t und 20 t entwickelt und Vorbereitungen für die teilautomatisierte Serienproduktion eingeleitet.

Bis Ende 1968 hatte die Deutsche Reichsbahn bereits 400 Transcontainer in ihren Betriebspark eingestellt.

Das Container-Transportsystem (CTS) der Deutschen Demokratischen Republik

Der frühere Containerverkehr bei der Deutschen Reichsbahn beruhte im wesentlichen auf der Anpassung des Containers an die vorhandenen Fahrzeuge und Anlagen. Das Neue der im Jahr 1968 eingeleiteten Entwicklung besteht darin, daß sich nicht nur der Container, sondern auch die Fahrzeuge und Anlagen aller Verkehrsträger sowie die dafür in Betracht kommenden Mechanismen, Technologien und Organisationsformen den Er-

4

5

fordernissen eines umfassenden Containerverkehrs anpassen müssen. Das alles findet seinen Niederschlag in einem System, das die Voraussetzungen für die komplexe Mechanisierung und Automatisierung ganzer Abschnitte der Transportkette schafft.
Die Einführung spezieller Zugverbindungen zwischen relativ wenigen, aber hochleistungsfähigen Knotenpunkten, die als Anfangs- und Endbahnhöfe der Containerzüge und als Nahtstellen zwischen dem Flächenverkehr und dem Schnellverkehr auf der Schiene fungieren, ergibt schließlich ein neuartiges Gütertransportsystem der Eisenbahn, das Containerzugsystem.
Der Containerzugverkehr begann in unserer Republik am 29./30. Juni 1968, und zwar auf der ersten Containerzugstrecke Dresden—Berlin — Rostock. Damit ist nicht nur eine neue, höhere Stufe des Containerverkehrs eingeleitet worden. Es wurde zugleich der Grundstein für umwälzende Veränderungen bei der weiteren Rationalisierung des sozialistischen Verkehrswesens in Fortführung der wissenschaftlich-technischen Revolution gelegt.
Während die bisherige Konzentration des Güterverkehrs auf Stückgut- und Wagenladungsknoten schon einen großen Fortschritt für eine ökonomisch zweckmäßige Arbeitsteilung der Verkehrsträger bedeutet, zwingt das Containerzugsystem zu einer noch größeren Konzentration und zur Herausbildung eines neuen Typs von Knotenpunkten, den Containerzentren (Terminals).
Es wird angestrebt, daß leistungsfähige fahrbare Portalkräne in den Güterverkehrsanlagen der Containerzentren die ein- oder ausfahrenden Containerzüge in kurzen Zeiten entladen oder beladen, ohne daß dazu besondere Rangierbewegungen erforderlich werden. Wenn also keine Züge mehr aufzulösen oder zu bilden sind, können geschlossene Zugeinheiten zwischen zwei oder mehr Containerzentren verkehren. Daraus erwachsen neue Möglichkeiten für die Fahrzeugentwicklung und den Fahrzeugbau. So wie im Reiseverkehr können an Stelle von Einzelwagen Gliederzugeinheiten oder kurzgekuppelte Flachwageneinheiten in festen Relationen eingesetzt werden.
Das Containerzugsystem bedingt die Weiterbeförderung oder den Antransport der Container durch Sattelfahrzeuge, die den Vor- und Nachlauf zu den Containerzügen übernehmen, wodurch der Haus-Haus-Verkehr gewährleistet wird. Auf diese Weise werden den Verkehrskunden feste Fahrpläne im Güterkursbuch angeboten. Diese Fahrpläne für den Haus-Haus-Verkehr sollen den Grundsatz verwirklichen: tags laden, nachts fahren, morgens entladen.
Die Transportselbstkosten des Verkehrswesens werden sich erst dann merklich verringern, wenn der Gütertransport mit Containerzügen einen größeren Umfang angenommen hat. Dagegen hat die verladende Wirtschaft schon mit Einführung der ersten Containerverbindung der DDR einen Nutzen zu verzeichnen (Einsparung von Ladearbeiten, Senkung von Verlusten und Warenbeschädigungen beim Umladen, direkte Zu-

4 Containertransport heute: Einfahrt zum Containerbahnhof Berlin, Frankfurter Allee

5 Umsetzen der Container mit Hilfe eines Eisenbahnkrans

6 Zustellfahrzeug W 50 mit Ladebügel VRN 5 für Container der Gattungen D und E

7 Containerumschlag mit Autokran

6

7

führung der Güter bis zum Empfänger, planmäßige Bereitstellung der Container zur Entladung im normalen Arbeitszyklus des Empfängers, rechtzeitige Vorankündigung der Frachten und damit rationelle Disposition der Arbeitskräfte, Verringerung der Frachtkosten usw.). Darüber hinaus geben bereits erste Einzelbeispiele Aufschluß über weitere Rationalisierungsmöglichkeiten. So kann zum Beispiel in drei Betrieben des VEB Vereinigte NE-Metall- und Hüttenkombinat Hettstedt bei einem Aufwand von 2,6 Millionen Mark für Ausrüstungen und 0,25 Millionen Mark Bauanteil ein jährlicher volkswirtschaftlicher Nutzen von 1,46 Millionen Mark erzielt werden. In zwei Werken tritt der Nutzen hauptsächlich durch Einsparung von Verpackung (15 bis 50 M/t) ein.
Integrierender Bestandteil des Containerzugsystems ist der Container. Er muß sowohl in ein modernes Gütertransportsystem des eigenen Landes wie auch in die progressiven Transportsysteme anderer Länder eingeordnet werden; er muß außerdem in Konstruk-

8 Abfahrt eines Containerzuges in Dresden

tion und Hauptabmessungen eine Vollmechanisierung und schließlich Automatisierung wichtiger Prozesse innerhalb der Transportkette erlauben.
Dem Container-Transportsystem der Deutschen Demokratischen Republik wird eine Typenreihe zugrunde gelegt, die einen weltweiten Einsatz der Container ermöglicht und die Standardisierungsbestrebungen der Internationalen Standardisierungsorganisation (ISO) berücksichtigt. Es handelt sich um die Transcontainer-Typenreihe, die der Internationale Eisenbahnverband (UIC) am 1. Juli 1967 durch UIC-Merkblatt 592 in Kraft gesetzt hat und die auf einem Längenmodulsystem mit einheitlichem Querschnitt ($2438\,^{0}_{-5}$ mm × $2438\,^{0}_{-5}$ mm) beruht.

Der größte Containertyp dieser Reihe (Gattung 40) beansprucht eine Fläche, die zwei Container der Gattung 20, vier Container der Gattung 10 usw. einnehmen können. Das Modulsystem gestattet, die Ladeflächen der Fahrzeuge und Schiffe wirtschaftlich auszunutzen, allerdings unter der Voraussetzung, daß die Transportmittel in ihren Hauptabmessungen mit der Container-Typenreihe abgestimmt sind (Tabelle 3).

Funktion der Containerbahnhöfe

Das Container-Transportsystem in der DDR sieht die Einrichtung von Containerzentren und Containerumschlagplätzen vor.
Containerzentren werden an bedeutenden Konzentrationspunkten der Wirtschaft und des Verkehrswesens gebildet. Das sind im wesentlichen die Großstädte und Bezirkshauptstädte.
Die Konzentration des Containerverkehrs auf etwa 80 Bahnhöfe sichert ein genügend großes Aufkommen, um leistungsstarke Umschlagsmechanismen und Straßenzustell-

Tabelle 3 Containerarten der Deutschen Reichsbahn und Hauptabmessungen

Ausführungsform	Gattung	Bruttomasse (t)	Eigenmasse (t)	Laderaum (m^3)	Außenabmessungen Länge (mm)	Außenabmessungen Breite (mm)	Außenabmessungen Höhe (mm)	Innenabmessungen Länge (mm)	Innenabmessungen Breite (mm)	Innenabmessungen Höhe (mm)	Zeitpunkt der Einführung	Bemerkungen
Geschlossen[1] [2]	20 Gkt	20	2,05	30	6055	2435	2435	5890	2315	2180	1968	1 zweiflüglige Stirnwandtür; Türflügel um 270° öffenbar
	10 Fkt	10	1,3	14	2990	2435	2435	2835	2315	2180	1969	1 zweiflüglige Stirnwandtür
	20 Gakt	20	2,05	30	6055	2435	2435	5890	2315	2180	1969 (Muster)	1 zweiflüglige Stirnwandtür; öffnungsfähiges Dach
	20 Gktt	20	2,05	30	6055	2435	2435	5890	2315	2180	1968 (Muster)	je eine Tür an Seitenwänden
	30	25			9125	2435	2435					
	40	30		63	12190	2435	2435					
Offen[3]	20				6055	2435	1220 / 2435				1969 (Muster)	Stirnwandklappen / Seitentür und Stirnwandklappen
Flat	20				6055	2435					1969 (Muster)	Offen, Rahmen aus Profilstahl, durch Verstrebungen verstärkt

1) Bei Gattung 20 sind weitere Spezialausführungen mit gleichen Hauptabmessungen für Flüssigkeiten, Kühl- und Schüttgut vorgesehen

2) Besondere Ausführung für den Transport von Flachglas bei Gattung 10 vorgesehen

3) Weitere Ausführung mit Bodenklappe für Schüttgüter vorgesehen

fahrzeuge wirtschaftlich einsetzen und die Containerzüge voll auslasten zu können. Das Verkehren von Containerzügen und der Containerumschlag an den Nahtstellen Schiene/Straße stellen an den Güterverkehr und an die Bahnhöfe neue Anforderungen.

Bei der Projektierung, dem Bau und der Rekonstruktion der Containerbahnhöfe muß von den spezifischen Aufgaben der Containerzentren und -umschlagplätze ausgegangen werden. Die Containerzentren haben vorwiegend Containerladungen zu behandeln. In Zukunft werden auf den bedeutenderen täglich über 1000, auf den größten sogar mehr als 2000 Container umzuschlagen sein. Die Container werden mit Straßenfahrzeugen, Containerzügen und einzeln laufenden Güterwagen zu- und abgefahren. Die Gleise der Containerzentren sind so an die Streckengleise und übrigen Bahnhofsgleise anzubinden, daß die Containerzüge betrieblich behandelt sowie einzelne Güterwagen oder Wagengruppen von den Rangiergleisen aus mit dem geringsten betrieblichen Aufwand zugeführt werden können. Es hat sich als zweckmäßig erwiesen, drei oder vier Gleise zu einer Gruppe zusammen. zufassen, die von einem Portalkran oder von mehreren überspannt sind. Auf größeren Containerzentren werden mehrere solcher Gleisgruppen angelegt, zwischen denen sich Abstellflächen und Fahrwege für Straßenfahrzeuge und Flurfördermittel befinden.

Containerumschlagplätze haben ein geringeres Containeraufkommen. Sie werden je nach Verkehrsaufkommen mit stationären oder mobilen Umschlagseinrichtungen ausgerüstet. Je nach ihrer Lage zum Containerzugnetz sind ihre Funktionen unterschiedlich.

Befindet sich ein Containerumschlagplatz an einer Containerzuglinie, so werden Con-

9 Ankunft des Straßenfahrzeugs

9 bis 12: Technologie des Containerumschlags:

10 Anheben des Containers

tainerzüge dort kurzen Aufenthalt haben, um ankommende Container entladen oder abzusendende verladen zu können. Das bedingt, daß die Züge in die Gleise der Umschlagsanlage ein- und ausfahren sowie schnell arbeitende Umschlagsgeräte vorhanden sein müssen. Die angekommenen Container werden wie in den Containerzentren mit Kraftfahrzeugen oder einzelnen Güterwagen weiterbefördert, sofern nicht eine Zuführung in Anschlußgleisen zweckmäßig ist. Für die Bereitstellung der einzeln laufenden Wagen sind besondere Gleise vorzusehen.

Soweit die Containerumschlagplätze außerhalb des Streckennetzes der Containerzüge liegen, kann die Anlage relativ einfach gestaltet werden, weil Ein- und Ausfahrt nicht durch Signale gesichert werden müssen.

Beide Arten von Containerumschlagplätzen werden in den meisten Fällen auf Bahnhöfen anzulegen sein, auf denen der Wagenladungsumschlag schon konzentriert worden ist. Bei der Rekonstruktion bestehender Bahnhöfe und bei der Ausarbeitung der Technologien muß beachtet werden, daß sowohl Wagenladungen als auch Container ohne gegenseitige Behinderung umgeschlagen, mit Kraftfahrzeugen zu- und abgefahren und zeitweilig gelagert werden können.

Der Stückgutverkehr wird in das Container-Transportsystem einbezogen, so daß die Stückgutverkehrsanlagen künftig am Sitz der Containerzentren und -umschlagplätze einzurichten und die bestehenden in die neue Technologie einzuordnen sind.

Die schnelle Beförderung der Container im internationalen Verkehr erfordert eine weitestgehende Vereinfachung der Zollabfertigung auf den Grenzbahnhöfen und in den Seehäfen. Es ist daher anzustreben, daß die zu exportierenden Containersendungen bereits im Binnenland verzollt werden.

Um die vor allem auf einem Containerzentrum zu bewältigenden vielfältigen Prozesse, wie

— betriebliche Behandlung der Containerzüge und -wagen,
— Beladen und Entladen der Containerzüge, der Einzelwagen und Kraftfahrzeuge,
— Zwischenlagern der nicht sofort weiterzubefördernden Container,
— Lagern von noch nicht abverfügten Leercontainern,

— Abfertigen der Containersendungen,
— Disponieren der Kraftfahrzeuge, Container und Umschlagsmechanismen,
— Unterhalten der beweglichen und unbeweglichen Ausrüstung,

mit hoher Effektivität und unter Gewährleistung einer schnellen, sicheren und pünktlichen Containerbeförderung abzuwickeln, bedarf es einer straffen Organisation.
Die Kommandostellen des Containerzentrums müssen im Rahmen eines Dispatchersystems untereinander und mit den Kranführern durch Fernsprech- oder Sprechfunkverbindungen verbunden sein.
Ein gut aufeinander eingespieltes Kollektiv mit vielseitig ausgebildeten Mitgliedern wird alle Aufgaben meistern und in der Lage sein, bei notwendig werdenden Abweichungen vom Musterarbeitsplan schnell zu reagieren und die erforderlichen Arbeiten mit der notwendigen Raschheit auszuführen.

11 Übersetzen von Straßenfahrzeug auf Eisenbahnwagen

12 Absetzen des Containers

Stand der internationalen Vereinheitlichung der Container

Die internationale Vereinheitlichung der Container ist für die Einführung eines Container-Transportsystems und für die daraus abzuleitende Containertechnik von großer Bedeutung. Besonders die letzten Jahre brachten erhebliche Fortschritte. Allerdings sind die Vereinheitlichungsbestrebungen noch nicht zum Abschluß gekommen; der augenblickliche Stand ist bei den einzelnen Containertypen unterschiedlich.

Großcontainer

Für Container der Größenordnung von 2,5 t bis 7 t gibt es bereits vereinheitlichte Typen oder zumindest Standardisierungsvorschläge. Im nationalen und internationalen Verkehr haben sich diese Container — besonders die mit einer Bruttomasse von 5 t — bewährt. Das hat unter anderem seinen Grund darin, daß solche Container einen Laderaum anbieten, der den gegenwärtig von vielen Transportkunden abgefertigten Partiegrößen weitestgehend entspricht. Damit eignen sich derartige Container unter den augenblicklichen Bedingungen vor allem für den Haus-Haus-Verkehr im Binnenverkehr und im Verkehr zwischen den europäischen Ländern. Das ist auch einer der Gründe, weshalb im Technischen Komitee 104 der Internationalen Standardisierungsorganisation (ISO/TC 104) eine neue Arbeitsgruppe gebildet wurde, die die Bedingungen für die Vereinheitlichung von Containern mit einer Bruttomasse bis zu 5 t untersucht. Für sie werden die Vorzüge der in der OSShD vereinheitlichten Typen, denen auch die Container der Deutschen Reichsbahn entsprechen, von Interesse sein, nämlich

— gute Ausnutzung des Regellichtraums der Eisenbahn,
— maximale Ausnutzung der Ladebreite der größtenteils vorhandenen Schienen- und Straßenfahrzeuge,
— maximale Ausnutzung des Container-Laderaums durch die europäischen Poolpaletten.

Transcontainer

Als Transcontainer bezeichnet die UIC — wie erwähnt — die Container der Gattungen 10 bis 40, also Container mit einer Bruttomasse von mehr als 7 t bis zu 30 t. Es handelt sich hierbei um vereinheitlichte Container der ISO-Reihe 1.

Bereits viele Länder benutzen die Standardisierungsvorschläge der ISO als Grundlage ihrer Containertechnik, auch wenn sich in diesen die besonderen Bedingungen des Seeverkehrs widerspiegeln.

Entwicklungstendenzen im Containerverkehr

Der Weltbestand an Containern mit einer Länge von 20 bis 40 Fuß (6058 bis 12192 mm) wurde 1967 auf rund 85000 Einheiten geschätzt. Davon entfallen

39000 (46%) auf Container von 20 Fuß Länge,
11000 (13%) auf Container von 40 Fuß Länge und
35000 (41%) auf nichtstandardisierte Container.

Container der Gattung 20 (20 Fuß) werden vor allem in Europa und Asien an Bedeutung gewinnen. Den Containern der Gattung 40 (40 Fuß) wird eine große Zukunft besonders im Nordatlantikverkehr vorausgesagt.

Der gegenwärtig gebräuchlichste Typ ist mit etwa 77 Prozent der geschlossene Container für stückiges Gut. Der Container mit öffnungsfähigem Dach hat einen Anteil von 10 Prozent, der Thermoscontainer von 7 Prozent, der Kühlcontainer von 4 Prozent, der Flüssigkeitscontainer von 1 Prozent sowie das Container-Flat ebenfalls von 1 Prozent.

Tabelle 4 Containerverkehr auf der Nordatlantikroute (geschätzt)

Jahr	containerfähige Gutmenge (Mill. t)	davon in Containern befördert (Mill. t)	(%)
1967	7,399	0,37	5
1970	8,565	1,713	20
1975	10,931	8,198	75

Die Stahl-Leichtmetall-Bauweise ist am häufigsten vertreten. Ihr folgen Konstruktionen aus Aluminium-Sperrholz und Ganzstahl.

Das Weltaufkommen an Stückgut betrug 1967 etwa 430 Millionen t. Hiervon wurden in Containern nach einer Schätzung rund 50 Millionen t befördert. Für die kommenden Jahre wird mit einem erheblichen Aufschwung gerechnet. Tabelle 4 gibt zum Beispiel die Voraussage für den Nordatlantikverkehr wieder.

Vorsichtigere Schätzungen beziffern den Anteil der 1975 in Containern transportierten Gutmenge im Nordatlantikverkehr allerdings nur auf 30 bis 40 Prozent.

Im Stückgutverkehr der Seeschiffahrt zeichnete sich schon seit Jahren der Übergang zum Containerverkehr ab. Das blieb nicht ohne Auswirkungen auf die Landverkehrsmittel. Sowohl die Kraftverkehrsunternehmen als auch die Eisenbahnen Westeuropas sehen im Containerverkehr neue Möglichkeiten, sich einen hohen Anteil am Gütertransport zu sichern. Daher rückt die Forderung nach einem umfassenden Containerverkehr innerhalb Europas immer mehr in den Vordergrund. Daher will man die Chance, die der Container zur Rationalisierung des Güterverkehrs bietet, nutzen; sie bietet sich in der Bildung von Containerzügen ohne rangierdienstliche Behandlung, der Einrichtung großer Containerzentren (Terminals) und der Bedienung der Verkehrsfläche durch Kraftfahrzeuge.

Damit erhebt sich ganz allgemein die Frage nach der Einführung neuartiger Transportsysteme im Güterverkehr und nach der Zweckmäßigkeit der bisherigen Vereinheitlichung der Transcontainer. Man trachtet danach, die Container den Bedingungen des Landtransports besser anzupassen, das heißt,

— den konstruktiven Aufwand zu verringern, zum Beispiel durch geringere Anforderungen an die Stapelbarkeit,
— den Regellichtraum der Eisenbahn sowie die Ladeflächen der Güterwagen besser auszunutzen,
— den Container-Laderaum durch die Poolpaletten mit einer Ladefläche von 800× 1200 mm vorteilhafter auszunutzen.

13 Sattelfahrzeug für den Containertransport

14 Gütertransport in Containern

Die neuen Vorschläge erstrecken sich auf die Container der Gattungen 20 bis 40. Dabei wird besonders erwogen, den Container-Querschnitt (Schmalseite und Höhe) von 2438 auf etwa 2500 mm zu vergrößern. Gegenwärtig beschränkt nämlich die Straßenfahrzeugbegrenzungslinie in den meisten Ländern die Schmalseite des Containers und der Straßenfahrzeuge für den Regelverkehr auf 2500 mm. Für die fernere Zukunft wird sogar erwogen, die Schmalseite der Container bis auf 2700 mm zu erweitern, um den Wirkungsgrad der Containertechnik noch mehr zu erhöhen. Es ist offensichtlich, welche Problematik sich aus diesen Überlegungen ergibt. Sie zu lösen bedarf langjähriger Vorbereitung.

Entscheidend ist, daß bei der Untersuchung der Gegenwartsfragen solche weitreichenden Gesichtspunkte nicht außer acht gelassen werden. Wichtig ist ferner, daß die derzeitige Containertechnik, insbesondere die Fördermittel- und Umschlagstechnik, berücksichtigen muß, daß sich der Querschnitt der Container auf 2500 × 2500 mm vergrößern kann. So wurden beispielsweise von der Deutschen Bundesbahn schon entsprechende Container entwickelt.

In der DDR geht es in den Jahren bis 1970 darum, den wissenschaftlich-technischen Vorlauf für die Einführung eines Container-Transportsystems zu schaffen und seine allumfassende Erprobung abzuschließen. Es ist vorgesehen, bis 1970 in folgenden Verkehrsknoten entsprechende Kräne für den Containerumschlag einzusetzen: Dresden, Berlin, Rostock, Karl-Marx-Stadt, Leipzig (ab 1968); Magdeburg, Erfurt, Halle, Zwickau, Neubrandenburg, Sonneberg, Cottbus.

Darüber hinaus wurden 1968 erste Containerliniendienste der Seeverkehrswirtschaft ab Rostock eingeführt und wird 1969 der Anschluß der Containerzuglinien der DDR an das internationale Eisenbahnnetz hergestellt. Dazu werden bis Ende 1969 Container der Gattung 20 mit Stirnwandtüren, mit Seitenwandtüren, ferner Kühlcontainer und Container-Flats für eine Bruttomasse von 20 t sowie Container der Gattung 10 bereitgestellt. Die Entwicklung und Erprobung weiterer Containertypen wird vorbereitet. Insgesamt sollen im Jahr 1970 die Voraussetzungen für den Transport von 2 Millionen t Gütern geschaffen werden. Das ist die Basis für die weitere rasche Entwicklung des Containerverkehrs in der DDR.

Ein Schiff stellt sich vor

Ing. WERNER SCHULZ, Berlin

Kaum merklich setzt sich MFS »Warnemünde«, das zweite Motorfährschiff der Deutschen Reichsbahn, in Bewegung. Zuerst zentimeterweise, dann immer schneller entfernt sich die »schwimmende Gleisanlage« von den bisher eng mit ihr verbundenen Schienensträngen des Fährbahnhofs an der Warnow. Mit zunehmender Geschwindigkeit gleitet es aus dem Fährbett, das wenige Wochen zuvor noch Caissonarbeiter und Taucher bei strengem Frost, Schnee und Eis eigens für das über 136 m lange und fast 18 m breite Schiff herrichteten. An diesem Tag — es ist der 23. Mai 1963 — sind noch keine Eisenbahnfahrzeuge via Gedser durch die geöffnete Bugklappe aus 6 bis 8 mm starkem Stahlblech auf die drei Gleise von insgesamt 315 m nutzbare Länge gerollt; denn morgen will sich das moderne Schwesterschiff der »Saßnitz« in Kopenhagen erst der dänischen Bevölkerung vorstellen, ehe es zwei Tage später mit Fahrplanwechsel offiziell den Trajektverkehr zwischen der DDR und Dänemark aufnimmt.
Am Heck der »Warnemünde« weht in der Abendbrise die Handelsflagge der Deutschen Demokratischen Republik und auf dem Heckmast die Reedereiflagge der Deutschen Reichsbahn. Und zu Ehren des zu besuchenden Landes ist am Signalmast die Flagge des Kongeriget Danmark — des Königreichs Dänemark — gehißt. An dieser eindrucksvollen Vorstellungsfahrt möchte ich Sie, lieber Leser, teilnehmen lassen.
In der Dämmerung versinken die Strandkörbe. Die Lichter der vielen Hotels und Laternen auf der Strandpromenade von Warnemünde werden immer kleiner. Das schneeweiße Schiff durchschneidet mit dem Achtersteven die aufkräuselnden Ostseewellen. Auf der Reede verliert es an Fahrt und wendet (ohne daß die vier Hauptmaschinen mit je 2400 PS bei 275 Umdrehungen je Minute ihren Drehsinn ändern) dank der verstellbaren Propelleranlage fast auf der Stelle, so daß jetzt der Bug auf Kurs Nord-Nord-Ost zeigt. Das ist das Charakteristische an der »Warnemünde«: Während die »Saßnitz« nur eine Heckklappe hat und deshalb über Heck in die Fährbetten von Trelleborg und Saßnitz einlaufen muß, fährt die »Warnemünde«, die eine Bugklappe für das Trajektieren auf der Route Warnemünde—Gedser und eine Heckklappe für den Einsatz in den Wintermonaten auf der Saßnitz—Trelleborg—Linie besitzt, in Warnemünde und in Gedser über Bug in die Fährbetten ein und verläßt diese über Heck. —
Mich fröstelt. Die Hände in die Manteltaschen vergraben, den Kragen hochgeschlagen, verlasse ich das Peildeck, steige den Niedergang an Steuerbord hinab und betrete die vordere Brücke. Der hier während des Ablegemanövers etwas verwaiste Kommandostand (bei Rückwärtsfahrt wird das Schiff von der achteren Brücke aus gesteuert) ist jetzt besetzt. Ich lehne an der Steuerbordverkleidung und schaue auf den Kartentisch. Das matte Licht einer verstellbaren Leuchte fällt auf die Seekarte, auf der der 2. Offizier Schönfelder den Kurs einträgt.
Der Mann am Ruder bedient durch ein kleines Rad, das viel kleiner als das Steuerrad eines »Trabant« ist, spielerisch leicht das Schiff mit 6620 t Wasserverdrängung.
In wenigen Stunden werden wir in Dänemark sein. Es ist in Europa das klassische Land der Eisenbahnfähren. Die Fähren bildeten überhaupt die Grundlage für die Entwicklung des Eisenbahnverkehrs in diesem Staat mit seinen 484 Inseln.

Bereits im Jahre 1844 tauchte erstmals der Gedanke auf, eine Fährverbindung über den Großen Belt zu schaffen. Doch die erste Fährroute der Welt richtete im Jahr 1851 Schottland ein, und zwar über den Firth of Forth.
Als die Eisenbahnen auf Seeland, der größten dänischen Insel, 1873 um die auf der südlich vorgelagerten Insel Falster verlängert worden waren, wurde eine Postdampferlinie zwischen Nyköbing und Warnemünde eröffnet. Diese Linie genügte bald nicht mehr den Ansprüchen; deshalb trat auf Betreiben der »Deutsch-Nordischen-Lloyd«-Gesellschaft an ihre Stelle im Jahre 1886 eine Dampfschiffverbindung auf der 42 km langen Strecke Gedser—Warnemünde, die »dem Transport von Personal, Gütern und lebendem Vieh diente«, wie es im amtlichen Journal hieß. Auch Post wurde befördert. Die Vereinigte Dampfschiffahrtsgesellschaft in Kopenhagen setzte dafür den Tourendampfer »Edda« ein. Am 1. Juli 1901 übernahm die Großherzogliche Generaldirektion der mecklenburgischen Friedrich-Franz-Eisenbahn, die 1884 die Eisenbahnlinie Neustrelitz—Warnemünde in ihre Regie bekommen hatte, den Schiffsdienst in eigene Rechnung. Der Schiffsverkehr entwickelte sich recht befriedigend. Er bekam aber durch die direkte Eisenbahnverbindung durch Schleswig-Holstein sowie durch die Dampferlinie Kiel—Korsör starke Konkurrenz. So entschlossen sich die dänische und die mecklenburgische Regierung, ab 1. Oktober 1903 Eisenbahnwagen direkt mit Fährschiffen von Gedser nach Warnemünde zu überführen. Warnemünde erhielt einen völlig neuen Hafen und einen neuen Bahnhof an der Stelle, wo sie heute noch sind, die Warnow leitete man in ein neues Bett. Beide Eisenbahnverwaltungen stellten zunächst je ein eingleisiges Fährschiff — die später je zwei Gleise bekamen — in Dienst. Jedes war 85 m lang und 15 m breit.

1 *Prominentester Gast der Eröffnungsfahrt des MFS »Warnemünde« war Lotte Ulbricht*

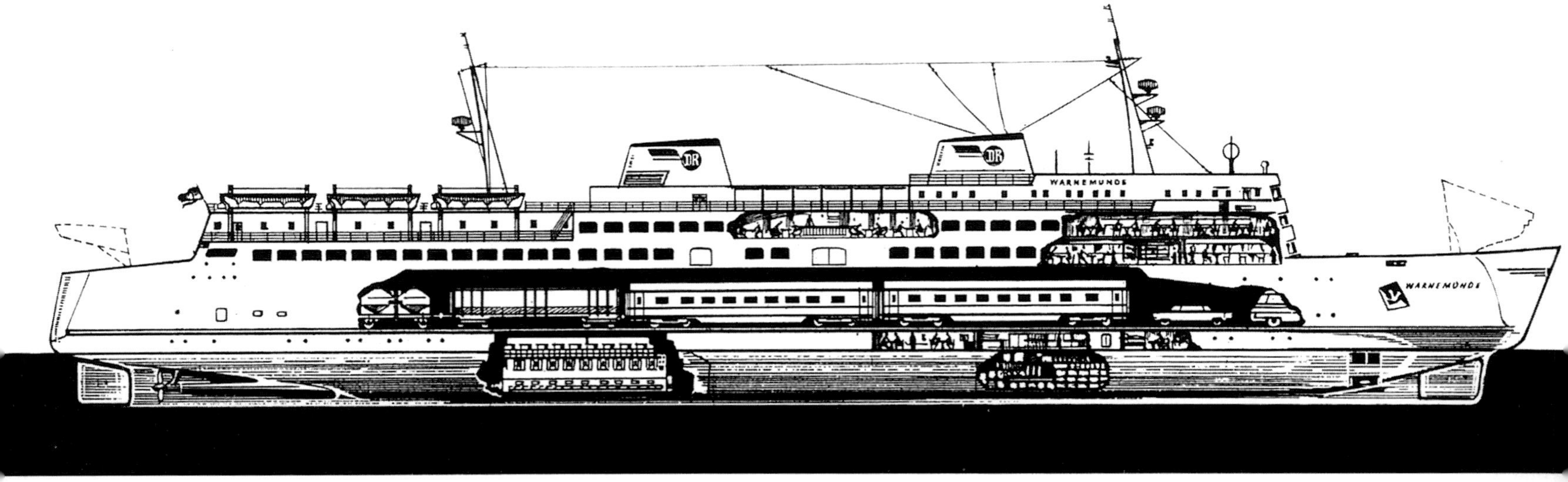

2 *Die wichtigsten technischen Daten des MFS »Warnemünde«:*

Länge über alles	*136,44 m*
Breite über Scheuerleiste	*17,70 m*
Seitenhöhe bei Peildeck	*20,25 m*
Seitenhöhe bei Wagendeck	*7,35 m*
Tiefgang	*4,80 m*
Wasserverdrängung	*6620 t*
Dienstgeschwindigkeit	*17,5 kn*

Antriebsanlage: 4 Dieselmotoren vom Typ 9 NVD 66 Au (je 2400 PS)

Das Fährschiff besitzt sieben Decks (von oben nach unten): Peil-, Brücken-, Boots-, Promenaden-, Plattform-, Wagen- und Zwischendeck. Die Gleisanlagen auf dem Wagendeck haben bei asymmetrischer Beladung eine nutzbare Gleislänge von 315 m

3 *Von stetig steigendem Interesse sind die traditionellen Fährrouten vom europäischen Festland nach Skandinavien: Warnemünde—Gedser und Saßnitz—Trelleborg*

4 *Die»Warnemünde« nachts in ihrem Heimathafen. Als diese Aufnahme am 1. 10. 1963 gemacht wurde, bestand die Fährverbindung Warnemünde—Gedser 60 Jahre*

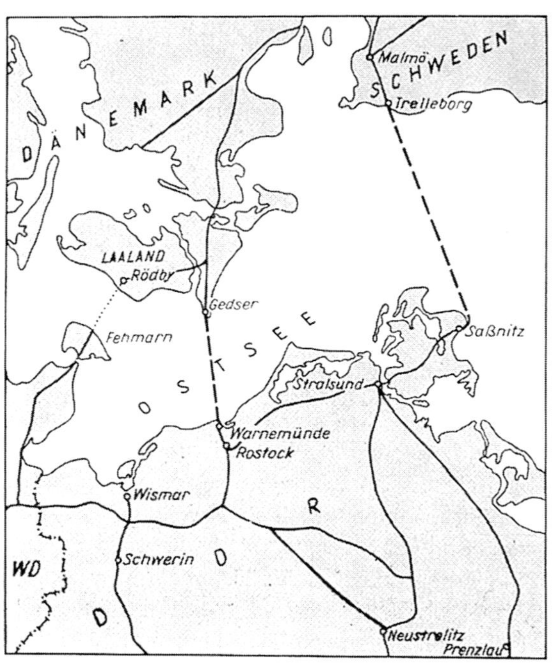

3

»Friedrich Franz IV.« hieß das deutsche, »Prinzessin Alexandria« das dänische Schiff, beide Raddampfer. Die später den Fährbetrieb übernehmenden »Mecklenburg« und »Prinz Christian« waren dagegen Schraubendampfer.

Diese Fährroute stellt wie auch die sechs Jahre später (am 7. Juli 1909) eröffnete Trajektlinie auf dem »Königsweg« Trelleborg—Saßnitz die kürzeste Eisenbahnverbindung von Skandinavien nach Süd- und Südosteuropa her.

Beide Fährlinien haben sich außerordentlich bewährt, vor allem im Güterverkehr. Die Zahlen der letzten Jahre sprechen für sich:

Jahr	Gütermenge (in Tonnen)	Anzahl der Reisenden	Anzahl der Kraftfahrzeuge
Fährroute Saßnitz—Trelleborg			
1955	426000	30590	609
1958	578000	84877	3601
1962	1150600	88332	7076
1963	1328827	104339	8465
Fährroute Warnemünde—Gedser			
1955	70855	5904	44
1958	110578	14582	904
1962	155977	32683	4091
1963	172728	49891	6150

Die große Bedeutung des Fährverkehrs zwischen dem europäischen Festland und Skandinavien spiegelt sich gegenwärtig auch darin wider, daß folgende Transiteilgüterzüge in TEEM-Verbindungen (Trans-Europ-Express-Marchandises) über die Strecken der Deutschen Reichsbahn fahren:

TEEM 403:	Budapest—Děčin—Saßnitz—Trelleborg—Stockholm (48 Std.)
TEEM 413:	Budapest—Děčin—Warnemünde—Gedser (39 Std.)
TEEM 611:	Bologna—Brennero—Innsbruck—München—Hof—Saßnitz—Trelleborg—Malmö (51 Std.)
TEEM 720:	Stockholm—Saßnitz—Erfurt—Bebra (41 Std.)

TEEM 793/95: Hamburg—Hagenow-Land—Saßnitz—Trelleborg—Stockholm oder Oslo (33 oder 38 Std.)

Nach dem Ende des zweiten Weltkrieges hielten zunächst schwedische und dänische Fährschiffe den Verkehr über die Ostsee allein aufrecht. Am 6. Juli 1959 stellte die Deutsche Reichsbahn MFS »Saßnitz« für die Linie Saßnitz—Trelleborg in Dienst, und ab 26. Mai 1963 verkehrt die zweite Eisenbahnfähre der Deutschen Reichsbahn auf der traditionellen Route nach Dänemark.
Im Jahre 1951 wurde neben diesen beiden Fährlinien eine dritte zwischen dem Festland und den dänischen Inseln eingerichtet, von Großenbrode in Westdeutschland nach Gedser. Da sich der Seeweg auf 69 km (also um ein Drittel gegenüber dem von Warnemünde nach Gedser) erhöhte, griff man einen alten Gedanken auf, eine Brücke über den Fehmarn-Sund zu bauen, so daß sich der Seeweg auf 18,5 km verkürzte. Im Mai 1963 wurde der Fährverkehr auf der sogenannten Vogelfluglinie zwischen Puttgarden (Fehmarn) und Roedby (Lolland) aufgenommen. Die neue Verkehrsverbindung hat den schon seit langem geplanten Bau einer kombinierten Eisenbahn-Straßenbrücke über den Oere-Sund in den Vordergrund gerückt, der aber wie die Eisenbahnanlagen über den Fehmarn-Sund und auf den Inseln Fehmarn und Lolland (Laaland) sehr kostspielig sein wird.

Zweifellos hat die neue Fährlinie den direkten Verkehr zwischen Westdeutschland und Dänemark, die beide der NATO angehören, verbessert, aber der technisch interessante Bau dient offensichtlich politischen Zwecken. Die NATO-Politiker, vor allem die in Westdeutschland, erhoffen sich von diesem Fährverkehr nicht nur neuen Profit, sondern beabsichtigen damit, ihre aggressiven Ziele im Ostseeraum durchzusetzen; sie wollen die Ostsee als Aufmarschgebiet benutzen. Doch das Kräfteverhältnis hat sich auch im Ostseeraum verändert; der deutsche Imperialismus wurde zurückgedrängt. Zu den sieben Ostsee-Anliegerstaaten gehören fünf, die entweder als sozialistische oder als neutrale Staaten für die friedliche Koexistenz eintreten. Jetzt besteht dadurch die reale Möglichkeit, die Ostsee zu einem Meer des Friedens zu machen.

Diesem Zweck dienen die Fährschiffe der Deutschen Reichsbahn, die auf volkseigenen Werften gebaut wurden und das Emblem der friedlichen Arbeit führen: Hammer und Zirkel im Ährenkranz.

Etwa zehn Monate zuvor – am 8. Juli 1962 – lief die »Warnemünde« vom Stapel, und die Schiffbauer des VEB Neptunwerft Rostock statteten ihr Erzeugnis mit höchster technischer Vollkommenheit aus. 800 Fahrgäste kann das Schiff befördern, 634 davon finden Sitzplätze in heizbaren Räumen.

Sieben Kabinen stehen den Passagieren, die während der Überfahrt ruhen wollen, zur Verfügung. Eine Garage – wie auf der »Saßnitz« – befindet sich nicht an Bord; Kraftfahrzeuge werden auf dem Hauptdeck, dem Wagendeck, untergebracht und haben dort vor Güterwagen den Vorrang. –

Das Nebelhorn ertönt nun schon eine Weile, die Ausgucks sind verstärkt, die Schotten geschlossen; das Radargerät ist besetzt. Die Nebelschwaden werden dichter; Kapitän Breitsprecher veranlaßt – eine übliche Sicherheitsvorkehrung –, die Geschwindigkeit herunterzusetzen; das Schiff macht mäßige Fahrt. In Abständen von zwei Minuten heult fünf Sekunden lang das Schiffstyphon warnend auf. Die sich ständig drehende Antenne strahlt in einer Sekunde etwa 1000 Impulse aus. Auf dem Radarschirm sehe ich den ausgesandten Strahl rotieren, der an verschiedenen Stellen grünlich schimmernde Punkte hinterläßt. Das sind Schiffe, die die Impulsfolgen reflektieren. Am Rande sind mattierte Flecke sichtbar, die Küste Dänemarks, genauer gesagt, die Insel Mön.

Es ist schon sehr spät, müde verlasse ich die Brücke und begebe mich in eine der Schlafkabinen. In jeder Kabine können zwei bis vier Reisende ruhen; Waschbecken, Sitzgelegenheiten und eine Schreibecke machen den Raum behaglich. Außerdem gibt es noch Räume für Mutter und Kind.

Ich lege mich nieder. Noch immer tönt das Nebelhorn. Das Schiff fährt ruhig. Unwillkürlich denke ich an die Sicherheit der Fahrgäste. Was ist, wenn ...? Und ich erinnere mich, was mir Kapitän Breitsprecher sagte. Abgesehen davon, daß das Schiff auf seiner Route nicht mehr als 13 Seemeilen, also rund 24 km, von der Küste entfernt sein kann, und somit eine schnelle Hilfe von Land aus jederzeit möglich ist, können 300 Personen in Rettungsbooten und 960 in Rettungsinseln, die innerhalb weniger Sekunden einsatzbereit sind, Platz finden. Das sind rund ein Drittel mehr Rettungsplätze, als Personen an Bord sein könnten.

Als ich am Morgen auf das Bootsdeck komme, liegt das Schiff vor Anker. Der Nebel hat sich noch nicht verzogen. An Steuerbord ragt schemenhaft ein festes Seezeichen aus dem Wasser. Es ist Drongden, das gleichzeitig eine Lotsenstation in sich birgt. Um 7.54 Uhr kommt der dänische Lotse an Bord. Freundlich begrüßen ihn Chefkapitän Konti und Kapitän Breitsprecher. »Anker auf!« kommt das Kommando von der Brücke an den Bootsmann. Polternd läuft die Ankerkette, bis der 4 t schwere Anker aus dem Wasser auftaucht und in die Ankertasche gleitet. Um 8.16 Uhr setzen wir die Reise fort. An Backbord kommt die Insel Amager in Sicht. »Kopenhagen backbord voraus!« ruft jemand. Unseren Kurs kreuzt die dänische Fähre »Absalon«, die

5 *Zentimeterweise setzt sich das Schiff in Bewegung. Die noch soeben mit den Hafengleisen verbundenen Schienen sind getrennt. Gleich wird sich die Bugklappe schließen. 30 Güterwagen von je 10 m Länge (oder 11 D-Zugwagen von je 25 m Länge) sind an Bord*

6 *Die Eingangshalle auf dem Promenadendeck*

nach Malmö unterwegs ist. Die »Warnemünde« schwenkt nach Backbord und läuft mit mäßiger Fahrt um 9.25 Uhr in den Hafen von Kopenhagen ein. Menschen laufen auf dem Kai zusammen, winken; Autos halten an. Dann wirft der Bootsmann die Fangleine zum Pier hinüber, die ein dänischer Hafenarbeiter geschickt auffängt. 10.02 Uhr ist das Fährschiff an der Langen Linie, Liegeplatz vier, zwischen zwei Schiffen fest vertäut. Eine Gangway wird angebracht. Chefkapitän Konti geht auf den Pier und wird dort vom Leiter der Verkehrsvertretung der Deutschen Demokratischen Republik in Kopenhagen, Mühlner, herzlich empfangen.

Um 12.00 Uhr kommen — wie vorgesehen — die ersten Gäste an Bord. Der Leiter der Hauptverwaltung des Betriebs- und Verkehrsdienstes der Deutschen Reichsbahn, Dipl.-Wirtsch. des JJ Karl-Heinz Bürger, und der Chefkapitän heißen die dänischen Besucher willkommen: die Vertreter der Dänischen Staatsbahnen, wie Generaldirektor Skov, Distriktchef von Kopenhagen Kristensen, Oberingenieur Bai, Betriebsdirektor Kohnsen, Baudirektor Thorning-Christensen, Maschinendirektor Christensen, ferner viele höhere Staatsbeamte, offizielle Persönlichkeiten aus Wirtschafts-, Handels- und Verkehrskreisen Dänemarks, schließlich diplomatische Vertreter der sozialistischen Staaten und einen Vertreter der Österreichischen Bundesbahn. Sie alle versammeln sich in der geschmackvoll ausgestatteten Eingangshalle auf dem Promenadendeck. Dann findet der offizielle Empfang im Speisesalon auf dem Bootsdeck statt. In der Mitte des sich über die ganze Schiffsbreite erstreckenden Speisesaals steht nach skandinavischer Art ein Smörgäsbord. Dieser ist 5 m lang; in den Kühl- und Wärmefächern befinden sich Speisen. Am Smörgäsbord bedient sich der Gast selbst mit einem warmen oder kalten Vorgericht, während der Steward das Hauptgericht serviert. Überall sieht man anerkennende und zum Teil auch staunende Blicke; es herrscht eine herzliche Atmosphäre. Am Tisch sitzen neben mir der TASS-Vertreter, eine dänische Kollegin, die für ADN korrespondiert, und ein Pressevertreter von »Land og Folk«. Wir verständigen uns mit deutschen, russischen, englischen und dänischen Vokabeln; reichen sie nicht aus, so geht es auch mit Gesten.

24 große rechteckige Fenster gestatten jedem Besucher einen weiten Blick auf Kopenhagen und den Hafen.

Chefkapitän Konti lädt zum Rundgang durch das Schiff ein. Wir verlassen den gastlichen Speisesalon, damit auch das Vorschiff, und gehen nach Steuerbord, zur Veranda. Hier können 18 Flugzeugsessel mit verstellbaren Rückenlehnen 36 Ruhebedürftigen Platz bieten. Die breiten Fenster geben einen herrlichen Blick auf die See frei. Anschließend gelangen wir in eine andere Veranda an Steuerbord, den sogenannten Wintersalon. Eigentlich könnte die Veranda auch Bar oder Restaurant genannt werden, je nach Verwendungszweck. Die Architekten haben es meisterhaft verstanden, diesen Raum stilvoll zu gestalten.

Von den Vestibülen auf dem Bootsdeck, die sich im Achterschiff und im Vorschiff befinden, führen Treppen nach unten zum Promenadendeck und nach oben zum Brückendeck. Auf dem Brückendeck — so benannt nach den beiden Kommandobrücken — laden im Freien stehende Bänke zum Verweilen ein, eine Gelegenheit, die sich viele dänische Gäste nicht entgehen lassen, um einmal von hier ihre Vaterstadt zu betrachten.

Doch der Rundgang ist noch nicht beendet. Im Achterschiff auf dem Bootsdeck wartet noch der Rauchersalon auf uns. Die Rückwand ist mit einer künstlerisch gestalteten Silhouette von Rostock verziert. Die Wandflächen bestehen aus Palisanderholz. Von der mattgelben Decke fällt wohltuendes Licht aus den querschiffs angebrachten Rinnen mit über 180 Leuchtröhren. Punktstrahler beleuchten die Servicetische. In der Mitte des Salons steht, von Blumen eingefaßt, ein hellgrauer Flügel. Von hier aus kann auch eine Musikkapelle zum Tanz aufspielen.

Ein anderes Schmuckstück ist auf dem Promenadendeck im Vorschiff zu sehen, die Cafeteria, eine Selbstbedienungsgaststätte nach skandinavischer Art. Die Wände sind mit hellgelben Tapeten bedeckt, die hellgrauen Pilaster zwischen den Fenstern mit farbigen Metallblättchen dekoriert; Deckenleuchten und Stangenleuchten tragen rote Schirme. Auf einer Ankündigungstafel können die Gäste warme und kalte Speisen vorwählen und durch Drücken eines der farbigen Knöpfe bestellen. Das Bedienungspersonal kann, ohne vom Gast gesehen zu werden, durch einseitig durchsichtige Spiegelglastüren das Selbstbedienungsbüfett überwachen, um die zur Neige gehenden Speisen sofort zu ergänzen. Durch Kühl- oder Heizplatten bleiben die Gerichte in der erforderlichen Temperatur.

Der Chefkoch — Mitarbeiter der MITROPA — erläutert den Besuchern die Kombüseneinrichtungen. In sieben Aufzügen wird das Essen zu den Anrichten gebracht, und das benutzte Geschirr gelangt völlig automatisch in die Geschirrwaschmaschine. Das Küchenpersonal — 18 Frauen und Männer, davon acht Spezialisten — verständigt sich

7 Von den über 15000 Streckenkilometern der Schwedischen Staatsbahnen (SJ) sind 50 % elektrifiziert. Der Anteil der elektrischen Traktion an den Transportleistungen beträgt 90 %. Die »Brücke« zum Festland ist der traditionelle »Königsweg« von Trelleborg nach Saßnitz. Hier stieg von 1955 bis 1962 der Güterverkehr und die Anzahl der Reisenden auf das Dreifache, die Anzahl der trajektierten Kraftfahrzeuge sogar auf das Neunfache. Auf dem Bild eine dieselelektrische Lokomotive vom Typ NOHAB-GM

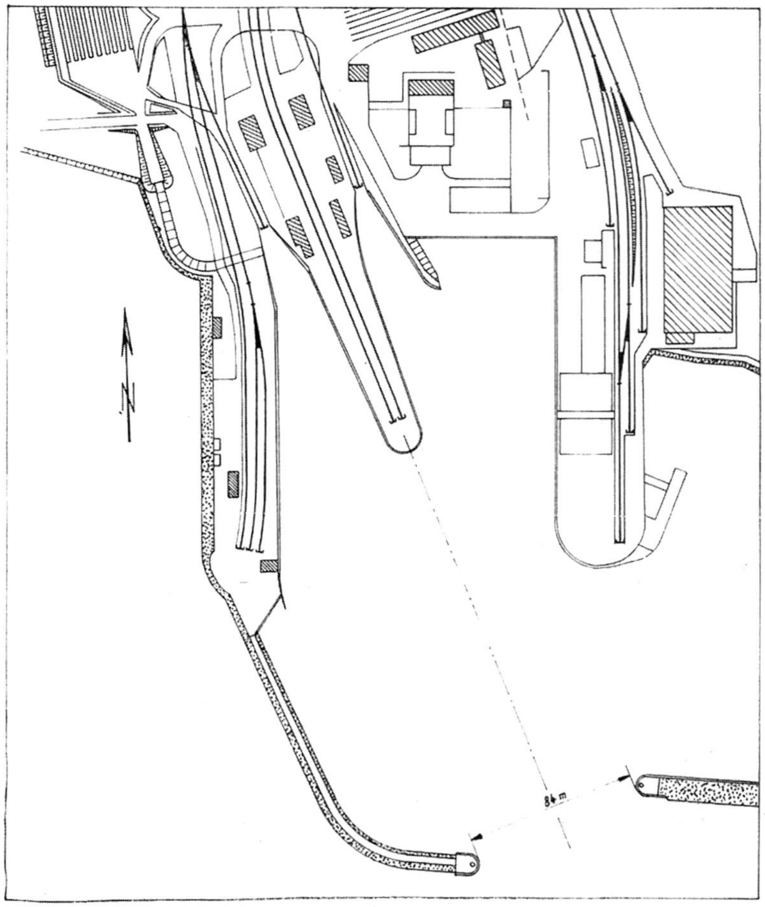

8 *Gleisplan Fährbahnhof Gedser*

9 *Die »Warnemünde« läuft über den Vordersteven in das Fährbett von Gedser ein*

mit dem Bedienungspersonal über eine Wechselsprechanlage. in der Küche kann man vom Brot bis zur Torte, vom feinsten Speiseeis bis zum erlesensten Menü in kurzer Zeit alles selbst herstellen.
Voller Stolz erklärt der Küchenchef: »In zwei Stunden Fährfahrt wollen 700 bis 800 Personen versorgt sein. Dafür sind die Anlagen geschaffen, dazu ist unser Personal geschult.« Und so finden wir Roheiserzeuger, Kühltruhen, Wärmeplatten, elektrische Bratpfannen, Back- und Bratöfen, Schiffskochkessel, Luftkochschränke, Kartoffelschäl- und Waschmaschinen, Kaffeebrühanlagen, Groß- und Kleingrills. Nicht nur die uns begleitenden dänischen Frauen sind begeistert.
Zu den offiziellen Persönlichkeiten und den Pressevertretern gesellen sich jetzt Menschen aller Schichten. Arbeiter, Angestellte, Frauen und besonders viele Jugendliche kommen an Bord und wollen das Schiff aus der DDR besichtigen, unter ihnen Anker Madsen, ein dänischer Werftarbeiter. Er betritt den Boden der DDR nicht zum ersten Mal; er besuchte die Ostseewoche, er kennt Rostock und auch die Neptunwerft. Seine Worte bestätigen, wie richtig die Politik unserer Regierung ist: »Wir dänischen Arbeiter sind ebenfalls an einer friedlichen Entwicklung im Ostseeraum interessiert. Wie so viele andere auch, war ich erst skeptisch durch die hier betriebene NATO-Politik. Jetzt ist das anders, heute habe ich viele meiner Kollegen mitgebracht, denen es genauso erging wie mir. Sie verstehen jetzt alles viel besser. Und von der DDR sprechen sie jetzt mit Hochachtung. Grüßen Sie bitte alle Arbeiter von uns.«
Als ein Werktätiger Kopenhagens Chefkapitän Konti Blumen und ein Geschenk mit den Worten überreicht: »Wir bedauern außerordentlich, daß zu Ihrem Besuch noch kein Vertreter der Regierung anwesend ist. Wir Arbeiter begrüßen Sie aber dafür um so herzlicher!«, wird mir völlig klar, daß unser Schiff Achtung und Anerkennung gefunden hat. Solche Aussprüche bleiben an diesem Tag nicht allein.
Es ist 19.02 Uhr, als es aus dem Bordlautsprecher schallt: »Liebe dänische Freunde. Wir danken für Ihren Besuch, doch nun müssen wir Abschied nehmen!«
Draußen reißt der Strom der Menschen nicht ab. Es ist, als ob die Besucher, die von Bord kommen, ihre Landsleute herbeiholten. Mehrmals muß die Stimme im Lautsprecher mahnend bitten, das Schiff zu verlassen. Dann gibt um 20.10 Uhr Kapitän Breitsprecher das Kommando: »Alle Leinen los!«
Die Menschenmenge auf dem Pier gerät in Bewegung, winkt und winkt. Dann erschallt dreimal »Hurra!«; das Typhon anwortet dreimal. Das Schiff gewinnt an Fahrt. Die Menschen werden kleiner. Wir passieren die Mole. Am abendroten Himmel bleibt Kopenhagen steuerbord achteraus zurück. Wir haben neue Freunde gewonnen.
Inzwischen hat sich die »Warnemünde« auf der Fährroute Gedser–Warnemünde voll bewährt. In den Wintermonaten befährt sie den »Königsweg« Trelleborg–Saßnitz und übernimmt einen stets wachsenden Anteil am Transitverkehr zwischen Skandinavien und dem Kontinent. Eine ausfahrbare Scheuerleiste gleicht die verschiedenen Weiten der Fährbetten aus, so daß die »Warnemünde« im Dreiecksverkehr eingesetzt werden kann.
Die schwedische Eisenbahnerzeitschrift »Signalen« schrieb nach der Eröffnungsfahrt:
»Es muß gesagt werden, daß der Neuankömmling in der Ostsee ein prächtiges Schiff ist.«

V60 1065

Flaggengruß von der „SASSNITZ"

1

Eisenbahn-Mosaik

ausgewählt und erläutert
von Ing. WERNER SCHULZ

Die Schwedischen Staatsbahnen und die Deutsche Reichsbahn vereinbarten, eine neue Reisezugverbindung mit Schnelltriebwagen einzurichten, um dem wachsenden Reisebedürfnis auf dem »Königsweg« Rechnung zu tragen. Seit 1968 verkehrt nun täglich das Expreßzugpaar »Berlinaren« (Berliner) auf der Linie Berlin—Malmö—Berlin.

1 Der »Berlinaren« rollt an Bord des MFS »Warnemünde«

2 SJ-Generaldirektor Erik Upmark (rechts) im Gespräch mit DDR-Verkehrsminister Dr. Erwin Kramer an Bord eines Fährschiffs

3 Bahnhof Trelleborg

4 Hafen Trelleborg, rechts die Fähranlagen; im linken Fährbett die »Drottningen«, dahinter (etwas verdeckt) die »Drottningen Victoria«

3

4

6

8

5 Fähranlage von Trelleborg mit der Fünf-Wege-Weiche

6 Empfangsgebäude vom Bahnhof Malmö Central

7 Weit leuchtet die goldbestickte Schärpe der schwedischen Zugauskunft

8 Bahnhof Malmö Central: Die Dieselleichttriebwagen sind für den Berufs- und Bedarfsverkehr gedacht

9 Auf Bahnhof Malmö Central ein Schnellzug nach Stockholm abfahrbereit

7

9

Reise- und Güterwagen

Ing. GOTTFRIED KÖHLER, Berlin

Reisezugwagen der Deutschen Reichsbahn – Rekonstruktion, Modernisierung und Erneuerung

»Was waren das für Zeiten, als auf den Bahnhöfen noch Brillen und Gesichtsmasken zum Verkauf feilgehalten wurden. Sie sollten den Reisenden einigen Schutz vor der durchrußten Luft gewähren, die während der Fahrt ungehindert gegen sie anströmte«, so schilderte Artur Fürst in seinem 1918 veröffentlichten Buch »Die Welt auf Schienen« den Weg vom »Knochenschüttler« zum Schnellzugwagen mit dem »freundlich wiegenden Lauf«. Er schreibt dann weiter: »Die immer größer werdende Schnelligkeit der Züge erst zwang dazu, die gewaltigen, fest verschlossenen Kapseln zu schaffen, in denen die Menschen heute auf den Bahnstrecken befördert werden.«

In der Tat hatte sich im Reisezugwagenbau damals schon eine große Wandlung vollzogen, die heutzutage allerdings noch erheblich weiter vorangeschritten ist, als Fürst sie vor nahezu 40 Jahren überhaupt ahnen konnte.

Wurden zu Beginn der Eisenbahngeschichte zunächst mit Spurkranzrädern versehene Postkutschen als Schienenfahrzeuge verwendet und später mehrere Postkutschkästen auf einem Untergestell aus Holz zu einem sogenannten Coupéwagen vereinigt, so bildete sich schließlich wegen des wachsenden Verkehrsaufkommens und begünstigt durch den allgemeinen technischen Fortschritt im vorigen Jahrhundert der eisenbahntypische Personenwagen heraus mit seinen ihm eigenen Bestandteilen:

Untergestell, an dem ein aus Radsätzen, Tragfedern, Achslagern und Achshaltern bestehendes Laufwerk sitzt,

Zug- und Stoßvorrichtungen, zu denen Puffer, Zughaken und Kupplung gehören,

Bremseinrichtung sowie

Aufbauten, die sich aus dem Wagenkasten, den Fenstern, Türen und Übergängen sowie den Ausrüstungen (u. a. Beleuchtung, Heizung, Belüftungsanlage und sanitären Einrichtungen) zusammensetzen.

Aus der handwerklichen Kutschenfertigung wurde eine industrielle Fahrzeugproduktion. Jedoch ging jede Bahnverwaltung in Deutschland infolge der nationalen Zersplitterung im Personenwagenbau eigene Wege. In Norddeutschland zum Beispiel bevorzugte man den zweiachsigen Abteilwagen nach englischem, in Württemberg dagegen den Durchgangspersonenwagen mit Drehschemel nach amerikanischem Vorbild. Erst mit der Verstaatlichung der meisten Hauptbahnen um die Jahrhundertwende wurde den unterschiedlichen Entwicklungen Einhalt geboten. Der Personenwagenbau stellte sich von zwei- und dreiachsigen Fahrzeugen auf vierachsige Drehgestellwagen um, da höhere Geschwindigkeiten und ein den längeren Reiseweiten entsprechender Fahrkomfort gefordert wurden.

Als dann im Jahr 1920 die deutschen Ländereisenbahnen in der Deutschen Reichsbahn aufgingen, begann die Zeit des Reisezugwagens der Einheitsbauart in Ganzmetallbauweise. Die zweiachsigen (mit Einstiegbühnen) und auch die vierachsigen Durchgangswagen waren die ersten Ergebnisse dieser Vereinheitlichungsbestrebungen. Der im gleichen Jahr gebildete Wagennormungsausschuß setzte ferner einige Zeit später die Austauschbarkeit von Wagenteilen durch.

Aber auch die anderen europäischen Eisenbahnverwaltungen hatten unterschiedliche Wege im Reisezugwagenbau eingeschlagen. Da sich das jedoch noch auf den grenzüberschreitenden Verkehr hemmend auswirkt, bemühen sich heute die internationalen Eisenbahnverbände OSShD und UIC um einheitliche Wagentypen; zur Zeit werden zunächst die größten Abweichungen beseitigt.

Den Komfort eines den heutigen Ansprüchen genügenden Reisezugwagens für den Fernverkehr kann man etwa so skizzieren:

- gute Laufeigenschaften, auch bei hohen Geschwindigkeiten;
- bequeme Form des Sitzgestühls;
- ausreichende Fläche für einen Sitzplatz im Interesse einer größtmöglichen Bewegungsfreiheit;
- breite Fenster;
- künstliche Beleuchtung mit einer optimalen Ausleuchtung am Sitzplatz;
- angemessene Belüftung, Heizung oder Klimatisierung;
- in angenehmen Farbtönen gehaltene Innenausstattung;
- genügende Anzahl großzügig eingerichteter sanitärer Anlagen (Waschgelegenheit und Toilette);
- den Fahrgastwechsel begünstigende Einstiegsmöglichkeiten.

Diesen Grundforderungen kommt die Deutsche Reichsbahn mit dem Reisezugwagen Typ B nach, der im Eisenbahn-Jahrbuch 1963 (Seite 104) vorgestellt wurde. Diesen vom VEB Waggonbau Bautzen geschaffenen Wagen setzen unter anderem die Deutsche Reichsbahn und die ČSD im Fernreiseverkehr ein.

Für den Reisezugwagen im Mittelstreckenverkehr sowie im Nah- und Berufsverkehr zeichnen sich international ebenfalls einheitliche Entwicklungsrichtungen ab. Da sich der Reisekomfort, der sich unter anderem in der möglichen Bewegungsfreiheit und der Bequemlichkeit für den Fahrgast widerspiegelt, nach dem durchschnittlichen Aufenthalt eines Reisenden im Zug richten muß, eignen sich für diese Verkehrsarten am besten Großraumwagen. Dabei verwendet man möglichst gleiche Fahrzeuggrundtypen, was nicht nur eine gattungsreine Zugbildung und ein einheitliches Zugbild, sondern auch vor allem eine rationelle Erhaltungs- und Unterhaltungswirtschaft zur Folge hat. Diesem allgemeinen Trend entspricht die Deutsche Reichsbahn insofern, als sie im Mittelstreckenverkehr und im Nah- und Berufsverkehr nach einem umfassenden Rekonstruktions- und Modernisierungsprogramm vereinheitlichte Fahrzeuge sowie neue Doppelstock- und Doppelstockgliederzüge einsetzt. Die Notwendigkeit der Rekonstruktion läßt sich allein aus der Tatsache ableiten, daß die Deutsche Reichsbahn Anfang der fünfziger Jahre über rund 3000 vierachsige Personenwagen mit 450 Typen verfügte.

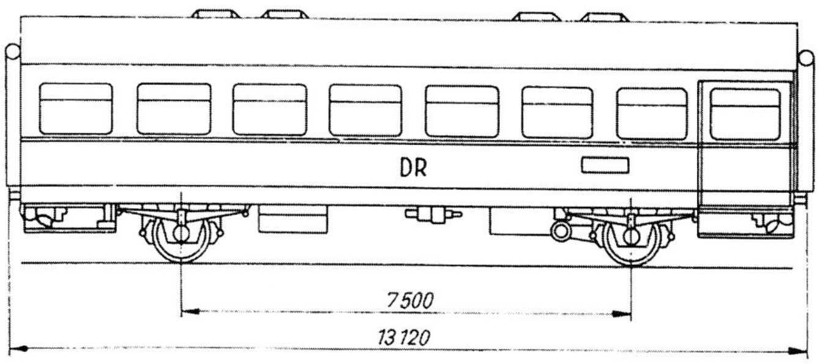

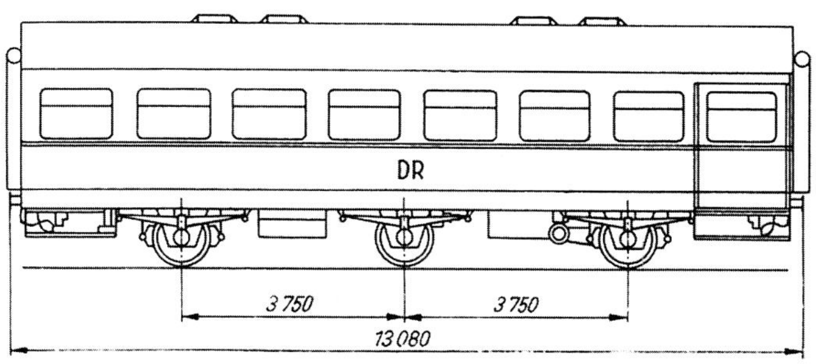

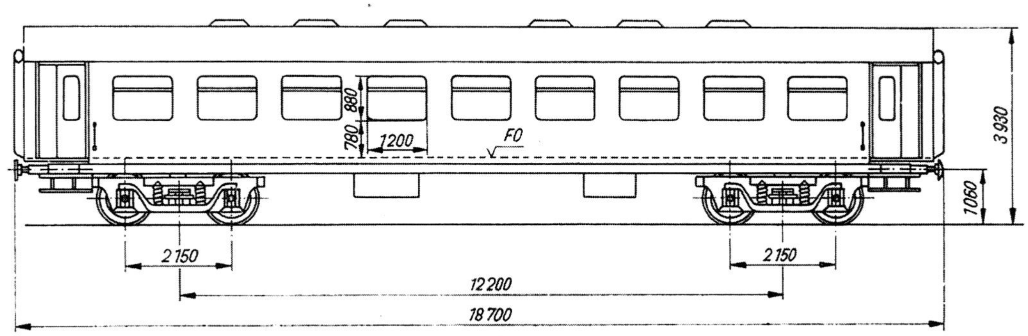

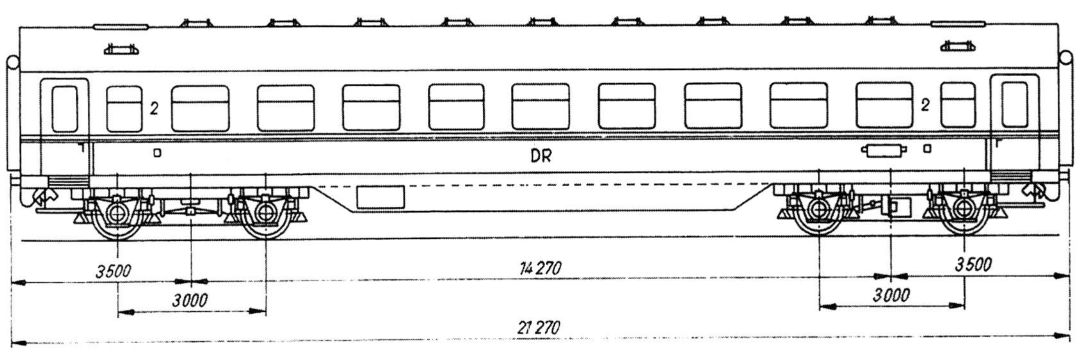

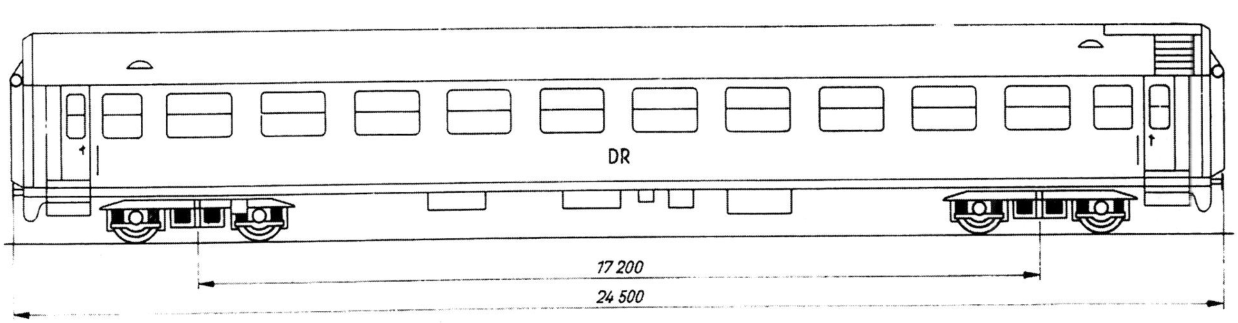

1 *Maßskizzen vom zweiachsigen Reko-Wagen, dreiachsigen Reko-Wagen, vierachsigen Reko-Wagen, Modernisierungswagen und Reisezugwagen Typ B (von oben nach unten)*

1957 begann die Rekonstruktion der zwei- und dreiachsigen Reisezugwagen, die für den Berufsverkehr bestimmt sind. Sieben Jahre später (1964) hatten die Reichsbahnausbesserungswerke Halberstadt und Berlin-Schöneweide etwa 3200 Reko-Wagen fertiggestellt und dem Betrieb übergeben. Danach lief die Rekonstruktion von über 150 Bahnpostwagen und etwa 300 Packwagen. Nachdem auch dieser Umbau beendet ist, kann bei Personenzügen ein einheitliches Zugbild gewahrt werden.
1961 fing das Reichsbahnausbesserungswerk Delitzsch an, die vierachsigen Seitengangwagen zu modernisieren; das Programm ist noch nicht abgeschlossen. Diese Fahrzeuge sind für den Binnenfernverkehr vorgesehen und werden — da auch die neuen Typ-B-Wagen und die Doppelstockgliederzüge den Bedarf hierfür nicht decken — durch rekonstruierte vierachsige Eilzugwagen ergänzt; die Eilzugwagen stellt seit 1965 das Reichsbahnausbesserungswerk Halberstadt her.
Die umfassende Typenbereinigung des Reisezugwagenparks der Deutschen Reichsbahn hat zur Folge, daß in einigen Jahren annähernd zwei Drittel des gesamten Parks an Schnell- und Eilzugwagen aus den Hauptgattungen Typ-B-Wagen, Modernisierungswagen und vierachsiger Reko-Wagen bestehen. Bis zum gleichen Zeitpunkt werden sich die zwei- und dreiachsigen Personenzugwagen vornehmlich aus vier Typen zusammensetzen, und zwar aus rekonstruierten Fahrzeugen und aus Wagen der Einheitsbauart Bi für Nebenbahnen; in etwa 15 Jahren dürften dann alle Wagen dieser Fahrzeugart rekonstruiert sein.

Die Rekonstruktion der zwei- und dreiachsigen Reisezugwagen

Aus elf Haupttypen, in denen jeweils noch verschiedene Bauarten enthalten waren, bestanden in den fünfziger Jahren die zwei- und dreiachsigen Reisezugwagen der Deutschen Reichsbahn. Sie waren nach Zeichnungen der ehemaligen Ländereisenbahnen von Sachsen, Württemberg, Preußen, Bayern, Baden und Mecklenburg gebaut worden; die unzähligen Sonderausführungen der Klein- und Privatbahnen sind dabei noch gar nicht berücksichtigt.
Da es sich meist um Abteilwagen mit nach außen aufschlagenden Türen handelte, war entsprechend der Forderung der Eisenbahn-Bau- und Betriebsordnung der Wagenkasten verhältnismäßig schmal. Auch schmale Fenster, hölzernes Kastengeripppe, Gasbeleuchtung und anderes mehr gehörten zu den charakteristischen Merkmalen dieser bis 1930 gebauten Fahrzeuge, wovon allerdings über zwei Drittel schon vor dem ersten Weltkrieg existierten. Die Generalreparatur eines solchen Fahrzeugs kostete in den letzten Jahren bis zu 30000 Mark, wobei bis zu 1600 Stunden rein handwerklicher Arbeit notwendig und bis zu 2,5 m^3 Hartholz neu eingebaut wurden. Derartige in regelmäßigen Abständen wiederkehrende Aufwendungen, vor allem aber die umfangreiche Ersatzteilhaltung und die Aussichtslosigkeit, die Instandsetzung jemals mechanisieren zu können, gaben den Ausschlag, diese Reisezugwagen zu rekonstruieren. Zudem ergaben ökonomische Vergleiche und Berechnungen, daß sich der Rekonstruktionsaufwand schon in einem Zeitraum von fünf Jahren, also bis zur nächsten Hauptuntersuchung, amortisiert hat. Einsparungen kommen hauptsächlich aus den vorteilhafteren Pflege- und Instandhaltungsmöglichkeiten. Reko-Wagen können nämlich ohne Schwierigkeiten in mechanischen Außenreinigungsanlagen gesäubert werden, und der Tausch- und Ersatzteilvorrat braucht wegen des hohen Standardisierungsgrads nur äußerst gering zu sein; dadurch sind weniger Umlaufmittel für die Lagerhaltung notwendig.
Noch ein Vorteil sei erwähnt: Fast alle Reisezugwagen der älteren Bauart hatten keinen Übergang. Ja, selbst um von Abteil zu Abteil eines Wagens zu gelangen, mußte der Zugschaffner oft während der Fahrt außen das seitliche Laufbrett benutzen. Die Reko-Wagen dagegen sind einheitlich als Durchgangswagen eingerichtet worden und gestatten den Durchgang von Wagen zu Wagen. Das ist nicht nur vorteilhaft für die Kontrolltätigkeit des Zugpersonals, sondern auch für die gleichmäßige Besetzung der einzelnen Wagen und den Ausgleich des Fahrgaststroms im Gesamtzugverband.

Aufbau der zwei- und dreiachsigen Reko-Wagen

Das Untergestell

Die Untergestelle der Reisezugwagentypen P 11, P 12a, P 12b, P 13, P 14a, P 14b, P 15, P 16, P 23, P 25, P 28 und P 29 sind wegen ihres noch verhältnismäßig guten Zustandes für die Reko-Wagen wiederverwendet worden. Dadurch mußten einerseits die voneinander abweichenden Achsstände in Kauf genommen, andererseits die Rahmen durch Anschäften auf eine einheitliche Länge und auf einen einheitlichen Achsstand von 7,5 m bei zwei- und dreiachsigen Wagen gebracht werden. Achsgabeln, Federböcke sowie Bremseinrichtungen wurden nach Möglichkeit am Untergestell belassen. Bei einlösigen Bremsen sind neue Hik-Bremsen angebaut worden, und jeder Reko-Wagen wurde mit zweiteiligen Bremsklötzen und Bremsgestängesteller ausgestattet. Die Handbremse, die im Vorraum an der Querwand neben der Tür untergebracht ist, wird durch ein Handrad bedient.
Die Radsätze, die Tragfedern und die Gleitachslager sind erhalten geblieben. Die Zugstangen wurden gleichfalls einheitlich verlängert. Zu erwähnen wären noch die seitlich an den Langträgern angeschweißten Kastenstützen.

Der Wagenkasten

Der Wagenkasten der Reko-Wagen ist neu. Er ist eine Stahlleichtbaukonstruktion aus zusammenhängenden Seiten- und Stirnwänden und dem Dach. Diese Elemente sind miteinander verschweißt und werden zum Mittragen herangezogen. Es wurden hierfür Abkantprofile von 2, 2,5 und 4 mm Dicke verwendet. 2 mm dick sind die Seitenwandbleche und 1,5 mm die Dachhaut und der Unterboden.
Die Aufteilung des Wagens ergibt sich zum Teil schon daraus, daß diese Reko-Wagen Durchgangswagen sind. Der Mitteldurchgang im Fahrgastraum ist 680 mm breit; beidseitig davon befinden sich je zwei mit grünem Kunststoff bezogene schaumgummigepolsterte Plätze. Diese sind so angeordnet, daß sich jeweils zwei Reisende gegenübersitzen. Jeden Sitzplatz kann man als Eckplatz bezeichnen; denn an den beiden Seiten eines jeden zweisitzigen Gestühls sind gepolsterte Armlehnen angebracht.

An den Enden des Fahrgastraums schließen sich — durch Schiebetüren von ihm getrennt — große Einstieg- oder Vorräume an. Schiebetüren sind auch die Einstiegtüren, deren lichte Weite von 1310 mm das gleichzeitige Ein- oder Aussteigen von zwei Fahrgästen gestattet. Die Türen sind diagonal angeordnet, das heißt, an jeder Wagenlängsseite befindet sich nur eine Einstiegtür. Dadurch konnte die Toilette im Vorraum untergebracht werden.
Der durch eine Falttür verschließbare Übergang zum anderen Wagen ist auffallend groß; er hat eine lichte Weite von 1200 mm. Dadurch kann der Fahrgastfluß schnell vonstatten gehen.
Neu ist die Ausführung der Fenster. Während die untere, etwa zwei Drittel große Fensterfläche fest ist, läßt sich das obere Drittel nach innen zurückklappen oder durch eine Haltevorrichtung schräg stellen.
Der Wagenübergang ist sehr kurz und beträgt nur insgesamt 300 mm. Er wird durch Gummiwülste abgedeckt, die die Durchgangstür U-förmig umschließen. Die Gummiwülste bestehen aus 8 mm dickem, zu Rohren geformtem Plattengummi. Die Übergangseinrichtung entspricht der internationalen Entwicklungsrichtung.

Beleuchtung und Heizung

Jeder Reko-Wagen wurde mit einer Lichtmaschine ausgerüstet, die am Untergestell befestigt ist und mit Riemen von der Endachse aus angetrieben wird. Des weiteren erhielten fast alle Fahrzeuge ein Regelgerät und eine Batterie.
Die elektrische Lichtanlage — ein Erzeugnis des VEB Fahrzeugausrüstung Berlin — ist für eine Spannung von 24 V ausgelegt. Die 35 Glühlampen (24 V, 25 W) über den Sitzreihen im Wageninnern haben in Sitzplatzhöhe eine Beleuchtungsstärke von 60 lx. Auch die Zugschlußleuchten, die in der Stirnwand fest eingebaut sind, wurden an die Lichtanlage angeschlossen.
Geheizt werden können die Reko-Wagen sowohl durch eine Niederdruckumlauf-Dampfheizung (Nuhz) als auch zum großen Teil durch eine elektrische Heizung mit einer Spannung von 1000 V und der Frequenz von $16^2/_3$ Hz.
Unterhalb der Fenster, also an der Längsseite des Wagens, und im Vorraum in der Zwischenwand befinden sich die Heizschlangen für die Dampfheizung. Die elektrischen Heizkörper hängen unter den Sitzbänken, wodurch sich der Fahrgastraum gut reinigen läßt.
Eine Umbauvariante sei hier noch vermerkt: Reisende mit Traglasten finden in den Großraumabteilen der üblichen zwei- und dreiachsigen Reko-Wagen wenig Abstellmöglichkeiten. Daher wurden eine Anzahl von Traglastwagen eingerichtet, in denen jeweils auf vier Doppelsitze verzichtet worden ist.

Die Rekonstruktion der vierachsigen Reisezugwagen

Wie schon erwähnt, setzt das Reichsbahnausbesserungswerk Halberstadt seit 1965 das Reko-Programm mit dem Umbau der vierachsigen Reisezugwagen mit hölzernen Wagenkästen fort. Die Abteilwagen sächsischer und preußischer Bauart mit den Stammnummern 420, 421, 430 und 431 werden zu einem Standardwagen rekonstruiert, der dann die neue Stammnummer 260 erhält. Diese Fahrzeuge werden für Geschwindigkeiten von 120 km/h eingerichtet.

2 *Dreiachsiger Reko-Wagen*

3 *Vierachsiger Reko-Wagen*

Aufbau des vierachsigen Reko-Wagens

Laufwerk und Untergestell

Die Drehgestelle amerikanischer Bauart (mit Schwanenhals), mit denen diese Fahrzeuge zum Teil schon versehen waren, werden für den Reko-Wagen teilweise wieder verwendet. Allerdings werden unter anderem die hölzernen Wiegenträger durch stählerne ersetzt, einheitliche Drehpfannen eingebaut und generell die Gleitlager- durch Rollenlagerradsätze ausgetauscht. Auch erhalten die Fahrzeuge die KE-Bremse mit dem Steuerventil KE 10 und Plastbremssohlen; dadurch eignen sie sich brems- und lauftechnisch für die Beistellung in Züge, die mit 120 km/h Geschwindigkeit fahren. GP-Wechsel, Gestängesteller und Ausschaltvorrichtung sind ebenfalls vorhanden.
Die Untergestelle werden auf eine einheitliche Länge gebracht. Sie haben außenliegende Langträger sowie Haupt- und Nebenquerträger.

Die Längs- und Diagonalsteifigkeit wird durch die im Gestell verschweißten, 1,25 mm dicken gesickten Fußbodenbleche erreicht. Der Drehzapfenabstand beträgt einheitlich 12,2 m.

Der Wagenkasten

Die vierachsigen Reko-Wagen erhalten gleichfalls einen neuen Wagenkasten. Die Seitenwände sind mit den Langträgern unmittelbar verschweißt. Zusammen mit den Stirnwänden und dem Dach ergibt sich daraus ein selbsttragender Kasten.
Es werden abgekantete Z-Profile von 3 mm und Bleche von 2 mm Dicke verwendet. Das Dachblech ist 1,5 mm dick.
Der Wagenkasten ist über Stirnwandblech gemessen 18400 mm lang und über Seitenwandblech gemessen 2900 mm breit.
Drehfalttüren dienen als Endeinstiegtüren. Sie haben eine Öffnungsweite von über 750 mm; ein Kinderwagen kann ohne weiteres hindurch.
An den Stirnseiten befinden sich zweiteilige Schiebetüren, ferner Übergangsbrücken und Gummiwulstübergänge.
Der vierachsige Reko-Wagen ist ebenfalls ein Durchgangswagen mit Mittelgang. Der Raum ist in acht Abteile mit der Sitzanordnung 2+2 aufgeteilt. Jeder Sitzplatz hat eine freie Sitzbreite von 490 mm. Insgesamt stehen 64 Sitzplätze zur Verfügung. Der Großraum ist durch eine Trennwand mit Pendeltür in ein Raucher- und ein Nichtraucherabteil untergliedert. Diese zwei Räume haben farblich unterschiedliche Sitzpolster.
Die Fenster sind den standardisierten Größen angeglichen. Sie sind 1200 mm breit und ebenso beschaffen wie bei den zwei- und dreiachsigen Reko-Wagen. Auch hier ist der obere Teil klappbar.
Die Einstiegräume sind vom Fahrgastraum durch verglaste Schiebetüren abgetrennt. Der Vorraum ist so geräumig, daß sperriges Gut und Kinderwagen abgestellt werden können.

Heizung und Beleuchtung

Die Fahrzeuge werden mit einer Dampfheizung und mit einem elektrischen Heizungssystem ausgerüstet. Die elektrisch geregelte automatische Niederdruckumlauf-Dampfheizung hat einen Regler; die Heizrohre sind unter den Seitenwandfenstern installiert. Die elektrischen Heizkörper befinden sich nach schon bewährter Ausführung quer unter den Sitzen; sie werden automatisch geregelt und mit 1000-V-Einphasenwechselstrom ($16^2/_3$ Hz oder 50 Hz) gespeist.
Die Leuchtstofflampen sind im Mittelgang angebracht. Der für sie notwendige Wechselstrom von 24 V wird entweder durch eine riemengetriebene Lichtmaschine und einen Umformer oder durch eine Nickel-Kadmium-Batterie, die 275 Ah aufbringt, erzeugt. Wenn der Wagen steht, kann man aus dem Ortsnetz von 380/220 V sowohl die Lichtanlagen speisen als auch die Batterie nachladen.

Die Modernisierung der vierachsigen Reisezugwagen

Die stählernen Schnellzugwagen, die in den Jahren 1926 bis 1944 gebaut worden sind und als Typen D 1, D 3, D 8a und b sowie D 10a, b, c und d bekannt wurden, werden im Reichsbahnausbesserungswerk Delitzsch einheitlich modernisiert.

4 *Mittelgang des vierachsigen Reko-Wagens*

5 *Sitzplatzanordnung des vierachsigen Reko-Wagens*

6 *Vorraum des vierachsigen Reko-Wagens*

7 *Modernisierungswagen*

Aufbau des Modernisierungswagens

Laufwerk und Untergestell

Die meisten Fahrzeuge waren schon mit Drehgestellen der Bauart »Görlitz« ausgerüstet, deren Laufeigenschaften und Instandhaltungsmöglichkeiten in vollem Maße auch heute noch den betrieblichen Anforderungen gerecht werden. Sie müssen lediglich auf UIC-Rollenlagerradsätze umgestellt werden. Ferner werden die Untergestelle auf eine einheitliche Länge gebracht, um die neugefertigten gleichgroßen Wagenkästen aufsetzen zu können.

Der Wagenkasten

Der Wagenkasten wird mit dem Sickenfußboden, den vorgefertigten Seiten- und Stirnwänden und dem Dach zu einem geschlossenen Ganzen verschweißt.
Das Wageninnere teilt sich je nach Wagenklasse in sieben oder neun Abteile auf. Der 768 mm breite Seitengang wird auf der einen Seite durch die Außenwand mit standardisierten, 1200 mm breiten Fenstern und auf der anderen Seite durch die Abteilwand begrenzt. Die Abteil-Seitenwandteile, die Abteilschiebetüren sowie die Pendeltüren an den Enden des Seitengangs sind gleiche Bauelemente und können mit geringem Aufwand auch getauscht werden. Die Glasscheiben sind in nur schmalen Alu-Profilen gefaßt, wodurch beim Betreten des Seitengangs der Eindruck erweckt wird, als ob die Abteilseitenwand durchgehend aus Glas besteht.
Die Wagen der ersten und die der zweiten Klasse haben ein modernes, hell- und dunkelblaues, klappbares Sitzgestühl nach dem schwedischen Konstrukteur Akkerblom. Die Leuchten sind in die Decke eingelassen. Die Rasterabdeckung in der Mitte des Abteils erlaubt es, Leuchte, Blaulichtlampe, Lautsprecher und Entlüftung zu vereinigen; auf diese Weise erhält man eine glatte Decke.
Als Eingangstür dient eine Drehtür mit versetztem Drehpunkt. Die Übergangstüren sind zweiteilig und verschiebbar; sie geben eine lichte Durchgangsbreite von 1060 mm frei. Für die Abdeckung der Übergänge werden Gummiwülste verwendet.

Beleuchtung und Heizung

Der Modernisierungswagen ist je nach Wagenklasse mit 22 oder 35 Leuchten ausgestattet; jedes Abteil hat drei Leuchtstofflampen, der Seitengang vier Leuchtstofflampen, der Vorraum und die Toilette je eine Leuchtstofflampe. Die Beleuchtungsstärke beträgt über 200 lx. Für die Stromversorgung dient eine mit Kardanantrieb versehene Lichtmaschine mit einer Leistung von 3,1 kW bei 110 V oder auch eine Batterie mit einer Kapazität von 100 Ah bei 110 V.
Geheizt wird der Wagen durch eine Niederdruckumlauf-Dampfheizung, die eine selbsttätige Temperaturregelung hat. Eine elektrische Heizung läßt sich anschließen. Heizschlangen und Heizkörper sind so installiert, daß das Fahrzeug gut gereinigt werden kann.

8 *Seitengang des Modernisierungswagens*

Schlußbetrachtung

Auch im Wagenbau macht sich die technische Revolution unserer Zeit bemerkbar. Es war ein langer Weg von der hölzernen Postkutsche über die Gemischtbauweise, wo also stählerne Untergestelle und Holzaufbauten zusammengefügt wurden, und von der genieteten Stahlbauweise bis zur heutigen vollständig geschweißten Stahlbauweise. Der eingangs erwähnte neue Fahrzeugtyp B, den die Deutsche Reichsbahn in großer Stückzahl besitzt und der ein Beispiel für den hohen Stand des Reisezugwagenbaus der Deutschen Demokratischen Republik ist, zählt zu solch vollständig geschweißten selbsttragenden Stahlleichtbaukonstruktionen. Mit allem Reisekomfort, wie Druckbelüftung und dergleichen, hat dieser Wagen eine Masse von nur 37,5 t. Die Materialeinsatzmenge je Sitzplatz beträgt etwa 0,59 t. Bewährte achshalterlose Drehgestelle werden auf Luftfederung umgestellt, so daß sie auch bei Geschwindigkeiten von 200 km/h und darüber einwandfreie Laufeigenschaften gewährleisten.
Wie werden die Reisezugwagen der Zukunft aussehen? Das Drehgestell wird vervollkommnet und für hohe Geschwindigkeiten einsetzbar gemacht; die Wagenkästen werden leichter. Die Sandwich-Bauweise — bekannt aus dem Flugzeugbau und volkstümlich als Doppelwandbauweise mit Stützkörpern bezeichnet — wird Einzug halten. Der Wagenkasten wird aus zwei dünnen Blechen zu einer formsteifen schub- und druckfesten Röhre zusammengefügt sein, deren Hohlräume mit leichten Schaumstoffen oder Wabenkernen ausgefüllt sind. Diese Wagenkastenröhre ist dann Tragkonstruktion mit isolierender und schalldämmender Wirkung. Eine derartige Entwicklung würde die Eigenmasse bis zu 40 Prozent verringern.
Der Aufwand für die Reisezugwagenausführungen wird auch fernerhin — wie bereits angedeutet — nach den Verkehrsarten zu differenzieren sein. Den höchsten Aufwand verlangt stets die Einsatzart Fernverkehr. Nicht mehr die Beförderung von Personen schlechthin bestimmt die Konstruktion von Reisezugwagen, sondern stärker denn je sind physiologische Forderungen (wie Hygiene, Raumbedarf, Bequemlichkeit) und technische Forderungen (wie Wartungsfreiheit, Höchstgeschwindigkeit und Laufgüte) zu berücksichtigen.
Die Deutsche Reichsbahn hat ihrerseits in den letzten Jahren Maßnahmen ergriffen, um durch die technische Rekonstruktion aus dem vorhandenen Wagenpark betriebssichere, komfortable und wirtschaftliche Fahrzeuge zu schaffen. Die leistungsstarke Industrie unserer Republik wird andererseits den technisch-wissenschaftlichen Fortschritt durch die Entwicklung und Bereitstellung modernster Reisezugwagen vorantreiben.
Das Reisen in den »Festverschlossenen Kapseln« ist damit nicht nur ein Fahren, wie Fürst es seinerzeit beschrieb, sondern ein angenehmes und erholsames Überwinden größerer Entfernungen.

Technische Daten der Reisezugwagen

		zwei- u. dreiachsiger Reko-Wagen Stamm-Nr. 352, 353, 355	vierachsiger Reko-Wagen Stamm-Nr. 260	vierachsiger Modernisierungswagen Stamm-Nr. 243	vierachsiger Einheitsreisezugwagen Typ B Stamm-Nr. 257
Länge über Puffer	(mm)	13080	18700	21270	24500
Drehzapfenabstand	(mm)	—	12200	14270	17200
Drehgestellachsstand	(mm)	—	2150	3000	2500
Anzahl der Sitzplätze (2. Klasse)		48	64 sowie 2 Klappsitze	72	80
Eigenmasse	(t)	18,5	30	39	37,5
Eigenmasse je Sitzplatz	(kg)	386	469	541	470
Eigenmasse je Meter Fahrzeuglänge	(kg/m)	1415	1605	1835	1530
Höchstgeschwindigkeit	(km/h)	90	120	120	160

9

10

11

12

9 *1.-Klasse-Abteil des Modernisierungswagens*

10 *Reisezugwagen Typ B*

11 *An den Schweißvorrichtungen im Reichsbahnausbesserungswerk Halberstadt bei der Rekonstruktion von Reisezugwagen*

12 *Erstes Erprobungsmuster des Modernisierungswagens*

DEUTSCHE REICHSBAHN

Reisezugwagen „Typ B“

Wie schon erwähnt, werden die Eisenbahnen der sozialistischen Staaten in Zukunft nur noch Reisezugwagen in den Dienst stellen, die entsprechend den OSShD-Vereinbarungen für eine Höchstgeschwindigkeit von 160 km/h konstruiert sind. 50 solcher Wagen mit der Bezeichnung Einheitsreisezugwagen „Typ B“ wurden der Deutschen Reichsbahn bereits übergeben. Diese B4ge-Wagen entsprechen dem von der UIC geschaffenen Wagen „Typ Y“. Der Reisezugwagen „Typ B“ wurde gemeinschaftlich vom VEB Waggonbau Bautzen und der Hauptverwaltung der Wagenwirtschaft der Deutschen Reichsbahn entwickelt. Mit dieser Entwicklung begann die Vereinheitlichung und Standardisierung der D-Zug-Wagen auf internationaler Ebene. Durch Anwendung einer wirtschaftlichen Leichtbauweise konnte die Gesamtmasse des Wagens gegenüber anderen Bauarten verringert werden.

Technische Daten

Erstes Baujahr: 1962

Spurweite: 1 435 mm

Höchstgeschwindigkeit: 160 km/h

Abmessungen:
Länge über Puffer: 24 500 mm
Breite des Wagenkastens: 2 863 mm
Drehgestellachsstand: 2 500 mm
Drehgestellabstand: 17 200 mm

Eigenmasse: 38 t

Anzahl der Sitzplätze: 80

Heizung: Dampf-Umlaufheizung und elektrische Heizung

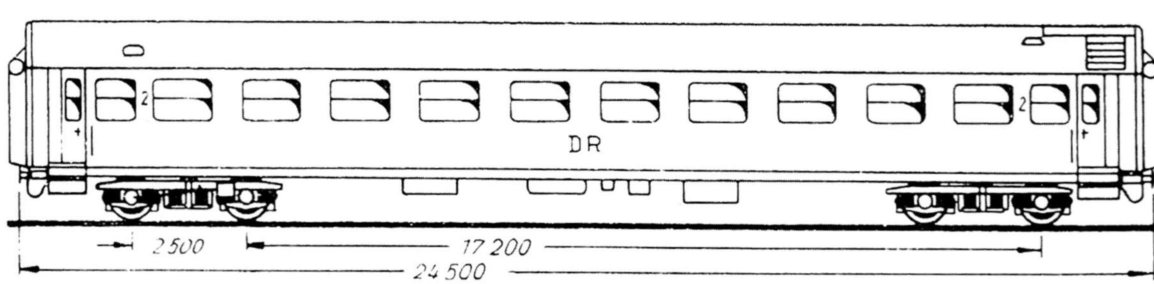

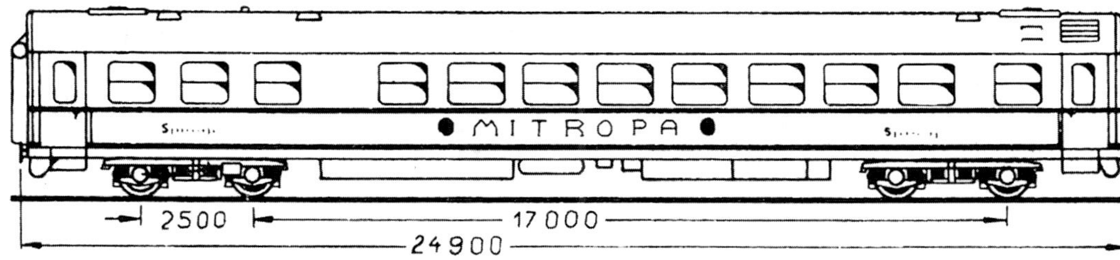

DEUTSCHE REICHSBAHN

Speisewagen

Im Jahre 1961 stellte die Deutsche Reichsbahn neue moderne Speisewagen für die Mitropa in Dienst. Die Wagen wurden gemeinsam vom VEB Waggonbau Görlitz, der Mitropa und der Deutschen Reichsbahn entwickelt. Es sind völlig in Leichtbauweise geschweißte Wagen, die bis zu einer Geschwindigkeit von 140 km/h fahren dürfen. Für die später einzubauende automatische Mittelpufferkupplung wurde ein entsprechender Platz vorgesehen, das Untergestell ist biegungs- und torsionsteif konstruiert. In seinem Äußeren ist der neue Wagen einfach und glatt gehalten, um ihn mechanisch reinigen zu können. Durch Anwendung von Gummiwülsten bei den Übergängen konnte der Wagenkasten länger als gewöhnlich gehalten werden. Die Puffer ragen nur etwa 150 mm über den Wagenkasten hinaus. Es besteht aber dennoch die Möglichkeit, diese Wagen mit solchen mit Faltenbalgen zu kuppeln.

Technische Daten

Erstes Baujahr: 1961
Spurweite: 1 435 mm
Höchstgeschwindigkeit: 140 km/h

Abmessungen:
Länge über Puffer: 24 900 mm
Länge des Wagenkastens: 24 600 mm
Breite des Wagenkastens: 2 834 mm
Drehgestellachsstand: 2 500 mm
Drehgestellabstand: 17 000 mm

Eigenmasse: 44,5 t

Anzahl der Sitzplätze: 42

Heizung: Warmwasserheizung, ölgefeuert

Druckbelüftung

Weitstreckenwagen

Seit Jahren exportiert die Waggonbauindustrie der DDR verschiedenartige Weitstreckenwagen für die sowjetischen Eisenbahnen. In der Regel besteht ein Expreßzug aus einem Schlafwagen 1. Klasse mit 18 Liegeplätzen, drei Schlafwagen 2. Klasse mit je 32 Liegeplätzen, einem Schlafwagen 3. Klasse mit 36 Liegeplätzen und einem Rundfunkabteil, einem Schlafwagen 3. Klasse mit 38 Liegeplätzen, einem Speisewagen mit 48 Fahrgastplätzen und einem Gepäckwagen für 20 t Lademasse.

Die Zug- und Stoßvorrichtung besteht aus einer automatischen Mittelkupplung sowie zur Verbesserung des Wagenlaufs aus zwei Seitenpuffern an jedem Wagen. Die Drehgestelle sind achshalterlos und mit Rollenlagern ausgerüstet. Der im Bild gezeigte 1.-Klasse-Schlafwagen ist noch mit den nur zur Überführung untergesetzten Normalspur-Drehgestellen mit Gleitlagern ausgestattet.

Technische Daten

Spurweite: 1 524 mm
Höchstgeschwindigkeit: 120 km/h
Abmessungen:
Länge über Puffer: 24 820 mm
Länge des Wagenkastens: 23 600 mm
Breite des Wagenkastens: 3 106 mm
Drehgestellachsstand: 2 700 mm
Drehgestellabstand: 17 000 mm
Eigenmasse: 60 t
Anzahl der Liegeplätze: 18
Heizung: Warmwasserheizung

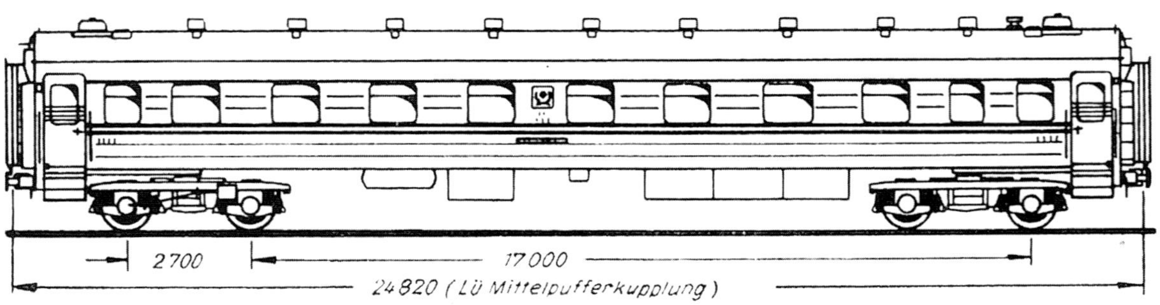

DEUTSCHE REICHSBAHN

Schlafwagen

Neben dem bereits bekannten Reisezugwagen Typ B entstand im VEB Waggonbau Görlitz der neue RIC-Schlafwagen mit den gleichen Abmessungen. Er ist ebenfalls ein Ergebnis von Standardisierungsmaßnahmen nach den OSShD- und UIC-Festlegungen. Der Wagenkasten ist wiederum in Leichtbauweise ausgeführt. Alle Wände, das Dach und der Fußboden sind mit Schalldämmittel versehen und außerdem mit einem Wärmeisolationsstoff bekleidet. Die Eingangstüren sind nach außen aufschlagende Drehfalttüren mit einem freien Durchgang von 740 mm. Alle Fenster können am fertigen Wagen von außen eingesetzt werden, sie sind mit splitterfreiem Glas ausgestattet und haben Breiten von 1000 mm in den Abteilen und 800 mm in der Toilette. Für die Erwärmung des Fahrzeuges sorgt eine ölgefeuerte Warmwasserheizung, das Ölheizgerät kann aber auch mit Dampf aufgeheizt werden.

TECHNISCHE DATEN

Spurweite	1435 mm
Höchstgeschwindigkeit	140 km/h
Abmessungen	
Länge über Puffer	24500 mm
Höhe über Schienenoberkante	4230 mm
Breite des Wagenkastens	2863 mm
Drehgestellachsstand	2500 mm
Drehgestellabstand	17200 mm
Eigenmasse	42,5 t
Anzahl der Sitz- oder Schlafplätze	30
Heizung	ölgefeuerte Warmwasserheizung

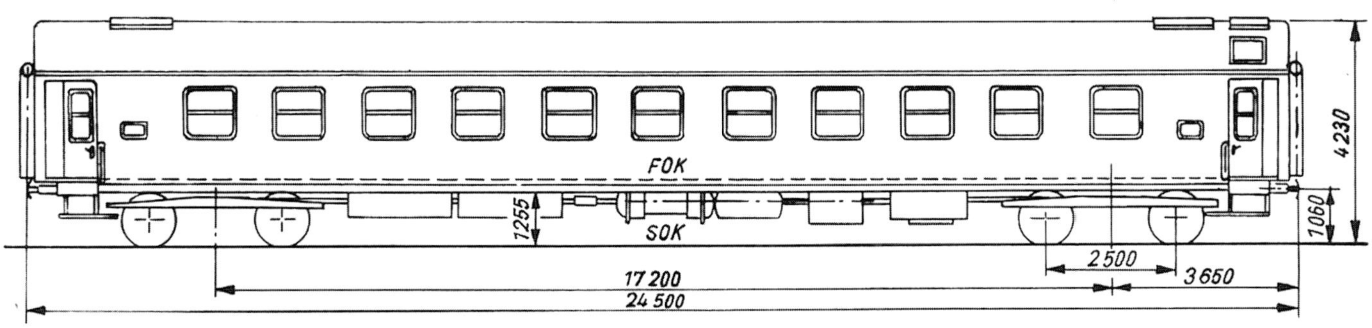

Vereinheitlichung des Güterwagenparks der Deutschen Reichsbahn

1

Dipl.-Ing. oec., Ing. GOTTFRIED KÖHLER

2

3

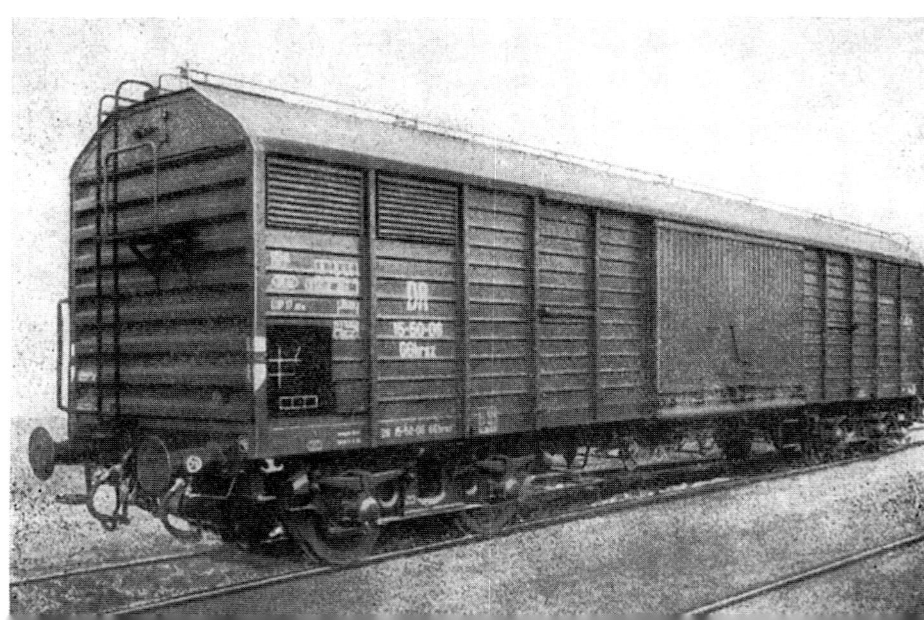

1 Zweiachsiger gedeckter Wagen internationaler Einheitsbauart, hergestellt im Raw »Einheit« Leipzig. Großer Laderaum und hohe Ladefähigkeit zeichnen ihn aus. Die Fußbodenfestigkeit, die Türgestaltung und die glatten Wände lassen mechanisierte Umschlaggeräte zu

2 Zweiachsiger offener Wagen (Ommsu), gefertigt im Raw Dresden. Der Einheitsgüterwagen in Ganzmetallbauweise ist stirn- und seitenkippbar; er eignet sich für eine robuste Umschlagtechnologie

3 Vierachsiger Ganzstahlwagen mit jeweils zwei großen Schiebetüren an der Fahrzeuglängsseite. Die großen Türöffnungen erleichtern wesentlich das Beladen von langen Gütern und erlauben auch den Einsatz von Gabelstaplern

Zwei Fässer Bier — das war das erste Ladegut bei der Eisenbahn in Deutschland. Heute, nach über 130 Jahren, enthält der Deutsche Eisenbahn-Gütertarif (DEGT), Heft 3 »Gütereinteilung«, 1004 Gutarten und Gutartengruppen, die von der Deutschen Reichsbahn befördert werden. Es gibt kaum ein Erzeugnis aus Industrie oder Landwirtschaft, das nicht mit dem weitverzweigten Eisenbahnnetz in Berührung kommt. Baustoffe, Schlachtvieh, Erdöl, Lebensmittel, Autos, Transformatoren, Südfrüchte, Kohle u. a. m. finden Platz in Eisenbahntransportgefäßen, in Güterwagen oder Behältern, um in vorausbestimmten Gebieten einen Produktionsprozeß fortsetzen zu können oder Bedürfnisse der Bevölkerung zu befriedigen oder auch zu wecken. Es besteht also eine Wechselbeziehung zwischen dem Transportwesen und den übrigen Zweigen der Volkswirtschaft, wobei die Deutsche Reichsbahn die Ortsveränderung der Güter so zu organisieren hat, daß die Produktion planmäßig weitergeführt werden kann. Mit wachsender Industrieproduktion erhöht sich der Grad der Arbeitsteilung und damit der Anteil am Transportprozeß. Daher hat die Deutsche Reichsbahn ihre Gütertransportleistung ständig gesteigert.

Güterwagen müssen technische Parameter einhalten, die in gesetzlichen Bestimmungen (zum Beispiel in der Eisenbahn-Bau- und Betriebsordnung) vorgegeben sind. Hieraus leiten sich die Gütertransportbedingungen an Eigenart, Form, Menge und Zustand der Ladegüter sowie an Belastbarkeit der Transportgefäße ab. Eine gute Abstimmung und Kooperation zwischen den Verkehrskunden und der Eisenbahn entscheidet darüber, inwieweit mit dem Güterwagenpark eine hohe Arbeitsproduktivität bei geringen Selbstkosten erreicht werden kann.

Einteilung der Güterwagen und deren konstruktiver Aufbau

Da Güterwagen die unterschiedlichsten Frachten aufzunehmen haben, verfügt die Deutsche Reichsbahn gegenwärtig noch über mehr als 200 Fahrzeuggattungen, von den vielen Ausführungsarten an Tiefladewagen abgesehen.

Nach den Hauptmerkmalen unterscheidet man zwischen offenen, gedeckten und geschlossenen Güterwagen. Diese Grobeinteilung berücksichtigt keine kommerziellen Gesichtspunkte, wie die Abhängigkeit vom allgemeinen Verwendungszweck, von der Umschlagstechnologie oder von der Ladefähigkeit, und auch keine betriebsdienstlichen, in welcher Zuggattung die Wagen beispielsweise beigestellt werden können. Die Hauptmerkmale charakterisieren also nur die Aufbauten, den oberen Teil des Fahrzeugs.

Offene Güterwagen, zu denen auch Plattform- und Tiefladewagen gehören, machen fast 55 Prozent des Güterwagenbestands der Deutschen Reichsbahn aus. Dieser Anteil wird sich mit der weiteren Einführung des Container-Transportsystems noch erhöhen.

Die in Fachkreisen als O-, R- (Rungen-), X- (Arbeits-) oder S- (Schienen-) Wagen bezeichneten Fahrzeuge haben kein Dach; alle Ladegüter sind — falls keine Plane zum Abdecken und weder Behälter noch andere Verpackungsmittel verwendet werden — den Witterungsunbilden ausgesetzt. Als Flach-, Rungen-, als flach- oder hochbordige, als Trichter-, Tief- oder Doppelstock-Wagen ist diese Fahrzeugart anzutreffen.

Kohle, Erze, Baustoffe, Fahrzeuge, Stahl- und Walzerzeugnisse, vor allem Massengüter werden in offenen Güterwagen transportiert. Schwere, sperrige und hohe Güter, wie Kabeltrommeln, Transformatoren oder Fertigbauteile, werden in eigens dafür geschaffenen Tiefladewagen befördert.

Gedeckte Güterwagen haben ein festes oder ein bewegliches Dach; sie haben etwa 28 Prozent Anteil am Güterwagenbestand der Deutschen Reichsbahn. Zu ihnen gehören außer den klassischen G-Wagen auch die T- (Thermos-) und K- (Klappdeckel-) Wagen.

Güter, die vor Nässe wie überhaupt vor äußeren Witterungseinflüssen geschützt werden müssen, eignen sich für den Transport in diesen Fahrzeugen. Hierzu zählen in erster Linie Stückgut, aber auch Getreide, Früchte und Vieh.

Meist haben die Wagen Schiebetüren an den Längsseiten; doch gibt es auch welche, die zusätzlich öffnungsfähige Stirnwände, Dächer oder auch Dach- und Bodentrichter haben.

Besonders behandelt werden M- (Mannschafts-) Wagen, wo zusätzliche Einrichtungen, wie Liegen, Fenster und im Winter Kohleöfen, für Mannschaftstransporte vorgesehen sind.

Auch die Gruppe der Kühl- (T-) Wagen hat wagen- und betriebstechnische Besonderheiten. Deren Ausstattung ist je nach Verwendungszweck unterschiedlich, wobei nach Eis-, Stickstoff- und Maschinenkühlwagen sowie geschlossenen Kühlzügen unterschieden wird.

Geschlossene Güterwagen tragen festumschlossene Behältnisse, beispielsweise Kessel oder Fässer. Sie werden als Z- (Zisterne-) Wagen bezeichnet und haben sehr verschieden ausgeführte und angeordnete Behältnisse, die aber in jedem Fall mit dem Fahrzeug fest verbunden sind.

Vor allem Flüssigkeiten, aber auch mit Druckluft fließbar zu machende Stoffe, wie Zement oder Kohlenstaub, neuerdings auch grob- und feinkörnige Granulate werden in dieser Fahrzeugart befördert.

Überwiegend bestehen besondere Bedingungen für den Kunden, der beim Versand und beim Empfang des Ladegutes spezielle Umschlagseinrichtungen bereithalten muß.

Im Grundaufbau ähneln sich die Eisenbahnfahrzeuge. Alle haben das Laufwerk, das Untergestell bzw. den Rahmen sowie Zug- und Stoßvorrichtungen (vgl. Eisenbahn-Jahrbuch 1968, S. 74). Bei vielen Güterwagen fehlen Bremseinrichtungen. Sie haben dann nur eine durchgehende Luftleitung. Eine große Anzahl Fahrzeuge verfügt über eine zusätzliche Handspindelbremse, wofür eigens Bremsbühnen (früher geschlossene Bremshäuser) vorgesehen sind.

Unterschiede bestehen bei den Güterwagen im Laufwerk. Es gibt zwei-, drei- und mehrachsige Fahrzeuge; bei mehrachsigen sind die Achsen in Drehgestellen untergebracht. Drehgestellwagen werden durch das doppelte Gattungszeichen (zum Beispiel GG, OO oder TT) äußerlich sichtbar gemacht.

Die Ausführungsform des Untergestells ist konstruktiv am meisten verändert worden. Vor 20 Jahren wurden die Aufbauten noch auf das Untergestell gesetzt und miteinander vernietet, indes heute bei neueren Fahrzeugen die Rahmen mit den Aufbauten zu einem Bauteil vereinigt und miteinander verschweißt werden. Diese sogenannte frei- oder mittragende Konstruktion ist wesentlich leichter. Neue Rahmenausführungen berück-

Wichtige Güterwagengattungen und technische Daten

Hauptgattung	Wagentyp	Nummernreihe	Länge über Puffer (mm)	Drehzapfen- bzw. Achsstand (mm)	Nutzfläche (m^2)	Nutzraum (m^3)	Tragfähigkeit (t)	Eigenmasse (t)	Türbreite (mm)	zul. Geschwindigkeit (km/h)	Bemerkungen
Gedeckter Güterwagen	Glmms	150	14020	8000	33,3	80	26,0	14,0	2500	100/120	Einheitsbauart, nimmt in einer Ebene 26 ··· 29 Paletten auf, ⌀ Entladezeit 40 s
	Gklmms	576	14020	8000	33,3	80	25,5	14,5	2500	100	Einheitsbauart, ab 1972, einschaliges Hubschwenkdach, das gesamte Dachfläche freigibt
	Gkmm	565	9000	5700	20,8	40	27,0	11,5	1890	80	öffnungsfähiges Dach, jede Hälfte zur Stirnwand zu öffnen
	GGhrsz	199	16520	10500	40,0	92	57,0	23,3	4000	120	Dachluken, zwei Schiebetüren liegen nebeneinander
	Kmmst	573	9640	6000	—	40	27,0	13,0	—	100	einschaliges Hubschwenkdach 2×2 Entladetrichter 500×1500 mm
Offene Güterwagen	Ommsu	500 ··· 509	10000	5400	24,0	36	29,0	10,8	1800	100	Einheitsbauart, Stirn- und Seitenwand kippbar
	Ommstu	550	9640	6000	—	40	27,5	12,5	—	100	mit Drehschieber abgeschlossene, 2×2 Entladetrichter, 500×1500 mm
	OOm	591	13740 ··· 14440	8500	34 ··· 36	68 ··· 72	59 ··· 61	21 ··· 19,5	1800	90	je drei Seitenwanddrehtüren klappbare Stirnwände
	OOt	677	12740 ··· 14600	6700 ··· 8450	—	65 ··· 91	52 ··· 60	27,5 ··· 23	—	80	Sattelboden, zwei seitliche Entladeklappen
Plattformwagen	Rlmms	333	13860	8000	35,0	—	27,0	13,0	—	80	Einheitsbauart, Seiten- und Stirnborde abklappbar, ebenso Rungen
	SSalm	384	20100	14600	50,8	—	55,5	24,6	—	100	Stirnborde, abklappbar, 8 stählerne Drehrungen, Ladeschwellen
	Ogll (Einheit)	408	23500	6600¹)	58,0²) 61,0³)	—	30,0	24,0	—	150	¹) je Wagen, ²) obere Bühne, ³) untere Bühne, sog. Autotransportwagen
Spezialbehälterwagen	Zko	900 905/6	7600 ··· 12800	7500 3000/3000	—	52	28,0	18,8	—	80	vorwiegend dreiachsig, 2 bis 4 Behälter
	Zkz	902	8540	5000	—	25	28,0	12,0	—	80	2 Behälter, mit pneumatischer Auflockerungseinrichtung versehen
	Zkf	001	12140	8200	—	40,8	28,2	11,8	—	80	3 Behälter aus abriebfester Alu-Legierung, Entladeleistung 40 t/h bei Staubgut

sichtigen auch den späteren Einbau der Mittelpufferkupplung.
Güterwagen sind freizügig einsetzbar und müssen folglich bei ihrer internationalen Verwendbarkeit verschiedene von internationalen Gremien, wie OSShD und UIC, vereinbarte Bedingungen u. a. an Grundabmessungen und wichtige Hauptbauteile erfüllen; Einzelheiten darüber sind in Merkblättern zusammengefaßt. Weiterhin enthalten die in der DDR verbindlichen TGL 8550 Bestelldaten, zu verwendende Werkstoffe, Fertigungsvorschriften und Abnahmebedingungen, die TGL 64 54 die Hauptabmessungen für zweiachsige und die TGL 64 55 die für vierachsige Güterwagen.

Zusammensetzung des Güterwagenparks der Deutschen Reichsbahn

Die Deutsche Reichsbahn hat mit einem relativ kleinen Güterwagenbestand alle im Plan festgelegten Transportmengen mit geringstmöglichem Transportaufwand zu befördern. Da die Transportleistung aber nicht nur von der Menge, sondern auch von der Zeit abhängt, ist die Eisenbahn an einem schnellen Umlauf ihrer Wagen interessiert. Das dient sowohl der Volkswirtschaft als auch dem Verkehrskunden, denn im Güterverkehr gilt die Devise, das Gut sicher, schnell und verlustlos dem Bestimmungsort zuzuführen.
Die Deutsche Reichsbahn versucht wie jede andere Bahnverwaltung, die Güterwagen rationell einzusetzen, das heißt kontinuierlich und bestmöglich den Transportraum auszunutzen.
Für die Zusammensetzung eines Güterwagenparks gibt es eine Grenzbedingung: minimal notwendiger Bestand in den Fahrzeuggattungen. Für wärmeempfindliche Gü-

ter, für langes Walzmaterial, für schwere Einzelstücke oder für Federvieh sind nur Spezialwagen verwendbar. Der Bestand an Güterwagen ist demzufolge nicht allein von dem für die Beförderung notwendigen Transportraum (auch für den Fall der Spitzenbelastung während der Erntezeit) abhängig, sondern auch von der Verschiedenartigkeit des zu befördernden Transportgutes in einem bestimmten Zeitraum. Deshalb hält — wie erwähnt — die Deutsche Reichsbahn über 200 Hauptgattungsgruppen an Güterwagen bereit, darunter etwa je 50 Gattungen bei offenen und bei gedeckten Güterwagen, über 40 Gattungen bei Plattform- und Rungenwagen sowie 34 Gattungen bei Kesselwagen.

Mehrzweck- und Spezialgüterwagen

Mehrzweckgüterwagen haben ihren besonderen Vorteil in der vielseitigen Einsatzmöglichkeit insgesamt und in der baldmöglichen Wiederverwendung nach der Entladung. Folglich ist der Anteil der Leerfahrt im Verhältnis zu dem der Lastfahrt relativ klein; der Transportraum wird bestmöglich ausgenutzt. Der Wagenpark braucht demzufolge entsprechend klein zu sein, und es entstehen niedrige Zugförderungsleistungen, was die Beförderungsselbstkosten sehr günstig beeinflußt. Hinzu kommen noch der verhältnismäßig niedrige Anschaffungspreis dieser Wagen und die geringen Erhaltungs- und Unterhaltungskosten.

Die kommerziellen Forderungen, insbesondere die nach rationeller Be- und Entladung, nach verlustlosem Transport, und die Verwirklichung des kombinierten Verkehrs lassen eine ständig wachsende Anzahl von Spezialgüterwagen — teils bestimmt für eine einzige Gutart, teils für verschiedene Gutarten — beobachten. Mit einem hohen Bestand an Spezialwagen wird es jedoch immer schwieriger, den Fahrzeugeinsatz wirtschaftlich zu gestalten. Das ergibt sich vor allem aus der Beschränkung auf nur eine Gutart. Selbst dann, wenn das Gut in größeren und gleichbleibenden Mengen und über einen längeren Zeitraum in gleichen Relationen anfällt, beträgt der Leerlaufanteil etwa 50 Prozent.

Leichtbau und technische Parameter

Um den Gütertransport wirtschaftlicher zu machen, muß der Eigenmassekoeffizient der Fahrzeuge, das heißt das Verhältnis Eigenmasse zu Ladefähigkeit, so gering wie möglich sein. Je kleiner die Eigenmasse je Fahrzeugachse ist, desto mehr bleibt für die Nutzmasse, also für das Ladegut, übrig. Die zulässige Achslast und die Fahrzeugumgrenzung sind dabei unüberbrückbare Hauptbegrenzungen für die konstruktive Auslegung der Güterwagen und ihre technischen Parameter, die jedoch größtmöglich ausgenutzt werden sollen.

Die Möglichkeiten zur Verringerung der Eigenmasse bietet vor allem der Leichtbau. Seitdem die Fahrzeugrahmen und die Aufbauten vereinigt werden, fällt das schwere Untergestell weg. Materialeinsparungen ergeben sich auch aus der Schweißkonstruktion. Die Wahl des Einsatzmaterials ist für einen Leichtbau also ebenso wichtig wie die konstruktive Ausbildung des Wagens und seiner Bauteile. Hochfeste und leichte Baustähle sowie Abkantprofile, Sicken- und Wabenbau lassen eine leichte Fahrzeugkonstruktion zu.

Auch der Großraumwagen begünstigt die Bemühungen um den Leichtbau infolge der wesentlich höheren Ladefähigkeit. So vermag ein vierachsiger gedeckter Wagen bei einer Eigenmasse von 21,86 t 52 t Fracht aufzunehmen; beim vierachsigen offenen Wagen sind es bei 20,5 t sogar 59,0 t. Der Eigenmassekoeffizient beträgt mithin im ersten Fall 0,42 und im zweiten Fall (OO-Wagen) nur 0,35. Bei zweiachsigen Fahrzeugen liegen diese Werte alle über 0,4.

Das zweite Kriterium für einen wirtschaftlichen Gütertransport ist die Verringerung der spezifischen Wagenlänge. Das Verhältnis, das sich aus der Wagenlänge zur Tragfähigkeit plus Eigenmasse ergibt, ist bei zweiachsigen Fahrzeugen mit durchschnittlich 0,3 m/t und bei vierachsigen mit 0,2 m/t ermittelt worden. Je kleiner dieser Wert ist, desto kürzer werden die Güterzüge bei gleichbleibender Gesamtzugmasse. Das wirkt sich günstig auf die spezifischen Zugförderungskosten und auf die eisenbahnbaulichen Anlagen aus.

Normal- und Großgüterwagen

Unter Normalgüterwagen ist die bisher vorherrschende, normale zweiachsige Fahrzeugausführung zu verstehen, deren Ladefähigkeit wegen der begrenzten Laderäume allerdings nur selten ausgenutzt wird. Nur spezifisch schwere Ladegüter, wie Erze oder Maschinen, ermöglichen die volle Ausschöpfung der Ladefähigkeit, wogegen zum Beispiel Stroh oder Obst nur den Laderaum voll in Anspruch nehmen.

Trotz des relativ unwirtschaftlichen Einsatzes werden die Normalgüterwagen im Fahrzeugpark der Deutschen Reichsbahn verbleiben, da ein Anteil entsprechender kleinerer Sendungen stets zu befördern sein wird.

Großgüterwagen, die eine Ladefähigkeit von 30 t und mehr sowie mindestens vier Achsen haben, stellte die Deutsche Reichsbahn gerade in den letzten Jahren in großer Anzahl in Dienst. Die Ladefähigkeit entspricht etwa zweieinhalbmal der zweiachsiger Güterwagen. Außerdem haben sie mit 1 : 3 ein günstigeres Verhältnis der Eigenmasse zur Ladefähigkeit. Es können also mehr Güter bei gleicher Zugmasse befördert werden. Zudem verringern sich wegen der kleineren spezifischen Wagenlänge die Zuglänge und wegen des kleineren Gesamtwiderstands die Zugförderungskosten.

Großgüterwagen sind über längere Strecken in geschlossenen Zügen oder Richtungsgruppen am günstigsten verwendbar. Transportgünstige Partiegrößen ergeben sich vor allem aus der Konzentration des Industriepotentials in der DDR.

Gegenüberstellungen über die von der Wagengröße abhängigen Selbstkosten brachten bei Großgüterwagen Kostensenkungen von 10 bis 20 Prozent. Auch deshalb wird die Deutsche Reichsbahn den Anteil der vier- und mehrachsigen Güterwagen erhöhen. Gegenwärtig beträgt er etwa 20 Prozent, 1970 wird er auf etwa 30 Prozent angewachsen sein. Dann wird sich der Güterwagenbestand zwar um etwa 7 Prozent verringert haben, aber das Laderaumangebot bleibt gleich und die Ladefähigkeit erhöht sich relativ.

In dem Zusammenhang sei vermerkt, daß die Sowjetischen Staatsbahnen den Anteil der achtachsigen Großraumgüterwagen mit einer Ladefähigkeit von 125 bis 130 t ständig erhöhen.

Rekonstruktion und Neubau von Güterwagen

Die komplexe Transportrationalisierung zwingt dazu, die Umschlags- und Transport-

4

5

4 Offener Spezialgüterwagen. Er hat — speziell für den Massenguttransport gebaut — keine Seitenwandtüren; er wird mit Greiferkran be- oder entladen. Für das Entladen ist auch ein Kreiselkipper zulässig

5 Vierachsiger Ganzstahlwagen mit einem Laderaum von 72 m^3 und einer Ladefähigkeit von 60 t. Je drei Seitenwandtüren mit einer lichten Weite von 1800 mm vereinfachen das Entladen (vor allem witterungsempfindlicher Güter) durch Schrapper. Das Fahrzeug ist auch über die Stirnwände kippbar

6 Vierachsiger Ganzstahlwagen mit öffnungsfähigem Dach und verschiebbaren Seitenwänden; er hat eine Länge über Puffer von 16520 mm, eine Ladefläche von 40 m^2, einen Laderaum von 95 m^3 und eine Eigenmasse von 24,0 t

7 Vierachsiger Flachwagen; eignet sich für den Transport langer Güter und vor allem von Containern. Die Ladefläche beträgt 50 m^2. DerWagenboden und die abklappbaren Stirnborde können mit einer Radlast bis zu 5 Mp befahren werden

8 Vierachsiger Kesselwagen; eignet sich für den Transport von Dieselkraftstoff, Benzin, Petroleum, Benzol und andere (den Kessel nicht verschmutzende) flüssige Ladegüter. Die Tragfähigkeit beträgt 56 t bei einem Ladevolumen von 62 m^3

6

7

8

9

10

prozesse weitgehend zu mechanisieren und möglichst zu automatisieren. Hierfür sind die Entwicklung und der Einsatz moderner Güterwagen, die den erhöhten betrieblichen Anforderungen aus dem Transportplan gerecht werden, entscheidend. So können gegenwärtig die Zusammensetzung des Güterwagenparks sowie dessen betriebstechnische Eignung die allseitige Erfüllung des Transportplans kaum noch gewährleisten. Eine ähnliche Situation haben im übrigen auch viele mitteleuropäische Eisenbahnverwaltungen zu verzeichnen.

Die Effektivität des Güterwagenparks wird daran gemessen,

- wieviel Fahrzeuge in den einzelnen Wagengruppen für die Betriebsabwicklung zur Verfügung stehen,
- in welchem Zustand sich der Wagenpark befindet,
- welche Eignung der Wagenpark für den Transportprozeß hat und
- wie hoch der Aufwand für die Instandhaltung, Wartung, Pflege und Kontrolle der Fahrzeuge ist.

Dabei blieben die betriebswirtschaftlichen Gesichtspunkte, wie der Eigenmassekoeffizient, die Laderaum- und Tragfähigkeitsausnutzung, das Verhältnis Aufwand zu Betriebsergebnis, unberücksichtigt.

Rekonstruktionsmaßnahmen und Anforderungen an gesamten Wagenpark

Bei der Rekonstruktion des Güterwagenparks der Deutschen Reichsbahn zeichnen sich in der Verbesserung seines technischen Zustands folgende Tendenzen ab.

Das Laufwerk wird sich nicht grundsätzlich verändern. Die zweiachsigen Fahrzeuge mit überkritischem Laufwerk gestatten nämlich Fahrgeschwindigkeiten bis 120 km/h. Radsätze mit kleinem Laufkreisdurchmesser (920 mm) werden eingeführt, sobald die bremstechnischen Probleme gelöst sind.

Ein einheitliches Drehgestell für Großgüterwagen (weitestgehend ohne Verschleißstellen) wird bei allen europäischen Eisenbahnverwaltungen zur Zeit vorbereitet. Einheitliche Anschlußmaße für das Bremsgestänge, die Drehpfanne und die Gleitstücke sind die Folge.

Die Deutsche Reichsbahn orientiert sich in der Bremsausrüstung auch der Güterwagen generell auf das Steuerventil und die Zusatzeinrichtungen der Bauart KE. Das betrifft sowohl Neuanschaffungen als auch in eigenen Werkstätten gefertigte Güterwagen. Ab 1975 dürfen Fahrzeuge ohne Bremseinrichtung nicht mehr im Eisenbahnbetrieb verwendet werden. Für Geschwindigkeiten über 100 km/h benötigen die Güterwagen darüber hinaus noch eine automatische Lastabbremsung.

Außerdem ist international vereinbart worden, daß die Wagenradsätze heißläuferfrei sein müssen. Das hängt mit der Erhöhung der Güterzuggeschwindigkeit im internationalen Verkehr auf 80 bis 100 km/h sowie mit der notwendigen Verbesserung der Laufeigenschaften zusammen. Gleitlagerradsätze werden durch Rollenlagerradsätze ersetzt, und die Heißläufergefahr wird somit fast beseitigt. Mehr als die Hälfte aller Güterwagen der Deutschen Reichsbahn sind bereits umgerüstet oder neu ausgestattet worden.

Bei den Aufbauten der Güterwagen setzt

9 Spezialbehälterwagen; die neue Wagengattung Zkf entstand eigens für den Transport von Gütern der Chemie und der Nahrungsmittelindustrie, die ein niedriges Schüttgewicht haben sowie eine geringe Feuchte und einen hohen Reinigungsgrad verlangen. Die Güter in staubförmigem oder körnigem Zustand können in die drei 40,8 m^3 fassenden Behälter eingeblasen werden

10 Doppelstöckiger Spezialwagen; er besteht aus zwei Einheiten, die miteinander kurzgekuppelt sind; er wird für den Transport von Kraftfahrzeugen verwendet, und zwar von acht bis zehn Fahrzeugen je nach Größe auf dem Ober- und Unterdeck

11 Zwanzigachsiger Spezial-Tiefladewagen der Deutschen Reichsbahn; er eignet sich vor allem für den Transport von großen und schweren Transformatoren, wobei diese zwischen den beiden Drehgestellgruppen eingehangen werden. Die Tragfähigkeit beträgt maximal 240 t

11

sich die Stahlausführung immer mehr durch. Die Ladefläche wird weitgehend holzarm sein, weil gekantete Blechprofile in Hutform mit Holzfußbodenbohlen abwechseln, Seitenwände und Dächer werden hingegen holzlos ausgeführt. Dabei hat sich bei gedeckten Güterwagen die gesickte Blechausführung für die Seiten- und Stirnwände als besonders vorteilhaft und haltbar erwiesen.

Der technische Zustand der Güterwagen, die Konstruktionsart, die Bauform und die Baustoffe beeinflussen sehr stark den Instandhaltungsaufwand, die Fristenfolge für die Erhaltung und Unterhaltung, die Verschleißgeschwindigkeit der Bauelemente und Bauteile wie überhaupt die optimale Nutzungsdauer. Die Ausgaben für die Aufrechterhaltung der Betriebsbereitschaft der Güterwagen nach 26jährigem Einsatz hat man bei der Deutschen Reichsbahn im Durchschnitt mit 115 Prozent des Beschaffungspreises berechnet.

Verschleißmindernde Maßnahmen sowie eine wartungsarme Fahrzeugkonstruktion ermöglichen hohe Laufleistungen und lange Untersuchungsfristen. Die Deutsche Reichsbahn ging — bedingt durch die Erfolge bei der Verschleißfestmachung und Verschleißabwehr — dazu über, die Fristen für die Zuführung der Güterwagen in das Ausbesserungswerk von einem Jahr auf zwei Jahre zu verlängern und einen zwölfmonatigen Instandhaltungszyklus für bestimmte Güterwagen festzulegen. Die verschleißmindernden Maßnahmen erstrecken sich sowohl auf die Bauteile, die unmittelbar beim Transport beansprucht werden (Achslager, Kupplung u. a.), als auch auf Rahmen- und Aufbautenteile. Der korrosionsträge Baustahl St 35/50 verringert beispielsweise den Verschleiß infolge Korrosion im Verhältnis zu normalen Baustählen um das Drei- bis Fünffache. Das ist insofern bedeutungsvoll, als der Güterwagen Wind und Wetter ausgesetzt ist und trotz mehrfachen Anstrichs an bestimmten Stellen schnell zur Korrosion neigt. Überlegungen gehen auch dahin, für die Seiten- und Stirnwandauskleidung eingefärbte glasfaserverstärkte Polyesterplatten oder kunstharzverleimte Sperrholzplatten mit Deckschichten zu benutzen.

Ein weiteres Kriterium bei der Rekonstruktion des Güterwagenparks ist die allseitige Standardisierung und der Austauschbau. Das bezieht sich sowohl auf die Reduzierung und Vereinheitlichung der Wagentypen und -bauarten als auch auf die Einzelstandardisierung. Die 25 Tragfedersorten bei zweiachsigen Güterwagen zum Beispiel sind um 13 Sorten reduziert worden; von 224 Bügelgriffsarten bestehen nur noch 22.

Die Versuchs- und Entwicklungsstelle für die Wagenwirtschaft der Deutschen Reichsbahn in Delitzsch und das Institut für Schienenfahrzeuge in Berlin-Bohnsdorf sind gegenwärtig mit der Komplexstandardisierung beschäftigt. Wagenaufbauten und Zubehörteile der Fahrzeuge sollen so ausgeführt werden, daß sie eine einfache technologische Herstellung, eine hohe Festigkeit und einen geringen Verschleiß, eine einfache Formgestaltung, eine vielseitige Verwendbarkeit, minimale Herstellungskosten und nicht zuletzt einen einfachen Austausch gestatten.

Bei allen Rekonstruktionsmaßnahmen wird der künftige Einbau der internationalen automatischen Mittelpufferkupplung berücksichtigt, indem man das Untergestell konstruktiv veränderte und verstärkte. (Über dieses neue Kupplungssystem wurde im Eisenbahn-Jahrbuch 1964, S. 81 ff., berichtet.)

Die Deutsche Reichsbahn wird die große Anzahl ihrer Güterwagengattungen durch die Ausmusterung alter und den Bau neuer, vereinheitlichter Fahrzeuge verringern. So begann sie in ihren Werkstätten ein Neubauprogramm mit zweiachsigen Güterwagen. Seit 1965 werden im Raw Dresden jährlich etwa 1500 offene Güterwagen (Ommsu) der sogenannten UIC-Baureihe gebaut, wodurch bis 1970 neun ältere Wagenbauarten ausgemustert werden. Das Raw »Einheit« Leipzig stellt etwa ebensoviel zweiachsige gedeckte Güterwagen (Glmms) nach UIC-Merkblatt 571 her. Dieses Programm sichert die einfache Reproduktion dieser Fahrzeuggattungen. Darüber hinaus werden viele Tausende von Güterwagen des Betriebsparks in den Werkstätten der Deutschen Reichsbahn modernisiert und vereinheitlicht.

Neue Fahrzeuge und ihre Besonderheiten

Im Jahr 1970 wird etwa ein Viertel aller Güterwagen der Deutschen Reichsbahn erneuert sein. Der Zugang aus der in- und ausländischen Fahrzeugindustrie konzentriert sich hauptsächlich auf vier- und mehrachsige Wagen sowie auf Spezialwagen.

Der vierachsige gedeckte Güterwagen, vollkommen mit Blech verkleidet und beidseitig zweitürig, wird nur noch in geringer Stückzahl beschafft, da er in vergangenen Jahren sehr zahlreich in Dienst gestellt worden ist. Ähnlich ist es bei den vierachsigen offenen Wagen. Hier wird die Spezialausführung zusätzliche Mechanismen für eine zum Teil dosierte Schwerkraftentladung (sowohl innerhalb als auch außerhalb des Gleises) mit verschiedenen Entladeweiten erhalten.

Die Deutsche Reichsbahn wird ihren Güterwagenbestand durch zahlreiche neue vierachsige Plattformwagen erweitern. Das ist vor allem auf den stark zunehmenden Containerverkehr zurückzuführen.

Vorwiegend zweiachsige Eiskühlwagen für Fleisch- und Fischtransporte wurden in den letzten Jahren angeschafft. Das wird beibehalten allerdings mit der Maßgabe, daß die jetzt ausgelieferten Fahrzeuge in den Grundabmessungen den bei der Deutschen Reichsbahn gebauten zweiachsigen gedeckten Wagen entsprechen und zugleich eine bessere Auslastung gewährleisten.

Auch die Behälterwagen nehmen wegen des schnellen Wachstums unserer chemischen Industrie rasch zu. Spezialgüterwagen lassen sich jedoch bei einigen Gutarten, die teilweise auf das Behältermaterial aggresiv wirken, nicht vermeiden. Für die Beförderung von Essigsäure, Salpetersäure, Glyzerin oder Milchsäure werden beispielsweise Aluminiumbehälter verwendet; für den Transport von Salzsäure, Natronbleichlauge oder Tetrachloräthan müssen die Kessel verbleit oder gummiert sein; Schwefelsäure erfordert Wagen mit Steinzeugtöpfen. Außer diesen zweiachsigen Kesselwagen werden vierachsige für den Transport von Druckgas und Bitumen in größerer Anzahl in Dienst gestellt. Auch Zement- und Chemiebehälterwagen wachsen wegen des zu erwartenden hohen Gutaufkommens rapide an.

Alle neuen Wagen haben (auch in der Spezialausführung) weitgehend standardisierte und verschleißarme Bauteile und entsprechen den brems- und lauftechnischen Bedingungen des internationalen Verkehrs.

Die Anzahl der Güterwagengattungen wird sich bei der Deutschen Reichsbahn bis 1970 auf 190, bis 1975 auf 178 und bis 1980 auf 173 verringern. Die größte Gattungsbereinigung ist bei offenen Güterwagen zu verzeichnen, also dort, wo der technische Zustand, die geringe Tragfähigkeit und der kleine Laderaum am wenigsten einen wirtschaftlichen Gütertransport garantieren. Das Durchschnittsalter des Fahrzeugparks vermindert sich bis 1980 auf 17 Jahre, was auch international allgemein angestrebt wird.

Entwicklungstendenzen

Alle bisherigen Überlegungen gingen von dem Grundsatz aus, daß das Transportgefäß Bestandteil des Güterwagens ist. Im Gütertransportsystem zeichnet sich aber ein neuer Weg ab: das Container-Transportsystem, worüber an anderer Stelle dieses Buches berichtet wird. Danach werden die Sendungen zu typisierten und standardisierten Ladeeinheiten zusammengefaßt und in einer geschlossenen, weitestgehend mechanisierten Transportkette vom Erzeuger bis zum Verbraucher befördert. Das Transportgefäß, der Container, wird vom Fahrzeuguntergestell getrennt. Der Güterwagen nimmt also nicht mehr das Ladegut auf, sondern die Gefäße oder Behälter.

Daher brauchen die Eisenbahnen Flachwagen mit Anschlags- oder Befestigungsvorrichtungen für die Container. Einige Eisenbahnverwaltungen haben sich Spezialwagen angeschafft, die eine tiefere Ladefläche haben und die zugleich eine Verladung der Sattelanhänger, das heißt der Traggestelle für den Straßentransport, gestatten.

Die Deutsche Reichsbahn verwendet für den Containertransport den vierachsigen Plattformwagen SSalm, der in den nächsten Jahren noch in größerer Anzahl in Dienst gestellt wird. Seine Ladefläche erlaubt, Container jeder Größe in wahlweiser Kombination bis zu einer Gesamtlänge 3× 20 Fuß aufzunehmen. Die zusätzlich angebrachten Befestigungseinrichtungen auf der Ladefläche schränken den Einsatz des Wagens für lange, sperrige oder schwere Güter nicht ein. Jeweils fünf Wagen werden beim Containertransport miteinander kurzgekuppelt und als geschlossene Einheit zusammengestellt. Je nach Transportbedürfnis werden dann mehrere Einheiten in festen Verkehrsverbindungen als Containerzüge — ohne rangierdienstliche Behandlung — gefahren. Auf die volkswirtschaftliche Bedeutung und den inneren Aufbau des Container-Transportsystems (CTS) braucht hier nicht besonders hingewiesen zu werden. Ergänzend sei aber erwähnt, daß sogar Spezial-Container für Schüttgüter, Rohholz und Stahlfabrikate, für Flüssigkeiten, Kühlgüter, staubförmige Güter und für Flachglas vorgesehen sind.

Es ist noch nicht abzusehen, welche Auswirkungen die Rationalisierungsmaßnahmen im Güterverkehr auf die Struktur und den Aufbau des Güterwagenparks im einzelnen haben werden. Die große Anzahl von Fahrzeuggattungen, die bisher vorgehalten werden mußte, wird sich gewiß noch weiter verringern lassen. Der Gesamtwagenpark wird durch das CTS in jedem Fall besser ausgelastet und damit die Leerwagenbewegung erheblich geringer werden. Mit der zweckmäßigeren Ausnutzung des Transportraums, also des Arbeitsmittels Güterwagen, wird der Transportprozeß effektiver, was letztlich die Selbstkosten senken und die Arbeitsproduktivität steigern hilft.

Bahnhöfe und Strecken

1

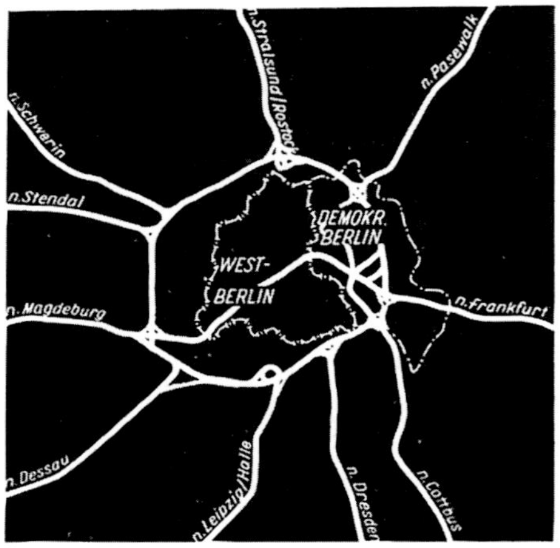

BAR

Ing. HELMUT LENHARD, Berlin

Größtes Bauobjekt der Deutschen Reichsbahn

Wohl selten stand eine Eisenbahnanlage, die nur betrieblichen Zwekken, das heißt der Beförderung der Züge dient, so im Blickpunkt des allgemeinen Interesses wie die am Grünauer Kreuz.

Dem aufmerksamen Reisenden, der aus den südöstlichen, südlichen, südwestlichen oder westlichen Bezirken der DDR zum Teil über den Berliner Außenring und den Bahnhof Zentralflughafen Berlin-Schönefeld in das Stadtgebiet einfährt, fällt zunächst einmal der Turm des Zentralstellwerks »Grünauer Kreuz« auf. Er sieht ferner eine ihm unentwirrbar erscheinende Anhäufung von S- und Fernbahnstrecken, von Kreuzungsbauwerken und Verbindungskurven (Abb. 2). Wenn er zudem erfährt, daß hier (nach dem Stand von April 1963) in 24 Stunden 26 Schnellzüge (davon 16 im internationalen Verkehr), 101 Personenzüge (davon 71 im Berufsschnellverkehr), 129 Güterzüge (davon 8 im internationalen Verkehr) sowie 436 S-Bahnzüge verkehren, insgesamt also einschließlich der Lokomotivleerfahrten 784 Züge, so drängt sich ihm die Frage auf: »Welchen Umfang und welche Bedeutung haben die Anlagen des Grünauer Kreuzes im heutigen Berliner Eisenbahnnetz?«

Zur Beantwortung dieser Frage sei zunächst ein kleiner Rückblick gestattet. Nach der Verkehrskarte (Abb. 1) verlaufen von Berlin aus strahlenförmig Eisenbahnlinien nach allen Himmelsrichtungen. Diese Tatsache ist historisch bedingt.

Zu der Zeit, als der Eisenbahnbau in Deutschland einsetzte, war Berlin nicht nur die Hauptstadt, sondern auch das wirtschaftliche Zentrum des größten deutschen Teilstaates. In dem junkerlichen Preußen entwickelte sich in starkem Maße die Industrie, und es bildete sich dadurch ein großer innerer Markt ohne Zollschranken heraus, weshalb sich die aufstrebende Bourgeoisie in den deutschen Mittel- und Kleinstaaten daran gewöhnte, »nach Preußen zu blicken als ihrer ökonomischen und dereinst auch politischen Vormacht« (Friedrich Engels). Daher ist es nicht verwunderlich, daß Berlin bereits um 1850 als Zentrum eines gesamtdeutschen Eisenbahnnetzes zu erkennen war.

Viele Strecken wurden in den vierziger Jahren des vorigen Jahrhun-

derts in Betrieb genommen, so Berlin—Frankfurt/Oder 1842, Berlin—Stettin 1843, Berlin—Wittenberge (Hamburg) 1846, Berlin—Magdeburg 1846 als Verlängerung der 1838 eröffneten Linie Berlin—Potsdam, Berlin—Jüterbog (Halle/Riesa) 1848. Es folgten Berlin—Küstrin 1867 und Berlin—Cottbus (Görlitz) 1866. In den siebziger Jahren kamen die Strecken Berlin—Stendal (Lehrter Bahn) 1871, Berlin—Dresden 1875, Berlin—Neustrelitz (Stralsund) 1878 und schließlich Berlin—Blankenheim über Wiesenburg und Güsten 1879 hinzu.
Der Vollständigkeit halber seien noch die Strecken Berlin—Neuruppin, Berlin—Wriezen und die sogenannte Heidekrautbahn Berlin—Basdorf — Großschönebeck erwähnt, die überwiegend lokale Bedeutung haben.
Die meisten der genannten Strecken endeten unabhängig voneinander in Kopfbahnhöfen, die weit vom Stadtmittelpunkt entfernt, oft sogar außerhalb des seinerzeit bebauten Stadtgebietes lagen. Die Ursache dafür war, daß diese Eisenbahnlinien ausschließlich von privatkapitalistischen Eisenbahngesellschaften gebaut wurden, die sich gegenseitig heftig bekämpften und nicht geneigt waren, die Streckenendpunkte zu verknüpfen. Anfang der siebziger Jahre waren somit acht getrennte Fernbahnhöfe vorhanden, und zwar die Bahnhöfe Charlottenburg, Potsdamer Bahnhof, Lehrter Bahnhof, Stettiner Bahnhof (heute Nordbahnhof), Personenbahnhof der Nordbahn (auf dem Gelände des heutigen Güterbahnhofs Eberswalder Straße), Schlesischer Bahnhof (heute Ostbahnhof), Görlitzer Bahnhof und Anhalter Bahnhof. Die mit dieser Situation verbundenen betrieblichen und verkehrlichen Nachteile zwangen schließlich dazu, die einzelnen Strecken und Bahnhöfe miteinander zu verbinden. Bereits 1872 wurde die Ringbahn (heutiger Innenring) im östlichen Teil, nämlich von Moabit bis Schöneberg, eröffnet und schließlich 1877 mit dem westlichen Teil vollendet. Auch der Bau der Berliner Stadtbahn in den Jahren 1875 bis 1882 diente diesem Zweck. Sie hatte insofern Bedeutung, als die Reisenden nunmehr direkt mit der Fern- oder Vorortbahn in die Innenstadt gelangen konnten.
Infolge der Ausdehnung Berlins lagen inzwischen auch die meisten Streckenendpunkte mit ihren Kopfbahnhöfen mitten im dichtbebauten Stadtgebiet. Der Reiseverkehr stieg sprunghaft an. Während 1877 täglich 80 Fernzüge in Berlin endeten oder in Berlin begannen, waren es 1914 bereits 250.
Mit der Ausdehnung der Stadt erlangte das innere Berliner Eisenbahnnetz (als Anfang des heutigen Berliner S-Bahnnetzes) mehr und mehr an Bedeutung sowohl für den innerstädtischen Verkehr als auch für den starken Durchgangsreiseverkehr.
Durch das Ansteigen der Einwohnerzahl und die Entwicklung der Industrie nahm gleichzeitig der Güterverkehr beträchtlich zu. Auch hier spielte Berlin im Durchgangsverkehr eine erhebliche Rolle. Wenn auch der heutige Innenring viele Bahnhöfe, die dem Güterverkehr dienten, verband und insofern große Vorteile brachte, so mußten doch alle Berlin im Durchlauf berührenden Frachten erst in das Stadtgebiet hineingefahren werden, ehe sie nach mehreren Umstellungen von einem Zug in einen anderen entsprechend dem jeweiligen Zielbahnhof das Stadtgebiet wieder verließen. Damit waren vor allem für den Eisenbahnbetrieb, aber auch für die Stadt erhebliche Nachteile verbunden.
Zeitgenössische Veröffentlichungen berichten von Schwierigkeiten, die Ende des vorigen Jahrhunderts auf dem Innenring und den Rangierbahnhöfen Berlins im Herbst und Winter immer wieder auftraten. Bereits 1898 erwog man daher den Gedanken, eine Güterumgehungsbahn in Berlin zu bauen und leitete auch schon die ersten Schritte dazu ein.
Dieser zweite Ring — wie die Güterumgehungsbahn auch genannt wurde — sollte nicht nur den Durchgangsverkehr aufnehmen, sondern auch für eine schnellere Beförderung des Ortsgutes entsprechend seinen Bestimmungsbahnhöfen in Berlin genutzt werden. Man kam auch zu dem richtigen Schluß, daß zwar die Betriebsleistung — das ist das Produkt Masse mal Entfernung und wird in Tonnenkilometern (tkm) ausgedrückt — durch die längeren Wege steigt, daß aber der Wagenumlauf insgesamt beschleunigt wird. Außerdem versprach man sich einen wirtschaftlichen Aufschluß der Randgebiete. Als

1 *Eisenbahnverkehrskarte Berliner Raum*

2 *»Grünauer Kreuz« (Teilpanorama)*

3

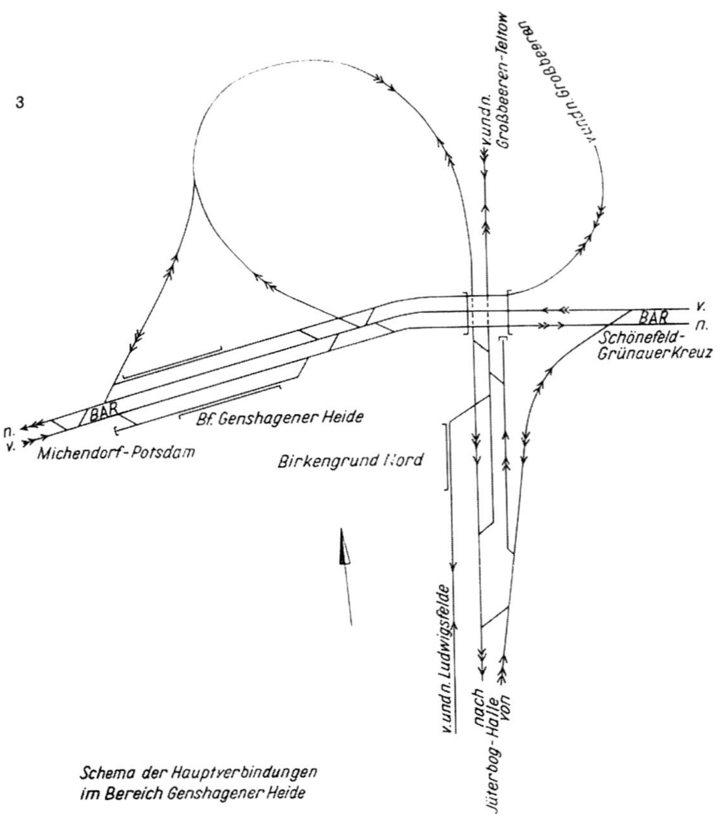

4

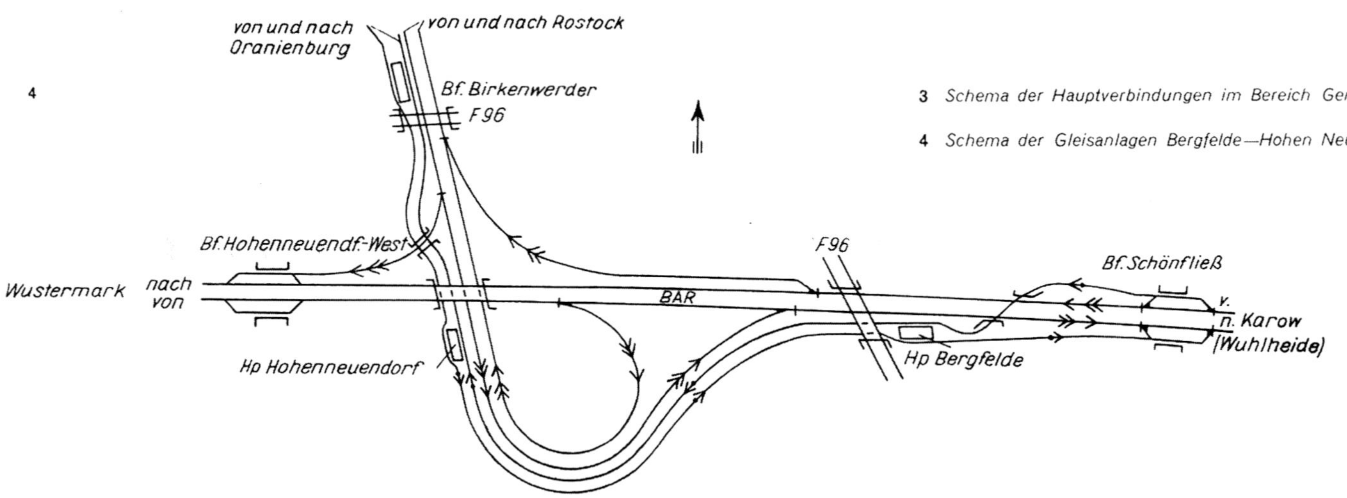

3 *Schema der Hauptverbindungen im Bereich Genshagener Heide*

4 *Schema der Gleisanlagen Bergfelde—Hohen Neuendorf—Birkenwerder*

bauliche Grundforderungen galten: zweigleisige Hauptbahn, schienenfreie Kreuzungen mit den Stammbahnen (Radialstrecken) und gute Verbindung mit ihnen. Der kleinste Bogenhalbmesser sollte 400 m, die größte Neigung 1 : 140 (7°/₀₀) betragen.

Nach mehreren Untersuchungen wurde seinerzeit folgende Streckenführung festgelegt: Oranienburg—Kremmen—Nauen—Wustermark—Wildpark—Beelitz—Michendorf—Mahlsdorf. Um die Jahrhundertwende begann man mit dem Bau einzelner Teilabschnitte. Der Abschnitt Nauen—Wildpark wurde 1902, Wildpark—Beelitz (Seddin) 1908 und Oranienburg—Kremmen—Nauen 1915 in Betrieb genommen. Der südliche Abschnitt von Michendorf aus war erst nach dem ersten Weltkrieg fertig. Diese Linie verlief auf dem heute in den Berliner Außenring einbezogenen Abschnitt bis Genshagener Heide, schwenkte dann nach Norden, zog sich parallel zur Strecke Berlin—Jüterbog bis Teltow hin, bog nördlich davon in Richtung Lichtenrade—Groß-Ziethen—Schönefeld ab und endete in Grünau. Die Verlängerung von Grünau bis Karow (Strecke Berlin—Angermünde) über Wuhlheide—Springpfuhl wurde erst während des zweiten Weltkrieges als eingleisige Strecke vollendet.

Die seinerzeit erhobene Forderung nach einem guten Anschluß an die Stammbahnen wurde überwiegend dadurch verwirklicht, daß man den Ring im Bereich von Bahnhöfen mehr oder weniger lange parallel zu der Stammbahn führte. Dies ist noch heute auf den Bahnhöfen Kremmen, Nauen, bei Wustermark, Wildpark und zwischen Seddin und Michendorf zu beobachten..

Mit den Ende des zweiten Weltkrieges vorhandenen Abschnitten des Güteraußenrings konnte Berlin im wesentlichen umfahren werden. Lediglich im Norden fehlte eine Verbindung zwischen den Strecken Berlin—Angermünde und Berlin—Neustrelitz; sie wurde 1949/50 als eingleisige Hauptbahn gebaut. Sie zweigt von der Strecke Berlin—Angermünde zwischen den Bahnhöfen Berlin-Karow und Berlin-Buch ab und erreicht (über Basdorf führend) nördlich Oranienburg die Strecke Berlin—Neustrelitz. Gleichzeitig damit entstand auf dem Abschnitt Wuhlheide—Karow des Güteraußenrings in Karow eine Verbindungskurve in südlicher Richtung zum Bahnhof Berlin-Blankenburg (—Pankow).

Wenn auch der nun geschlossene Güteraußenring ein Umfahren des Stadtgebietes von Berlin für den Durchgangs- und zum Teil auch für den Zielverkehr nach Berlin ermöglichte, so konnte das auf die Dauer nur eine Notlösung sein.

Abgesehen davon, daß einige Abschnitte des Güteraußenrings eingleisig und viele Brücken nur sogenannte Dauerbehelfe waren, entsprach schließlich auch die Linienführung, die seinerzeit von dem geringsten möglichen Bauaufwand bestimmt worden war, keinesfalls den Anforderungen. Auch konnten besonders die alten Außenringabschnitte im Norden den wachsenden Belastungen nicht standhalten.

5 *Eisenbahnbrücken am »Grünauer Kreuz« überqueren auch die zwei Bahnen einer neuen Schnellverkehrsstraße*

Erst unter der Arbeiter-und-Bauern-Macht war es möglich, einen den wirklichen Anforderungen entsprechenden Außenring um Berlin zu schaffen.

So wurde schließlich 1950 mit dem Neubau des ersten bedeutenden Abschnitts des heutigen Berliner Außenrings (BAR), dem Südring zwischen Ludwigsfelde und Grünau, begonnen, über den dann bereits im August 1951 die Jugend der Welt zu den III. Weltfestspielen der Jugend und Studenten nach Berlin fuhr. Diesem Abschnitt folgte unmittelbar darauf der Abschnitt Grünau—Eichgestell mit dem Anschluß an die Strecke Berlin—Frankfurt/Oder und den wesentlichsten Teilen des »Grünauer Kreuzes«, auf dessen Anlagen noch besonders eingegangen wird. Diese Abschnitte wurden sofort zweigleisig ausgebaut, wie grundsätzlich auch alle anderen des Berliner Außenrings einen Unterbau für zwei Gleise erhielten. Die kleinsten Bogenhalbmesser unterschreiten nur selten 2000 m.

Der nächste Bauabschnitt des Berliner Außenrings war 1952 die zweigleisige Neubaustrecke Karow—Birkenwerder. Sie erhielt in Karow eingleisige Verbindungskurven zu dem alten Güteraußenringabschnitt Wuhlheide—Karow und zur Strecke Berlin—Angermünde, und zwar in nördlicher und südlicher Richtung. In Birkenwerder endete sie zunächst in einer eingleisigen Verbindungskurve von Bergfelde her, die den Anschluß an die Strecke Berlin—Neustrelitz herstellte.

Im Jahr 1953 begann der Bau des Abschnitts Birkenwerder (Bergfelde)—Wustermark. Dieser Abschnitt, der 1954 als zunächst eingleisige Hauptbahn in Betrieb genommen wurde, stellte die Verbindung nach Hennigsdorf und vor allem zu den Linien Berlin—Wittenberge und Berlin—Stendal sowie zwischen Hennigsdorf und dem Rangierbahnhof Wustermark her. Er nahm den Umgehungsverkehr auf, den bisher die nördlich davon gelegenen Abschnitte des alten Güteraußenrings Oranienburg—Kremmen—Nauen und die Neben-

6 *Berliner Außenring*

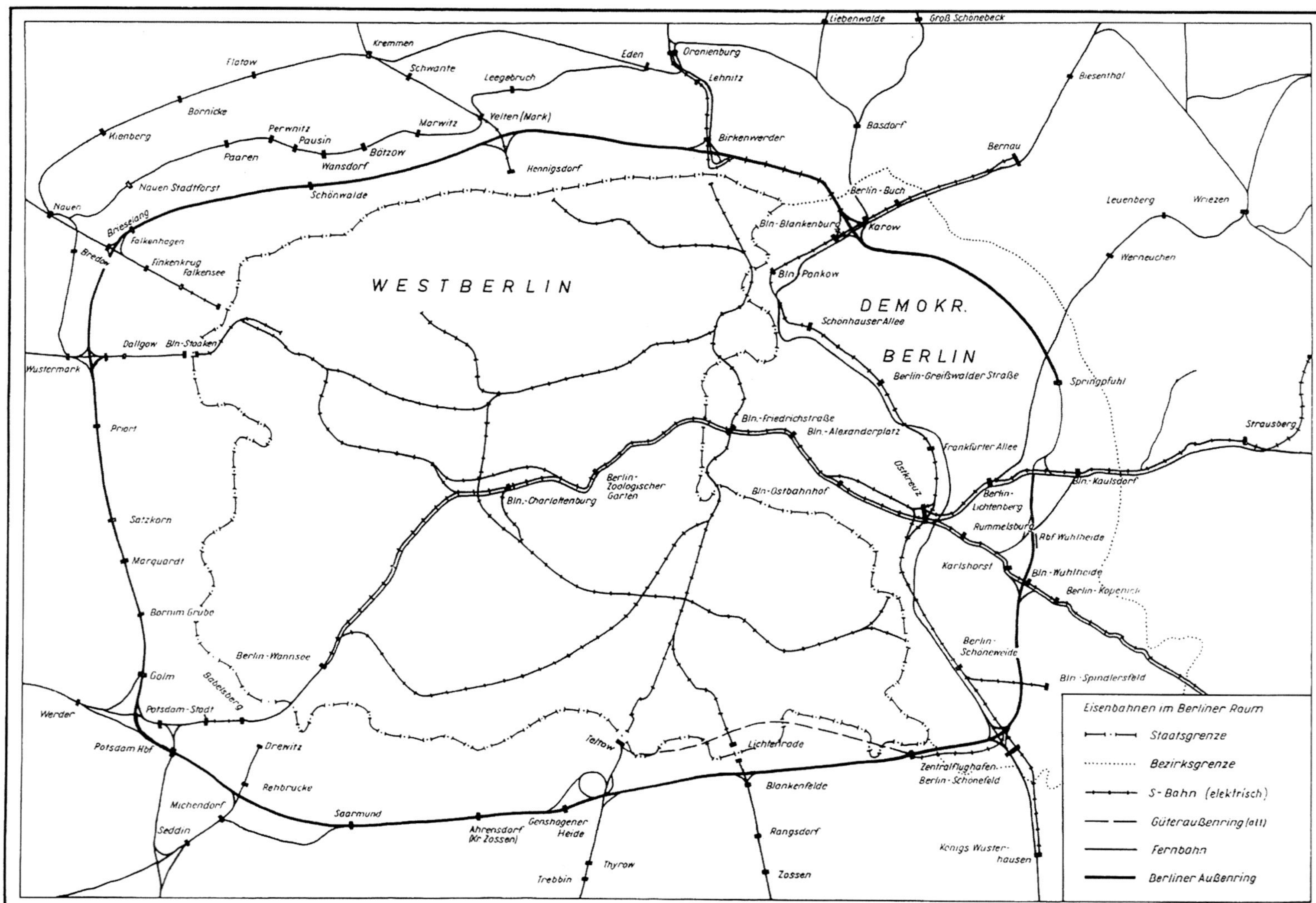

bahn Oranienburg—Velten—Bötzow—Nauen zu bewältigen hatten. Außerdem schloß dieser Abschnitt des Berliner Außenrings bei Wustermark an die eingleisige Hauptbahn nach Golm (Wildpark) an, die als Teil des Güteraußenrings in ihrer Lage wohl den Erfordernissen des Berliner Außenrings entsprach, später aber zweigleisig ausgebaut und in ihrer Linienführung verbessert werden mußte.
Wegen der vielen Wasserläufe (wie Havel, Havelkanal, Nieder Neuendorfer Kanal usw.), die die Neubaustrecke Birkenwerder—Wustermark kreuzen, hatte dieser Bau den bis dahin größten Umfang.
Mit den genannten Teilen des Berliner Außenrings waren im Norden und Nordwesten Berlins endgültige Anlagen geschaffen worden, die den seinerzeitigen betrieblichen Anforderungen entsprachen und wegen ihrer großzügigen Linienführung einen flüssigen Betrieb gestatteten.
Für alle Züge jedoch, die vom südlichen Teil des Berliner Außenrings, von Frankfurt/Oder oder von der Stadtbahn (Ostbahnhof) zum nördlichen Teil des Berliner Außenrings fuhren (natürlich auch in der Gegenrichtung), wurde der Abschnitt Wuhlheide—Karow des alten Güteraußenrings mehr und mehr zu einem Engpaß. Aus diesem Grund begann man 1954 mit dem Bau des neuen Abschnitts Springpfuhl (Wuhlheide)—Karow. Diese Strecke wurde sofort zweigleisig mit der dem Berliner Außenring eigenen großzügigen Linienführung angelegt. Der alte eingleisige Abschnitt des Güteraußenrings mit seiner ungünstigen Linienführung wurde danach außer Betrieb gesetzt und einschließlch des Unterbaues abgetragen.
Im Süden und Südwesten Berlins wickelte sich der Umgehungsverkehr auf dem bereits erwähnten Abschnitt Michendorf—Großbeeren ab, der inzwischen wieder zweigleisig ausgebaut worden war und an den am Bahnhof Genshagener Heide der neue südliche Teil des Berliner Außenrings in Richtung Schönefeld anschloß. Damit war

7 Der Templiner See wird durch einen neuen Damm und eine neue Eisenbahnbrücke überquert

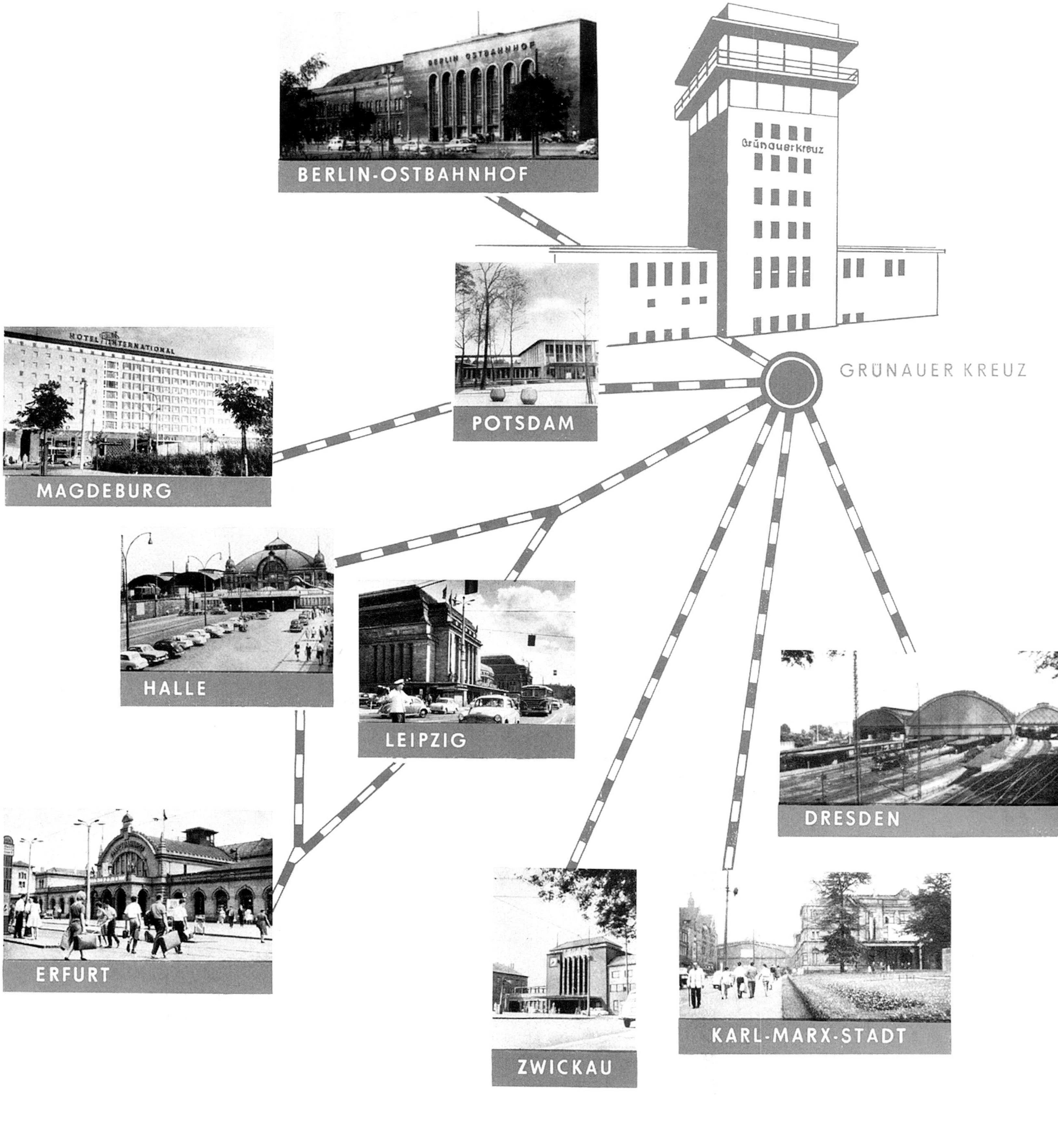
BERLIN OSTBAHNHOF
BERLIN-OSTBAHNHOF
Grünauer Kreuz
GRÜNAUER KREUZ
HOTEL INTERNATIONAL
POTSDAM
MAGDEBURG
HALLE
LEIPZIG
DRESDEN
ERFURT
ZWICKAU
KARL-MARX-STADT

jedoch der Nachteil verbunden, daß alle Züge in Richtung Brandenburg – Magdeburg und in Richtung Wustermark – nördlicher Teil des Berliner Außenrings über Michendorf – Seddin und weiter auf der eingleisigen Hauptbahn (alter Ring) über Caputh – Geltow nach Wildpark fahren mußten.

Dies war nicht nur ein bedeutender Umweg, sondern schränkte auch den Umgehungsverkehr ein und belastete einige Radialstrecken. Hier konnte nur eine direkte Verbindung von einem Punkt der Strecke Michendorf – Genshagener Heide nach Golm eine wirkliche Besserung schaffen, zumal damit dann der Berliner Außenring in seiner endgültigen Form auch geschlossen wurde. Jedoch bot das Gelände, insbesondere der Templiner See, dieser Linienführung erhebliche Hindernisse. Nicht weniger als 14 Varianten der Linienführung wurden untersucht, um die baulich, betrieblich und verkehrlich günstigste Lösung zu finden. Diese war zwar eine der kürzesten, bautechnisch aber die schwierigste Linie, nämlich der wohl bekannteste Abschnitt des Berliner Außenrings von Saarmund nach Golm, mit dessen Bau 1955 begonnen wurde. Vor allem die Überquerung des Templiner Sees bei Potsdam an der nahezu breitesten Stelle mit einem rund 1300 m langen Damm (Abb. 7), der auf mächtigen Faulschlammschichten gegründet werden mußte, stellte geotechnische und bautechnische Probleme, die alle Beteiligten in sehr kurzer Zeit in hervorragender Gemeinschaftsarbeit lösten. So wurden zum Beispiel für den Dammbau 3 Millionen Kubikmeter Erdmassen bewegt und zwischen Saarmund und Golm 15 Brücken von den insgesamt 100 Bauwerken auf dem Berliner Außenring errichtet. Dieser Abschnitt des BAR wurde in Golm an die Strecke Golm – Wustermark, außerdem mit einer Verbindungskurve nach Werder an die Strecke Berlin – Magdeburg angeschlossen.

An der Kreuzungsstelle mit der Strecke Wildpark – Seddin (Jüterbog) entstand der Potsdamer Hauptbahnhof. Die Kreuzung mit der Linie Berlin – Wiesenburg bei Bergholz erlangte später als Umsteigestelle Bedeutung. Der Rangierbahnhof Seddin wurde mit einer neuen Verbindungskurve bei Wilhelmshorst in westlicher Richtung an den Berliner Außenring angeschlossen. In östlicher Richtung war er ja bereits von Michendorf aus mit ihm verbunden. Der Seedamm des neuen Abschnitts erhielt zwei Gleise, die übrige Strecke zwischen Saarmund und Golm zunächst nur ein Gleis. Im Herbst 1956 bereits wurde der Betrieb aufgenommen.

Mit der Sicherung der Staatsgrenze in und um Berlin am 13. August 1961 erlangte der Berliner Außenring eine außerordentliche politische Bedeutung. Er war mit eine Voraussetzung für das Gelingen der Sicherungsmaßnahmen unserer Regierung. Durch die Verlagerung des gesamten Berufsverkehrs aus den nördlichen, westlichen und südlichen Randgebieten von Berlin infolge der Unterbrechung des durchgehenden S-Bahnverkehrs stieg die Streckenbelegung der eingleisigen Abschnitte erheblich an, die auch die beste Fahrplankonstruktion nicht ausgleichen konnte und vor allem den Güterverkehr beeinträchtigte und zu Umleitungen zwang.

Auf den Strecken Bergfelde – Wustermark und Saarmund – Golm waren das Planum und die Widerlager der Brücken für das zweite Gleis vorhanden. Somit bestanden günstige Voraussetzungen, das zweite Gleis schnell zu verlegen. In weniger als zwei Monaten beendeten die Eisenbahner in vorbildlichem Einsatz die Oberbau- und Brückenarbeiten sowie die Montage der Sicherungsanlagen. Lediglich noch einige kurze Abschnitte im Bereich der Havelbrücke und der Havelkanalbrücke zwischen Bergfelde und Wustermark mußten solange eingleisig betrieben werden, bis die Überbauten für das zweite Gleis eingebaut waren. Gleichzeitig wechselte man einige Behelfsbrücken gegen endgültige aus und ersetzte später die zunächst provisorisch ergänzten Sicherungsanlagen auf den meisten Bahnhöfen durch Gleisbildstellwerke. Bei Brieselang entstand ferner eine neue Verbindungskurve, die einen direkten Zugübergang von der Strecke Berlin – Wittenberge aus Richtung Wittenberge auf den Berliner Außenring in Richtung Wustermark ermöglichte.

Schwieriger gestaltete sich der zweigleisige Ausbau des Abschnitts Golm – Wustermark, der ja bereits 1902 als Teil des damaligen Güteraußenrings angelegt worden war. Hier mußte – wie erwähnt – der Unterbau für das zweite Gleis neugeschaffen und die Linienführung einiger Teilabschnitte den Trassierungsgrundsätzen für den Berliner Außenring angepaßt werden. Die Bahnhöfe Priort und Satzkorn wurden vollständig umgebaut. Da der eingleisige Bahnkörper abschnittsweise auf nicht tragfähigem Baugrund ruhte, ergaben sich erhebliche geotechnische Probleme. Trotzdem konnte auch in diesem Abschnitt der zweigleisige Betrieb mit Ausnahme auf der Kanalbrücke bei Marquardt innerhalb von 60 Tagen termingemäß aufgenommen werden.

Der Überbau für das zweite Gleis auf der Kanalbrücke wurde ebenfalls später montiert.

In dem nunmehr vollständig zweigleisigen Berliner Außenring fehlt nur noch der Abschnitt Eichgestell – Springpfuhl, der in unmittelbarem Zusammenhang mit dem Ausbau des Rangierbahnhofs Wuhlheide steht und in dessen Ausbauplanungen mit einbezogen werden muß. Selbstverständlich wird der Berliner Außenring auch in diesem letzten Abschnitt zweigleisig sein.

Die Verbindungen zu den Radialstrecken wurden in den wichtisten Punkten so angelegt, daß schienengleiche Kreuzungen auf dem Ring vermieden werden. Dort, wo heute noch schienengleiche Kreuzungen vorhanden sind, wird in Zukunft die Schienenfreiheit hergestellt. Die kleinsten Halbmesser der Verbindungskurven betragen im Regelfall 500 m (Abb .3 und 4).

In den letzten Jahren gewann die Linienführung des Berliner Außenrings – besonders in seinem östlichen Teil – für die S-Bahn an Bedeutung, da neue Wohn- und Industriezentren in diesen Gebieten entstanden und sich neue Berufsverkehrsströme herausbildeten.

Außer der bereits in Betrieb befindlichen S-Bahnstrecke zum Bahnhof Zentralflughafen Berlin-Schönefeld (vgl. Eisenbahn-Jahrbuch 1963, Seite 145), soll deshalb die S-Bahn vom Grünauer Kreuz am Berliner Außenring entlang bis nach Wuhlheide weitergeführt werden, wo ein Anschluß an die S-Bahnstrecke Berlin – Erkner in Richtung Stadtbahn vorgesehen ist.

Nach Norden zu wird die S-Bahn unter Anschluß an die S-Bahnstrecke Berlin – Strausberg in Richtung Lichtenberg noch weiter dem Berliner Außenring bis etwa nach Springpfuhl folgen, von dort aus dann in westlicher Richtung abzweigen und zwischen dem Haltepunkt Pankow-Heinersdorf und dem Bahnhof Blankenburg an die S-Bahnstrecke Berlin – Bernau anschließen.

Damit werden Teile von Hohenschönhausen und Weißensee sowie

Marzahn und andere Ortsteile in diesem Gebiet in das S-Bahnnetz einbezogen.
Nördlich davon, zwischen Blankenburg und Schönfließ, benutzt die S-Bahn seit Herbst 1961 die Gleise des Berliner Außenrings, wodurch die S-Bahnstrecke zwischen Hohen Neuendorf und Oranienburg an das Berliner S-Bahnnetz angeschlossen ist. Der gemischte S-Bahn- und Fernbahnbetrieb führt jedoch durch den starren S-Bahnfahrplan zu steigenden Behinderungen, so daß eine Trennung durch viergleisigen Ausbau zwischen der Abzweigstelle Karow-West und Schönfließ oder der Bau einer besonderen S-Bahnstrecke über Buchholz, Blankenfelde nach Schönfließ zu erwägen sein wird.
Es ist außerdem denkbar, daß der Berliner Außenring im Süden zwischen Schönefeld und Glasower Damm (Mahlow) Bedeutung für die S-Bahn erlangen kann, wenn diese über Schönefeld hinaus verlängert wird und Anschluß an die S-Bahnstrecke nach Rangsdorf sowohl in südlicher als auch in nördlicher Richtung erhält.
Nachdem der Berliner Außenring und seine Entstehungsgeschichte in großen Zügen erläutert wurden, kann man die eingangs gestellte Frage nach dem Umfang und der Bedeutung des Grünauer Kreuzes leicht beantworten.
Hierüber läuft ein großer Teil des Reise- und Güterverkehrs, der in Berlin beginnt oder endet oder den Raum Berlin im Durchlauf passiert, und auch in steigendem Maße ein Teil des S-Bahnverkehrs (Streckenverlauf siehe Eisenbahn-Jahrbuch 1963, Seite 146).
Alle Reisezüge, die auf dem Ostbahnhof, Bahnhof Schöneweide oder Bahnhof Karlshorst eingesetzt werden und nach Süden (Dresden, Karl-Marx-Stadt), Südwesten (Raum Erfurt/Eisenach, Saalfeld) oder Westen (Magdeburg/Halberstadt) der Republik fahren, benutzen den Berliner Außenring über das Grünauer Kreuz in Richtung Schönefeld. Hinzu kommen die Züge des Berliner Schnellverkehrs Ostbahnhof—Karlshorst—Genshagener Heide—Potsdam—Werder oder Schöneweide—Wünsdorf sowie die Reisezüge, die (von Cottbus oder Frankfurt/Oder kommend) auf dem Berliner Außenring in die genannten Richtungen weiterfahren. Durchgehende Reisezüge aus dem Süden der DDR (Dresden) nach dem Norden (Rostock) verkehren — falls sie nicht ausschließlich den Berliner Außenring befahren — über das Grünauer Kreuz nach Schöneweide, von dort über den Innenring nach Lichtenberg und erreichen dann bei Springpfuhl wieder den Berliner Außenring. Das trifft bei allen diesen Zügen auch für die Gegenrichtung zu.
Über die Gleise des Grünauer Kreuzes rollen die Güterzüge, die aus dem Raum Cottbus/Senftenberg kommen und auf dem Rangierbahnhof Wuhlheide aufgelöst werden. Selbstverständlich passieren auch die anderen Güterzüge das Grünauer Kreuz, die aus dem Süden, Südwesten oder Westen der DDR kommen oder nach dort von den Rangierbahnhöfen Schöneweide, Pankow und Wuhlheide abfahren.
Daß am Grünauer Kreuz die S-Bahnverbindungen Friedrichstraße—Ostkreuz—Königs Wusterhausen, Bernau oder Friedrichstraße— Zentralflughafen Berlin-Schönefeld vorbeiführen, wurde bereits erwähnt.

Die Eisenbahnbrücke über den Templiner See

Mit der vorgesehenen Verlängerung in Richtung Wuhlheide werden Verbindungskurven Zugübergänge von Grünau und von Adlershof in Richtung Wuhlheide einschließlich der Gegenrichtungen ermöglichen. Die Verbindungskurven werden schienenfrei in die Stammstrecken eingebunden. Dadurch ergeben sich für die Betriebsführung der S-Bahn viele Variationsmöglichkeiten. Vor allem bei Betriebsstörungen auf einem Streckenabschnitt kann leicht umgeleitet werden.
Züge aus Richtung Königs Wusterhausen können sowohl über Schöneweide—Treptow als auch über Wuhlheide—Karlshorst zur Stadtbahn verkehren. Von der Stadtbahn her kann die Strecke Schöneweide—Adlershof—Wuhlheide—Karlshorst als Schleife befahren werden. Für die Linie Schönefeld—Bernau ergäbe sich die kürzere Verbindung über Wuhlheide—Springpfuhl—Blankenburg als tangentiale Nord-Süd-Verbindung. Außerdem könnte ein sogenannter Ostring von Ostkreuz über Treptow—Schöneweide—Adlershof—Wuhlheide—Springpfuhl—Pankow nach Schönhauser Allee befahren werden. Bereits diese kurze unvollständige Aufzählung gibt einen Eindruck der betrieblichen Möglichkeiten, die natürlich verkehrlich begründet sein müssen.
Damit die beschriebenen Anlagen der S- und Fernbahn betrieblich voll ausgenutzt werden können, braucht man moderne Sicherungsanlagen. Diese sind im Bereich des Grünauer Kreuzes vorhanden. Da alle Abzweigstellen der Fernbahn (mit Ausnahme der im Bereich des Bahnhofs Grünau) im Zentralstellwerk zusammengefaßt sind, ist für die Regelung des gesamten Betriebs nur ein Fahrdienstleiter erforderlich. Darüber hinaus ist der Abschnitt des Berliner Außenrings von Genshagener Heide bis Eichgestell mit automatischem Streckenblock gesichert. Alle Bahnhöfe und Abzweigstellen dieses Abschnitts sind mit Gleisbildstellwerken ausgerüstet.
Der Abschnitt Glasower Damm (Mahlow)—Eichgestell kann außerdem unter Ausschaltung der Unterwegsbahnhöfe vom Zentralstellwerk »Grünauer Kreuz« aus ferngesteuert werden. Der Fahrdienstleiter des Grünauer Kreuzes wird damit zum Streckenfahrdienstleiter. Er benutzt dazu ein Leuchtbild der genannten Strecke.
Die Sicherungsanlagen für die S-Bahn sind im Bereich des Grünauer Kreuzes ebenfalls zusammengefaßt. Auch hier lenkt nur ein Fahrdienstleiter, der in einem besonderen Stockwerk des Zentralstellwerks »Grünauer Kreuz« untergebracht ist, den gesamten S-Bahnbetrieb.
Zusammenfassend kann man feststellen, daß die Gleisanlagen (einschließlich der Eisenbahnbrücken) und die Sicherungsanlagen des Grünauer Kreuzes zu den modernsten Bahnanlagen der DDR gehören. Seine Anlage und sein Ausbau werden der großen betrieblichen Bedeutung dieses Punktes im Berliner Eisenbahnnetz voll gerecht.
Die Eisenbahnanlagen des Berliner Raumes werden noch weiter vervollkommnet. Insbesondere wird die Rationalisierung des Güter- und Reiseverkehrs durch weitere Konzentration auf wenige Rangierbahnhöfe, Be- und Entladeknoten sowie Personenbahnhöfe zu Veränderungen und Ergänzungen des Netzes führen. Das Rückgrat aller dieser Maßnahmen ist und bleibt jedoch der Berliner Außenring, der in Verbindung mit all den anderen genannten Strecken der Betriebsführung der Eisenbahn im Berliner Raum Möglichkeiten bietet, wie sie keine andere europäische Großstadt aufzuweisen vermag.

A. G. SCHUCHARDT, Berlin

Hauptbahnhof Leipzig – 50 Jahre alt

»Jubiläumsmesse — 800 Jahre Leipziger Messe«, so lautet die Inschrift auf dem Messeabzeichen zur Frühjahrsmesse 1965. Das ist in diesem Jahr das Ereignis für den völkerverbindenden Welthandel. Kaufleute aus Ost und West, aus den sozialistischen Ländern, aus den jungen Nationalstaaten Afrikas, Lateinamerikas und Asiens und aus den kapitalistischen Ländern, sowie die gastgebenden Leipziger bereiteten sich emsig auf diese Jubiläumsmesse und die Jubiläumsfeierlichkeiten vor, seitdem die Herbstmesse 1964 ihre Tore geschlossen hatte. Tagtäglich trafen aus aller Welt Bestellungen auf Ausstellungsflächen und Quartiere ein, zügig gingen die Bauarbeiten an den neuen Hotels, an weiteren Messehäusern, an den historischen Gebäuden im Zentrum der im zweiten Weltkrieg stark zerstörten Handelsstadt voran.

Bei allem Trubel um die Jubiläumsmesse, die alle bisherigen Messen weit übertroffen hat, sei aber ein Bauwerk nicht vergessen, das 1965 ebenfalls Jubiläum hat und das nicht unwesentlich zum Gelingen jenes großen Ereignisses beitrug: der Hauptbahnhof Leipzig.

Auch die anderthalbtausend Eisenbahnerinnen und Eisenbahner dieses Bahnhofs trafen Vorbereitungen; denn sie sind es, die als erste die Besucher Leipzigs die erregende Atmosphäre der Handelsmetropole und die geradezu sprichwörtliche Gastfreundschaft Leipzigs spüren lassen.

Ein Kommen und Gehen, ein Begrüßen und Verabschieden, ein Hasten und ein erwartungsvolles Verweilen, ein Menschengewühl und ein Stimmengewirr in fast allen Sprachen der Welt — das ist Messestimmung auf dem Leipziger Hauptbahnhof, auf den 26 Bahnsteigen, die von sechs 45 m weiten und 220 m langen Eisenbogenhallen überspannt sind, auf dem davorliegenden überdachten, hellen, 32 m breiten und 267 m langen Querbahnsteig.

In »normalen« Zeiten sind innerhalb 24 Stunden auf dem bedeutenden Kopfbahnhof etwa 500 Züge abzufertigen, in den Messezeiten kommen täglich noch rund 70 Sonderzüge hinzu. Bis zu 150000 Reisende passieren an einem Messetag das Empfangsgebäude mit seinen beiden hohen, lichten Eingangshallen, der West- und der Osthalle,

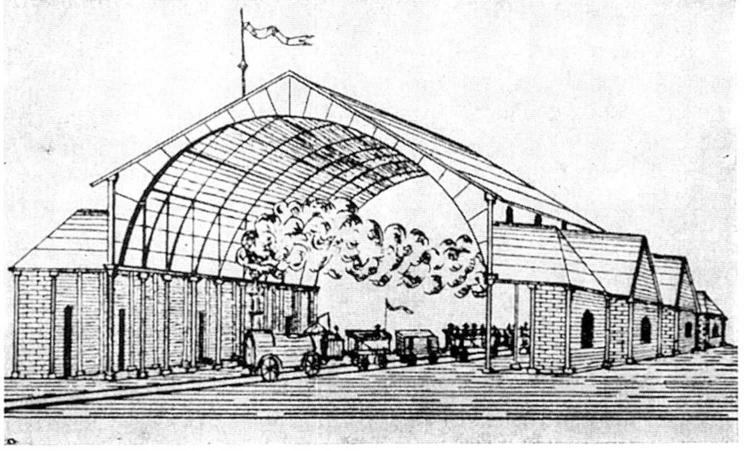

1 *Personenhalle des Leipzig-Dresdner Bahnhofs in Leipzig (1839)*

2 *Erweiterte Personenhalle in Leipzig für die Leipzig-Dresdner Bahn*

3

5

die durch eine etwa 100 m lange und 7 m breite Passage miteinander verbunden sind.
Leipzigs Hauptbahnhof kennt keinen Schlaf, erst recht nicht zur Messezeit.
In Leipzig finden aber nicht nur zweimal im Jahr die weltbekannten Mustermessen statt, sondern auch internationale Kongresse, Konferenzen und Ausstellungen. Und die meisten Teilnehmer oder Besucher dieser Veranstaltungen kommen auf dem Hauptbahnhof an oder reisen von dort wieder ab.
Da der Hauptbahnhof fast im Zentrum jener vielbesuchten Stadt liegt und die meisten Straßenbahnlinien Leipzigs den weiträumigen Bahnhofsvorplatz kreuzen und da ferner das Gesicht des Hauptbahnhofs ebenso zum traditionellen Bild der Stadt gehört wie das Alte Rathaus, die Alte Waage, die Mädlerpassage oder andere berühmte Bauwerke, wurde der durch Bomben zerstörte Bahnhof in den Jahren 1946 bis 1961 wieder aufgebaut. Über die Geschichte des Leipziger Hauptbahnhofs ist allgemein wenig bekannt, deshalb wird sie im Jubiläumsjahr an dieser Stelle knapp wiedergegeben:
Lange bevor in Deutschland der erste Zug am 7. Dezember 1835 die sechs Kilometer lange Strecke zwischen Nürnberg und Fürth befuhr, hatte der aus Amerika heimgekehrte Friedrich List (1789 bis 1846) den Leipzigern eine Schrift über das sächsische Eisenbahnsystem vorgelegt — er nannte darin die Messestadt die »Herzkammer des deutschen Binnenverkehrs« — und war auf sein Wirken hin die Leipzig-Dresdener-Eisenbahncompagnie gegründet worden. Die Leipziger hatten seinerzeit den Nürnbergern noch eins voraus: Sie schneuzten sich schon zur Ostermesse des Jahres 1834 mit Schnupftüchern, die englische Kaufleute feilboten und auf denen die vier Jahre zuvor er-

4

3 *Gare de l'Est (Ostbahnhof) in Paris, erbaut um 1850 von Duquesney*

4 *Entwurf von Birkenholz für den Leipziger Hauptbahnhof*

5 *Leipzig-Dresdner Bahnhof kurz nach der Eröffnung im Jahr 1839 (links das Parthe-Flüßchen)*

6 *Der Magdeburger Bahnhof (links) wurde im Jahr 1862 und der Dresdner Bahnhof (rechts) im Jahr 1864 umgebaut*

7 *Gegend des Hauptbahnhofs um die Jahrhundertwende (der jetzige Hauptbahnhof ist dunkel schraffiert)*

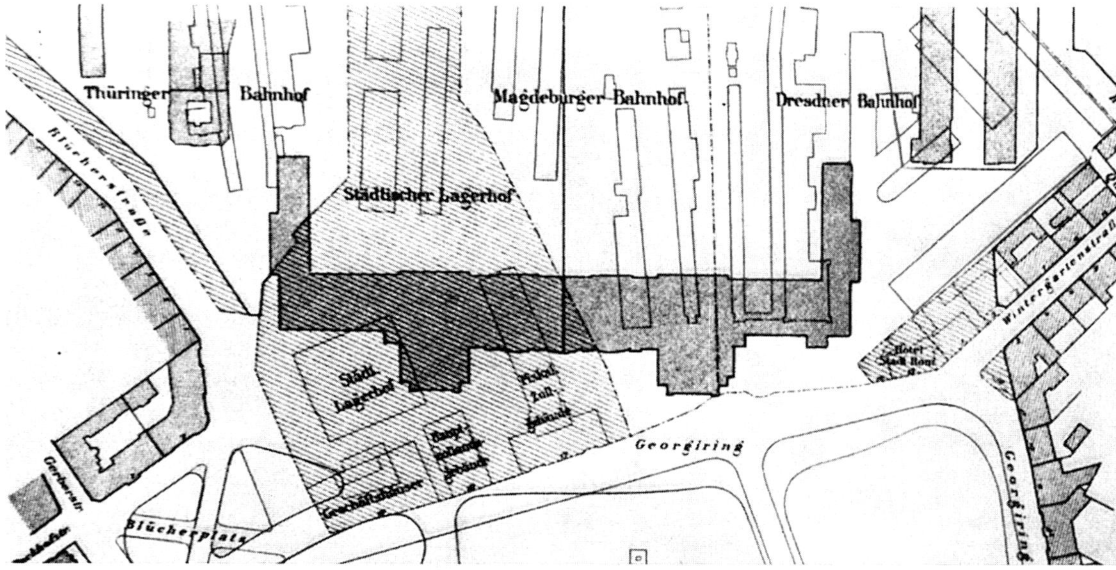

7

öffnete Liverpool-Manchester-Eisenbahn mit allen Drum und Dran dargestellt war.

Und wiederum zur Messe wurde am 24. April 1837 der erste, bis zum Dorf Althen reichende Abschnitt der Leipzig—Dresdner Eisenbahn eröffnet. Das war ein solches Ereignis, daß — wie ein Zeitgenosse berichtet — »die volkreiche Stadt trotz der Messe und der ungeheuren Anzahl von Fremden wie verödet erschien«. Die fremden Kaufleute befriedigten jedoch keinesfalls nur ihre Schaulust. Vielmehr reisten an jenem Tag per Eisenbahn »viele Meßfremde, darunter einige Perser«. Was die Schaulustigen damals zu sehen bekamen, war ein Zug — bestehend aus einem offenen und fünf gedeckten Wagen, »im Innern bequem wie Sophas« —, der von der vielbewunderten Lokomotive »Blitz« gezogen wurde.

Etwa zur gleichen Zeit wuchs neben der ersten Leipziger Eisenbahn »wie über Nacht eine elegante Restauration schnell hervor, ein Gebäude, ganz aus bretternen mit Erde gefüllten Kästen aufgeführt, schnell erbaut und ebenso geeignet, schnell es wieder wegzureißen . . . dabei dennoch fest und im Inneren geschmackvoll«.

Was der Besucher Leipzigs heute noch nach 800 Jahren Messe und nach 50 Jahren seit Bestehen des Hauptbahnhofs besonders schätzt, die Gemeinsamkeit von Handel, Eisenbahn und Gastronomie, besitzt also eine 128jährige Tradition.

Die gesamte Leipzig—Dresdener Bahn wurde erst später, am 8. April 1839, in Betrieb genommen. Mit dem Bau der 120 km langen Strecke sind Pionierleistungen verbunden, wie die Elbebrücke bei Riesa und der 513 m lange erste deutsche Tunnel bei Oberau. Friedrich List, der zu einer Zeit, als man in den sächsischen Metropolen noch meinte: »Was hat der Leipziger in Dresden und der Dresdner in Leipzig zu

6

8 *Die völlig zerstörte Querbahnsteighalle 1945, von Westen aus gesehen*

9 *Die neue Querbahnsteighalle heute*

tun?«, den Personenverkehr zwischen beiden Städten auf nur 120 Reisende je Tag schätzte, wurde durch die Tatsachen bald widerlegt. Obwohl anfangs nur zwei Personen- und zwei Güterzüge täglich zwischen Leipzig und Dresden verkehrten, erhöhte sich die Anzahl der Besucher der Elbestadt von 7000 im Jahr 1838 auf 40000 im darauffolgenden Jahr, ganz zu schweigen von den Dresdenern, die nach Leipzig fuhren.

Der Bahnhof in Leipzig bestand aus einer »Personenhalle« (Abb. 1). Sie war ein schlichter Holzbau, dessen tonnenartiges Gewölbe auf Eichensäulen ruhte und erst später acht seitliche Betriebsräume, eine Giebelwandverschalung mit drei Rundbögen und einen Dachreiter mit einer Uhr erhielt (Abb. 2). Die Erweiterung wurde ausgeführt von den Zimmermeistern Richter und Leideritz und dem ebenfalls in Leipzig ansässigen Maurermeister Brendel. Für die gesamte Anlage zeichnete der Architekt Eduard Pötzsch verantwortlich. Dieser Leipziger Bahnhof war ein genauer Vorläufer des von Duquesney um 1850 erbauten Gare de l'Est in Paris (Abb. 3).

Das in Leipzig noch den Zügen vorbehaltene, in der Mitte gelegene Hauptgebäude, der durch die Verschalung angedeutete Säuleneingang, die seitlichen Anbauten und der von einem Zaun umgrenzte Ehrenhof mit den Eckpavillons sind charakteristische Merkmale. Sie zeigen, daß ein direkter Weg von dem ersten Bahnhofsgebäude der Messestadt über den Pariser Gare de l'Est Jahrzehnte später zu jenem von Birkenholz geschaffenen Leipziger Hauptbahnhofsentwurf (Abb. 4) führt, der glücklicherweise nie ausgeführt wurde. Man stelle sich vor, mit welchen Verkehrsproblemen die Leipziger heute zu ringen hätten, wenn ein solcher Vorhof ihrem Hauptbahnhof vorgelagert wäre!

Ein bis in die neueste Zeit des Wiederaufbaus hineinragendes Problem sei ebenfalls an einer alten Illustration erläutert: Der Baugrund ist moorig. Schon beim ersten Bahnhofsbau war man gezwungen, die Gründung fast zwei Meter tief durch den Moorboden hinabzuführen. Beim Bau des Hauptbahnhofs um 1910 und seinem Wiederaufbau nach 1945 machte der schlechte Baugrund weit größere Schwierigkeiten.

Westlich des Dresdner Bahnhofs entstand 1840 der Magdeburger Bahnhof (Abb. 6), ihm folgte danach am südlichen Stadtrand der Sächsisch-Bayerische und 1847 wiederum westlich des Magdeburger der Thüringer Bahnhof.

Leipzig bekam im Norden noch den Berliner Bahnhof (1859) und im Osten Anfang der 70er Jahre den Eilenburger Bahnhof.

Wenn auch in den 40er Jahren des vorigen Jahrhunderts bereits Gedanken auftauchten, wie die Leipziger Bahnhöfe am vorteilhaftesten zu verbinden seien, so kam die Verschmelzung zu einem Hauptbahnhof, wie wir ihn heute kennen, erst sehr spät zustande.

Wochenlang andauernde Verkehrsstockungen waren wohl 1902 der zwingende Anlaß zu einem Vertrag zwischen der Sächsischen und der Preußischen Eisenbahnverwaltung, der Stadt Leipzig und der Reichspostverwaltung, der im wesentlichen enthielt: Auf dem Gelände des Dresdner, des Magdeburger und des Thüringer Bahnhofs sowie eines Teils des städtischen Lagerhofs (Abb. 7) wird ein neuer Kopfbahnhof für alle Fernzüge und zum Teil auch Vorortzüge errichtet; für den Orts- und Nahverkehr bleiben der Eilenburger Bahnhof (preußisch) und Bayerische Bahnhof (sächsisch) bestehen.

11

10 *Hauptbahnhof Leipzig bei Nacht (Seite 45)*

11 *Neues Restaurant im Leipziger Hauptbahnhof*

12 *Der Verbindungsgang zwischen Ost- und Westhalle*

13 *Reisegepäckabfertigung*

14 *Auslandsschalter*

15 *Gepäckautomaten*

12

Mit dem Bau der Außenanlagen und Gleisüberleitungen wurde 1902 begonnen. Für einen Bahnhofsentwurf schrieb man 1906 einen öffentlichen Wettbewerb aus, an dem sich 76 Architekten beteiligten. Nach den Entwürfen der Architekten Lossow, Kühne und Eilers entstand dann in den Jahren 1907 bis 1915 der Hauptbahnhof Leipzig.

Das 298 m breite mehrgeschossige Empfangsgebäude erhielt zwei Eingangshallen von je 1500 m^2, von denen man über Stufen zur höhergelegenen Querbahnsteighalle (Eisenbeton) und von dort zu der aus sechs Hauptschiffen und zwei Seitenschiffen bestehenden Längshalle (Eisenkonstruktion) mit 26 Bahnsteigen gelangte. Die gesamte Hallenfläche betrug 69090 m^2.

In den schwierigen Baugrund mußten 3125 Pfähle (zum Teil aus Eisenbeton) eingerammt werden, die Oberlichtflächen der Bahnsteighallen wurden kittlos verglast, das Parthe-Flüßchen erhielt ein fast 900 m langes neues Bett.

Der Leipziger Hauptbahnhof war am 4. Dezember 1915 vollendet. Trotz der ausgleichenden Einflüsse seiner Schöpfer spiegelte er kapitalistischen Geltungsdrang und feudale Kleinstaaterei, wie nur selten ein Gebäude, wider.

Die riesigen Ausmaße dieses Bahnhofs sind nicht nur durch seine unwirtschaftliche, raumheischende Kopflage, sondern auch durch folgende Absurdität bedingt: Die östliche Eingangshalle gehörte früher zu Sachsen, die westliche zu Preußen. Die Preußen druckten Fahrkarten nach dem System »Regina«, die Sachsen nach dem System »Elektra«, durch die gesamte Anlage ging eine peinlich genaue Eigentumsgrenze, man teilte die Bahnsteige; es gab zwei Beschildungsordnungen, zwei Fernheizwerke, und natürlich zwei Dienstvorsteher. Lediglich die einzige Hauptuhr war allen gemeinsam. Ja selbst nach der Gründung der Deutschen Reichsbahn im Jahre 1920

13

14

15

teilten sich zwei Reichsbahndirektionen (Halle und Dresden) noch jahrelang das Regiment in Leipzig. Daß diese jahrzehntelange Zersplitterung den Spott herausforderte, versteht sich von selbst.

Im zweiten Weltkrieg sank das Gebäude in Schutt und Asche (Abb. 8). Eine im Laufe von 100 Jahren organisch gewachsene und für den Verkehr überaus wichtige Anlage, die in der Nord-Süd-Richtung etwa 2,4 km, in der Ost-West-Richtung über 3 km mißt, wurde unter kaum vorstellbaren Mühen vorerst betriebsfähig gemacht.

Zur Messe im Jahre 1948 waren bereits die 34 000 m³ Trümmer weggeräumt und die Randbahnsteige wiederhergestellt. Der Restauration der Osthalle folgte 1950/51 der Wiederaufbau der völlig zerstörten Westhalle und der Längsbahnsteige. Nach Abschluß der Projektierung begann im April 1955 der Wiederaufbau im großen.

Die damit beauftragten Fachleute wie die Kollektive des Entwurfs- und Vermessungsbüros der Deutschen Reichsbahn (Außenstelle Halle), der Leipziger Architekt Lenck und der seit 1945 am Wiederaufbau leitend wirkende Bauingenieur und jetzige Bereichsbauleiter Alfred Hagedorn hatten schwierige Probleme zu lösen. Galt es doch, den Bahnhof zu modernisieren, ohne das architektonische Grundbild des alten Bauwerks zu zerstören, was wiederum denkmalspflegerisches Verständnis, aber auch gestalterische Kühnheit verlangte. Diese beiden Komplexe, teilweise Wiederherstellung und ersetzender Neubau — die selbstverständlich den betrieblichen Belangen unterzuordnen waren —, sind für Leipzig heute typisch und können in ihrer Verschmelzung vorbildlich genannt werden. So sind die von Lossow und Kühne ursprünglich gedachten Proportionen und Raumwirkungen zwischen Längsbahnsteighallen, Querbahnsteighallen und Empfangsgebäude vollständig gewahrt — trotz völligen Neubaus der Längshallen und der Querbahnsteighalle mit den in einem neueren Verfahren wiedererrichteten Betonabschlußbögen. Im Gegenteil, die moderne Überdachung des Querbahnsteigs und die Beseitigung unnötiger Bauten unterstreichen heute den damals angestrebten Vorrang dieser Halle. Die Betonabschlußbögen, die Hallen der Längsbahnsteige entstanden neu, und der Querbahnsteig wurde modern überdacht. (Abb. 9). Mit jeder Messe konnte nun der Besucher großzügige und moderne Einrichtungen kennenlernen, die es früher auf dem Bahnhof überhaupt nicht gab oder nur in konventioneller Form.

Im Ostflügel stand ihm nun ein bis in die späte Nacht hinein geöffnetes Zimmernachweisbüro, im Westflügel ein bequemer Klub- und Unterhaltungsraum zur Verfügung. Die beengenden Bahnsteigsperren verschwanden; deshalb fließt der Reisendenstrom reibungsloser. Aus dem verbauten, unübersichtlichen Verbindungsgang wurde eine moderne Ladenstraße (Abb. 12). Die Emporenkomplexe in der Mitte der Außenfassade erhielten ein neues Gesicht, das elegante Neue Restaurant entstand (Abb. 11).

Als geschlossene Gruppen wurden in den seitlichen Gebäudeteilen Handgepäckautomaten mit 1700 Einschüben aufgestellt. Das sind nur einige Beispiele dafür, wie sich der Leipziger Hauptbahnhof verwandelt hat. Heute ist er zu einer Visitenkarte der Messestadt geworden. Glas, Aluminium, edle Hölzer und gediegene Farben sind nur ein Teil jener Elemente, die diesem Gebäude den modernen Rahmen geben.

Weit über ein halbes hundert Dienststellen, Geschäfte, Dienstleistungsbetriebe und Verwaltungen beherbergt der Bahnhof. Erwähnt seien nur die Frisiersalons, die sachlich gestaltete Gepäckausgabe und -annahme, die Expreßreinigung und -bügelei, die Blumenläden, die Buchhandlungen, nicht zuletzt die Mitropa-Gaststätten, die an jedem Messetag 10000 Vollgerichte servieren können.

Die Fahrkartenausgabe, die Schaufenster der Mitropa, die Blumen-, Obst- und Zigarrengeschäfte in der Westhalle und die Expreßbügelei in der Osthalle erhalten gegenwärtig ein neues Gesicht, das der Architekt Lenck entwarf.

Auch bei stärkstem Verkehr läuft der Betrieb reibungslos und pünktlich ab. Das ist ein Verdienst der Beschäftigten der Deutschen Reichsbahn, der Handels- und Dienstleistungsbetriebe. Ihnen ist es mit zu verdanken, wenn die Messegäste gern nach Leipzig kommen. Nur einige Eisenbahner seien stellvertretend für alle übrigen erwähnt.

Der Reichsbahnamtmann Kurt Kuntze leitet seit Jahren die Komplexdienststelle Hauptbahnhof Leipzig, wo auf 95,4 km Gleis in Spitzenzeiten täglich etwa 570 Züge von 22 Stellwerken über 414 Weichen dirigiert werden.

Da ist ferner der 65jährige Reichsbahrinspektor Herbert Mähnert zu nennen, der 40 Jahre lang die Geschichte dieses Bahnhofs miterlebte. Heute ist er mehrfacher Aktivist.

Auf Posten 5 ist Rangiermeister Hans-Jochen Berger tätig. Der verantwortungsvolle Fahrdienstleiter Mudrow kontrolliert auf Stellwerk B 3 Zahlen und Zeichen der Fahrstraßenanzeiger, und der strenge, aber um nichts weniger hilfsbereite Aufsichter Helmut Cencarka rügt — selbst Vater von zwei tüchtigen erwachsenen Söhnen — den verspäteten Dienstbeginn eines jungen Rangierarbeiters. Es sind nur einige von den anderthalbtausend Reichbahnangehörigen (43 Prozent davon sind Eisenbahnerinnen), die alle bemüht sind, den Verkehrsstrom sicher und pünktlich zu regeln.

Schöner denn je ist der Hauptbahnhof Leipzig heute den Ruinen entwachsen und stärker als zuvor zum Wahrzeichen des friedlichen Handels geworden.

16 *Hauptbahnhof Leipzig (vom Vorfeld aus gesehen)*

Prof. Dr.-Ing. habil. HARALD KURZ, Dresden

Modelleisenbahn für Lehre und Forschung

Das neue Eisenbahnbetriebsfeld der Hochschule für Verkehrswesen »Friedrich List«, das im 9. Stockwerk des Zentralen Institutsgebäudes nahe am Dresdener Hauptbahnhof liegt, dient ausschließlich Lehrzwekken. Unter ähnlichen Bedingungen wie in der Praxis soll hier der Student den Eisenbahnbetrieb kennenlernen und als Fahrdienstleiter, Stellwerkswärter, Zugmelder, Weichenwärter und Blockwärter tätig sein, wobei ihm allerdings wetterbedingte Schwierigkeiten, wie Sichtbehinderung durch Nebel, Störungen durch Frost oder Schnee usw., natürlich nicht begegnen können. Auch als Lokomotivführer soll der Student soweit wie möglich in die Situation seines Kollegen »draußen« versetzt werden, jedoch sind dabei die Abweichungen von der Praxis bedeutend größer als beim ortsfesten Personal.

Das Neue Eisenbahn-Betriebsfeld ist das Ergebnis einer mehr als zehnjährigen Arbeit in technischer und pädagogischer Hinsicht mit dem ähnlichen, aber wesentlich kleineren Alten Eisenbahn-Betriebsfeld, das ebenfalls eine Lehranlage der Hochschule für Verkehrswesen Dresden war.

Dem Alten Betriebsfeld gingen zwei Versuchsanlagen voraus. Die erste Versuchsanlage wurde 1951 in Anlehnung an eine 1937 an der Technischen Hochschule Darmstadt errichtete und seitdem Lehrzwecken dienende Modellbahnanlage gebaut. Mit ihr sollten Modelllokomotiven, die lange, vorbildgerechte Züge ziehen konnten, erprobt, die Laufsicherheit dieser Züge untersucht und die Modellstellwerksanlagen erstmals ausprobiert werden.

Diese erste Anlage bestand im wesentlichen aus einem in einer Richtung befahrbaren Bahnhof »Erika« und einer Blockstelle »Steigerwald« und war zwischen Morseapparaten und anderen sicherungstechnischen Anschauungsmodellen des Instituts für Eisenbahnsicherungstechnik der Technischen Hochschule Dresden auf Tischen aufgebaut (Abb. 1 und 2).

Fahrtechnisch bereitete vor allem eine doppelte Kreuzungsweiche Schwierigkeiten, insbesondere bei Fahrten über die beiden geraden Stränge. Damals beherrschte man den Bau von Doppelherzstücken für flache Kreuzungen noch nicht so, daß ein sicherer Betrieb gewährleistet war.

Die Weichenantriebe lagen in der Bettung und bestanden aus zwei flachen Magnetspulen mit einem flachen Eisenkern, der einen Schrägschlitz für die Mitnahme des Zungenstellstiftes hatte. Da jede Federung zwischen Zungen und Antrieb fehlte, kam es vor, daß sich die Weiche durch das Befahren »aufrüttelte« und die Zungen nicht mehr

1

2

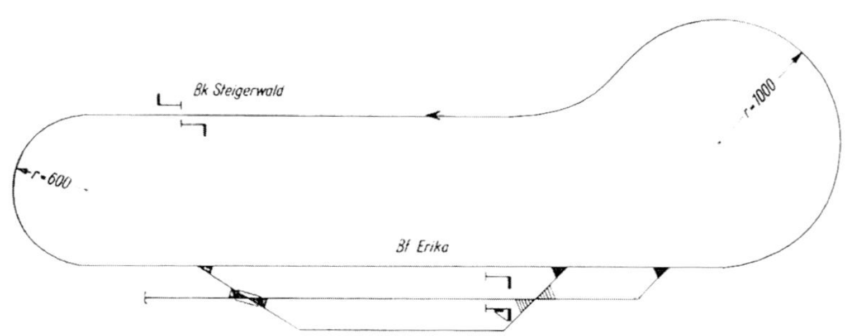

1 *Versuchsanlage von 1951*

2 *Gleisplan der Versuchsanlage von 1951*

3 *Die zweite Versuchsanlage*

4 *Gleisplan der zweiten Versuchsanlage*

5 *Gleisplan des Alten Eisenbahn-Betriebsfeldes*

6 *Das Alte Eisenbahn-Betriebsfeld an der Hochschule für Verkehrswesen Dresden*

sicher anlagen. Andererseits konnte sich der Antrieb aber auch so festklemmen, daß man die Weiche ausbauen mußte, um den Fehler zu beheben.
Es war bald offensichtlich, daß nicht nur Lokomotiven, sondern auch Weichenantriebe für Lehrzwecke entwickelt werden mußten. Außerdem waren alle Fahrzeuge mit Metallradsätzen und neuen Kupplungen auszurüsten.
Die Vorrichtung für die Zugeinwirkung (Schlußkontakte) auf magnetischer Basis hatte sich als unzuverlässig erwiesen, die Schleifkontakte waren zu empfindlich gegen mechanische Einwirkungen. Später wurden wieder magnetische Schienenkontakte, allerdings in einer stabileren Ausführung, verwendet.
Die zweite Versuchsanlage fand bereits im neuen Gebäude der Hochschule für Verkehrswesen in der Hettnerstraße ihren Platz, und zwar an der Rückwand und der westlichen Seitenwand des großen Werkstattraumes. Sie diente vorwiegend der Funktionserprobung des neu geschaffenen Gleismaterials, das teils aus 2,5-mm-, teils aus 3,0-mm-Hohlprofil-Schienen gebaut war, und der Weichenantriebe (Abb. 3 und 4). In der Westschleife befand sich eine Steigung, mit der vor allem die Abhängigkeit zwischen Bogenhalbmesser und Zugkraft festgestellt werden sollte.
Das Alte Eisenbahn-Betriebsfeld (Abb. 5 und 6) wurde dann als Lehranlage im Herbstsemester 1954 in Betrieb genommen. Da der Raum im Sockelgeschoß des Institutsgebäudes Hettnerstraße 1 nur 26 m lang und 6 m breit war, ergab sich eine unübersichtliche Streckenführung, bei der die Studenten oft durch unerwartete Fahrtrichtungen der Züge irritiert wurden. So war es schwierig zu begreifen, daß an der mit Kreuz bezeichneten Stelle der sich offenbar vom Bahnhof »Erika« entfernende Zug tatsächlich auf diesen Bahnhof zufuhr und in wenigen Sekunden am Einfahrsignal erwartet werden mußte. Aus Platzgründen standen alle Stellwerke an der Ostseite der Anlage, wobei die Stellwerke von Bahnhof »Hasel« durch den zentralen Lokomotivführerstand, die von Bahnhof »Aster« durch den Gleisbildtisch für das gegenüberliegende »Birken« getrennt wurden. Lediglich die Stellwerke für die beiden Blockstellen befanden sich an der Westseite.
Staunenswert ist, daß trotz dieser räumlichen Enge die Gleislänge zwischen »Birken« und »Erika« sowie zwischen »Erika« und »Hasel« 40 m (das heißt 8 km im Maßstab 1 : 200) und auf den übrigen Abschnitten mindestens 12,5 m (2,5 km) betrug.
Das Alte Eisenbahn-Betriebsfeld hatte aber noch einen anderen großen Nachteil: Der Lokomotivführerstand bot oft Anlaß zu Ärgernissen, weil 6 Steuergeräte auf engstem Raum untergebracht waren und die Lokomotivführer sich gegenseitig behinderten, ja versehentlich sogar den Fahrstrom für fremde Lokomotiven unterbrachen.
Diese gedrängte Anordnung war zwar einerseits notwendig wegen der zentralen Stecktafel, die in einfacher Weise das Befahren aller Abschnitte der Gleisanlage mit Hilfe der 6 Steuergeräte gestattete, verursachte aber andererseits, daß die Lokomotivführer die Signale selten so sahen, wie es in der Praxis der Fall ist. Es mußte daher mit örtlichen Signalwiederholungen gearbeitet werden. Eine Darstellung der Signalbilder auf der Stecktafel selbst erwies sich bald als ungenügend, da der Lokomotivführer seinen Zug durch direkten Augenschein verfolgte, aber nicht immer mit Sicherheit sagen konnte, welchem

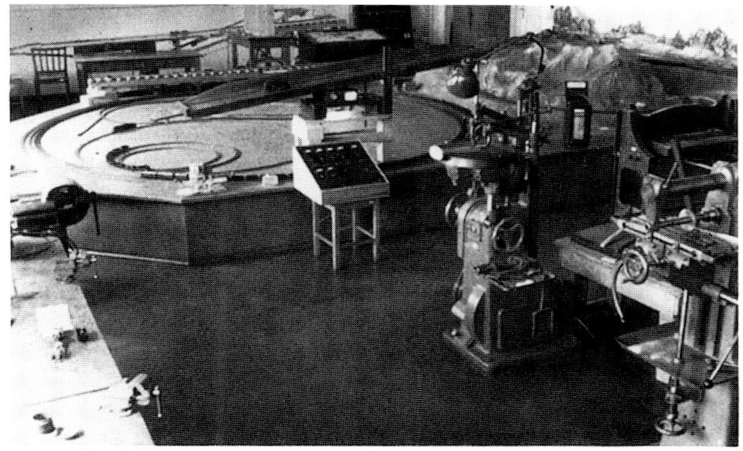

3

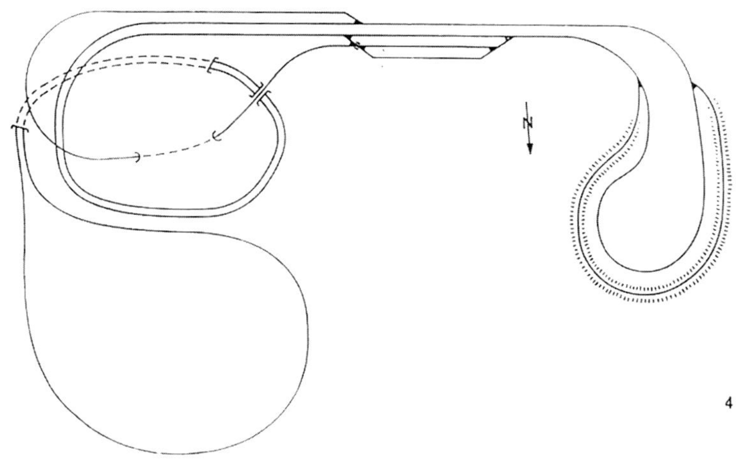

4

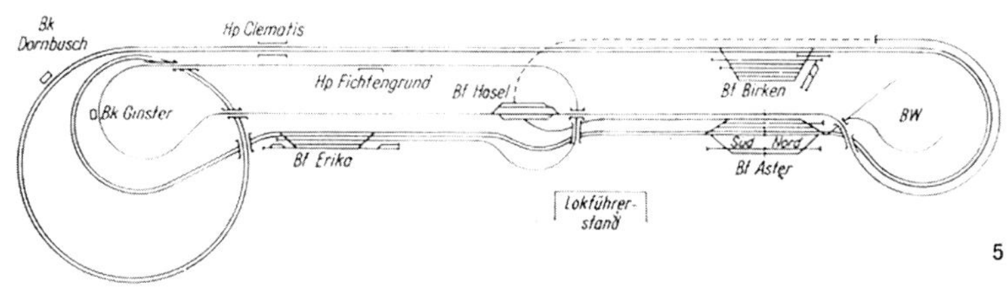

5

6

7

Signal (dessen Stellung auf der Stecktafel angezeigt wurde) er sich gerade näherte. Seltener verwechselten Lokomotivführer ihre Züge, weil jeder Zug durch charakteristische Fahrzeuge genügend gekennzeichnet war.

Als neue verbesserte Stellwerke die Sicht vom Lokomotivführerstand immer mehr behinderten, wurden Steuergeräte mit »Tochterschaltern« eingerichtet. Dadurch konnte jeder Lokomotivführer den zentralen Steuerstand verlassen und seinen Zug wenigstens in Sicht der Einfahrsignale für »Aster« und »Erika« verfolgen; er mußte jedoch vorher am zentralen Stand das zu befahrende Bahnhofsgleis »gestöpselt« haben, da er dies vom Tochterschalter aus nicht tun konnte. Man überlegte also, wie der Student auf dem Betriebsfeld auch als Lokomotivführer praxisähnlich üben kann, das heißt, man mußte eine Modellokomotive entwickeln, die der Lokomotivführer nicht durch eine ortsfeste Stecktafel bedient, sondern die er begleiten kann. Im Jahr 1960 stellten Ing. Steiger und Mechanikermeister Ludwig, beide Mitarbeiter der Hochschule, ein einsatzbereites Modell einer Handsteuerlokomotive fertig; die gleichzeitig in Arbeit befindliche Fernsteuerlokomotive war noch nicht so weit gediehen.

Die durch zwei Handhebel für »Beschleunigen — Bremsen« und »Fahrtrichtung« direkt schaltbare Handsteuerlokomotive (Abb. 9) erforderte allerdings Modelleisenbahnanlagen, deren Gleise überall vom begleitenden Lokomotivführer erreicht werden können, das heißt schmale, langgestreckte Anlagen, wofür im Neuen Betriebsfeld Raum genug ist.

Auch in pädagogischer Hinsicht hatte das Alte Eisenbahn-Betriebsfeld gewisse Mängel; es waren zuviel Blockstellen zu besetzen, deren Effekt vom Standpunkt der Lehre gering ist, weil sie dem Studenten wenig Übungsgelegenheit bieten. Man muß schließlich berücksichtigen, daß die Anzahl der Übungsteilnehmer stark schwankt, da nicht nur Direktstudenten, sondern auch Studenten des Industrieinstituts, Fernstudenten und hochschulfremde Gruppen, zum Beispiel Angehörige der Deutschen Reichsbahn, üben. Deshalb wurden auf dem Alten Betriebsfeld die Blockstellen »Clematis« und »Ginster« bereits eingezogen. Im Neuen Eisenbahn-Betriebsfeld soll möglichst ohne Besetzung der Blockstellen gearbeitet werden. Das Alte Eisenbahn-Betriebsfeld stellte mit Ende des Frühjahrssemesters 1963 seinen Betrieb ein. Ein Teil seiner Anlagen, insbesondere die Stellwerke und der Wagenpark, wird im Neuen Eisenbahn-Betriebsfeld weiterhin verwendet.

Das Neue Eisenbahn-Betriebsfeld besteht aus dem großen Übungsraum, einem Vorbereitungsraum, dem Prüffeld für Modellbahntechnik, der Werkstatt, dem Dienstzimmer des Technischen Assistenten und einigen Nebenräumen, wie Aufenthalts- und Umkleideraum für das Werkstattpersonal, Batterieraum, WC und Duschraum, Farbspritzraum und Materiallager (Abb. 8).

Der große Übungsraum ist 79 m lang und 10 m breit, er wird allerdings durch eine Säulenreihe in zwei ungleich breite Schiffe geteilt. Er enthält das Kernstück des Eisenbahn-Betriebsfeldes, die Übungsanlage.

Der Vorbereitungsraum ist wie ein normaler Übungsraum mit Wandtafeln, Tischen und Hockern ausgestattet und dient der theoretischen Vorbereitung auf die jeweilige Übung; die Grundlagen hierzu werden vorher in einer entsprechenden Vorlesung gegeben.

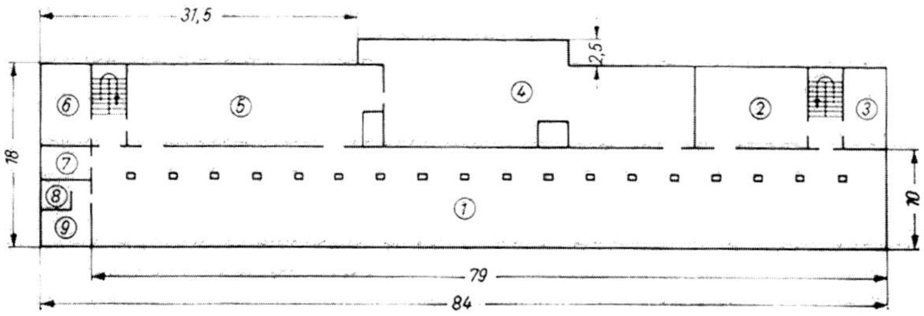

8 *Das Neue Eisenbahn-Betriebsfeld. Die größte Lehranlage in der Baugröße H0 wurde 1963 in Dresden eröffnet*

1 *Eisenbahn-Betriebsfeld (vgl. Abb. 7)*
2 *Vorbereitungsraum*
3 *Zimmer des Technischen Assistenten*
4 *Prüffeld*
5 *Werkstatt*
6 *Batterieraum und sanitäre Anlagen*
7 *Aufenthaltsraum*
8 *Farbspritzraum*
9 *Materiallager*

9 *Handsteuerlokomotive (Konstrukteure Steiger und Ludwig)*

Das Prüffeld für Modellbahntechnik wird nach der Inbetriebnahme des großen Übungsraums eingerichtet. Es besteht aus zwei zusammenhängenden Räumen und ist etwa 29 m lang und 7 bis 10 m breit. Im Prüffeld sollen zum Beispiel das Modell der Anschlußbahn eines größeren Stahlwerks, sonstige Prüfeinrichtungen für Modellbahntechnik und ihre Anwendung für die Industrieprojektierung sowie eine in Entwicklung befindliche Meßstrecke für ablaufende und abgestoßene Modellwagen errichtet werden.
Die Werkstatt beherbergt alle vorhandenen Werkzeugmaschinen; sie enthält außer einer schalldämpfenden Arbeitskabine für den Werkstattleiter gut beleuchtete Arbeitsplätze für 6 Mechaniker.

Hier werden auch Angehörige von Patenschaftsbetrieben an ihren Modellbahnentwicklungen arbeiten, außerdem Studenten in Übungen »Modelltechnik« und in Modellbahnzirkeln.
Das Kernstück des Neuen Eisenbahn-Betriebsfeldes kann man im wesentlichen in zwei Abschnitte einteilen: »Modelleisenbahn« und »Stellwerke«.
Bei der Modelleisenbahn (Abb. 7) wurde die bewährte Nenngröße H0, das heißt der Maßstab 1 : 87 für die Fahrzeuge, beibehalten, ebenso der Längenmaßstab 1 : 200 und der Breitenmaßstab 1 : 83 für die Gleisanlagen. Bekanntlich kann in diesem verzerrten Maßstab eine Weiche 1 : 9 durch eine Modellbahnweiche 1 : 3,73, das heißt mit 15° Ablenkungswinkel, dargestellt werden, so daß sich der Fehler durch die Verzerrung nur geringfügig auf die Fahrzeit der Modellzüge auswirkt und alle Gleise eines Bahnhofs in maßstabgerechter Länge ausgeführt werden können.
Der Gleisplan zeigt einen zweigleisigen Ring, daneben eine eingleisige Strecke. Diese äußere Strecke liegt tiefer, damit sie besser vom zweigleisigen Ring unterschieden werden kann. An den Stellen, wo sich Bahnhöfe oder Blockstellen befinden, soll die nicht zu diesen gehörende Strecke durch Blenden gegen Sicht abgedeckt werden, damit die Angehörigen des örtlichen Personals nicht durch Zugfahrten irritiert werden, die sie nicht betreffen (Abb. 10).
Ursprünglich war daran gedacht, den zweigleisigen Ring schwarz zu unterlegen, die eingleisige Strecke grün. Demgemäß wurden die Namen gewählt. Von der früher bei der Deutschen Reichsbahn üblichen Namensfolge »A-Dorf«, »B-Stadt«, »C-Weiler« usw. ging man ab, wie auch von dem im Übungsbetrieb seit langem gebräuchlichen Namen »Aster«, »Birken«, »Clematis«, »Dornbusch«, »Erika«, »Fichtengrund«, »Hasel«. Diese Namensfolge hatte sich allerdings besonders im Anfang, als statt der telefonischen Verbindung mit Zuruf gearbeitet werden mußte, aber auch später infolge der Kleinheit des Raumes im Alten Eisenbahn-Betriebsfeld außerordentlich bewährt.
Die neue Namensfolge wird durch die Endpunkte A und Z für die eingleisige Strecke bestimmt, das heißt durch »Adorf« und »Zellwald«.
Die Betriebsstellen der eingleisigen Strecke erhielten Namen, die mit »Grün« beginnen: »Grünland«, »Grünmarkt«, »Grünstadt«, »Grüntal«.
Für die Betriebsstellen des zweigleisigen Ringes, der gleichfalls bei »Adorf« beginnt und über »Zellwald«—»Adorf« geschlossen wird, wurde die Folge »Schwarzburg«, »Schwarzfeld«, »Schwarzhain« gewählt.

10

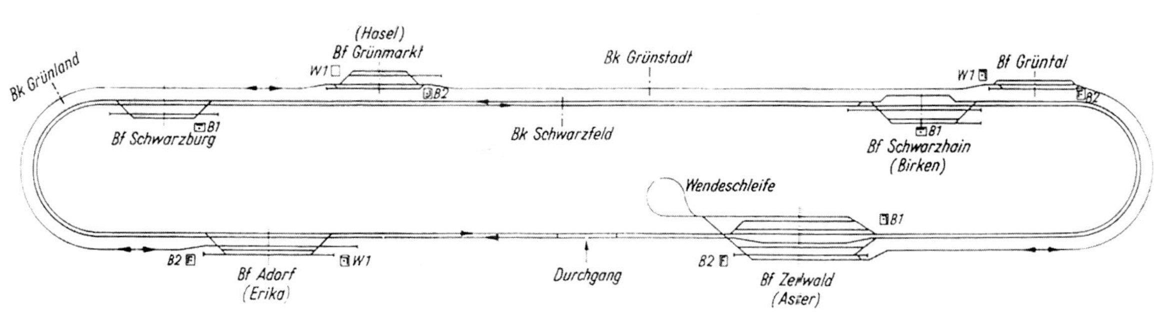

10 *Gleisplan der Modellbahnanlage*

11

13

Die Streckenlängen von Mitte Bahnhof zu Mitte Bahnhof betragen:

Zweigleisiger Ring

Adorf — Schwarzburg	30 m entspricht	6 km
Schwarzburg — Schwarzhain	50 m entspricht	10 km
Schwarzhain — Zellwald	40 m entspricht	8 km
Zellwald — Adorf	35 m entspricht	7 km
	155 m	31 km

Eingleisige Strecke

Adorf — Grünmarkt	50 m entspricht	10 km
Grünmarkt — Grüntal	50 m entspricht	10 km
Grüntal — Zellwald	30 m entspricht	6 km
	130 m	26 km

Damit ist der zweigleisige Ring um 92 m (18,4 km) länger als bei der alten Anlage, die zudem eine eingleisige Strecke von nur 67 m (13,4 km) besaß. Außerdem sind zwei Bahnhöfe mehr vorhanden.

Bahnhof »Zellwald« behielt die Wendeschleife von »Aster«, während in »Adorf« wie früher in »Erika« die Lokomotiven umgesetzt werden müssen. Da nur mit Modellen von Diesellokomotiven gefahren wird, ist eine Drehscheibe nicht mehr erforderlich.

Für die *Gleisanlagen* wurden aus Neusilber gezogene Schienen und eine aus Formstoffmaterial bestehende Schwellenlage verwendet, die durch U-förmige Plättchen und Holzschrauben an den Unterbau befestigt ist (Abb. 11). Die Schienen sitzen sicher geklammert in der Schwellenlage und sind mit Schienenfußlaschen verbunden.

Der *Unterbau* besteht aus einer kastenförmigen Holzkonstruktion,

12

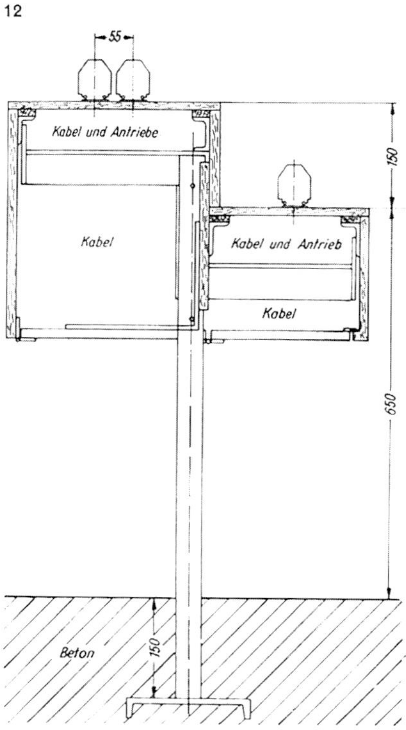

11 *Befestigung der Gleise*

12 *Unterbau der Modellbahnanlage*

13 *Weichenantrieb*

14 *Lichtsignal mit Stecksockel*

15 *Formsignal mit Antrieb und Stecker*

16 *Steigersches Stellwerk vom Bahnhof »Grünmarkt«*

17 *Gleisbildstellwerk vom Bahnhof »Schwarzburg«*

18 *Gleisbildstellwerk vom Bahnhof »Schwarzhain«*

19 *Mechanisches Stellwerk vom Bahnhof »Adorf«*

14

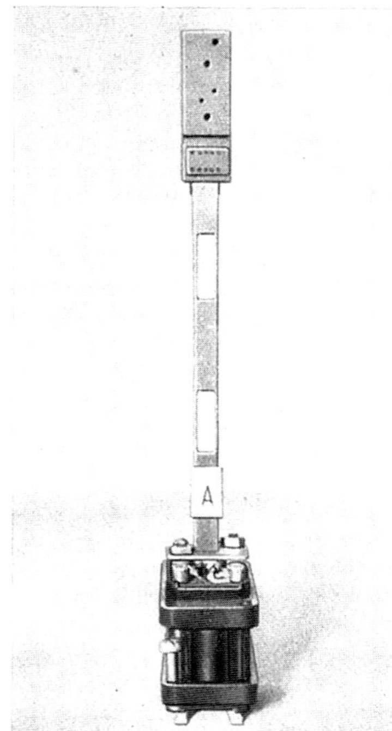

15

deren Oberseite mit Sprelacart belegt ist und deren Seiten sich herunterklappen lassen, da sich in dem Hohlraum Kabel, Anschlußklemmen, Weichenantriebe, Signalsockel, magnetische Schlußkontakte u. a. m. befinden (Abb. 12). Auf jegliche »Landschaftsgestaltung« wurde verzichtet. Der Hohlkasten ruht auf Rohrstützen mit stählernen Quer- und Längsholmen, so daß stets eine einwandfreie Gleisanlage unbeeinflußt von Temperaturwechsel und dergleichen erwartet werden kann.

Die *Weichenantriebe* sind einheitlich gestaltet. Es wurden leicht auswechselbare Piko-Motoren vom Typ 2902 verwendet. Der gesamte Antrieb ist zum schnelleren Auswechseln auf einem Mehrfachstecker montiert und ragt mit seinem Stelldraht in die Stellschwelle der Weiche hinein (Abb. 13).

Alle *Signale* erhielten stabile Stecksockel, damit man sie leicht austauschen kann. Die Lichtsignale (Abb. 14) werden durch Relais, nicht durch Blenden umgeschaltet und die Formsignale (Abb. 15) durch Stellmagneten. Die Signale sind nicht mehr wie früher maßstabgerecht, sondern größer und stabiler. Auf das Nachtbild bei Formsignalen wurde verzichtet.

Auch die magnetischen *Schienenkontakte* sind verbessert worden.

Den Bahnstrom liefern Batterien, die eine Elektrizitätsmenge von insgesamt 150 Ah erzeugen können. Die Spannung im Gleis beträgt 20 V. Um die Störungssuche zu erleichtern, wurde das Netz in Versorgungsabschnitte unterteilt.

Als Lokomotiven werden die bereits erwähnten Handsteuerlokomotiven verwendet (vgl. Abb. 9). Zum Anfahren wird mit dem Handhebel für »Beschleunigen — Bremsen« der Fahrmotor zunächst kurzgeschlossen, damit er aus der »Haltstellung« anläuft. Einmal in Gang, erhält er Strom über den Widerstand, so daß er auch beim Zurücklegen des Handhebels in Ruhestellung weiterläuft.

Anfahren und Bremsen geschieht in einem vorbestimmten Zeitverhältnis (nämlich 2 : 1) und ist nicht veränderlich. Die Länge der Schaltstufen ergibt sich aus der gewünschten Charakteristik für das Anfahren und Bremsen und aus der Tatsache, daß der Fahrmotor zugleich Steuermotor ist, das heißt beim Anfahren zunächst eine geringe Drehzahl zeigt, die sich stetig steigert. Da Anfahren und Bremsen unabhängig von der Drehrichtung des Motors stattfinden müssen, wurde die Kontaktbahn symmetrisch ausgebildet. Die Klemmschellen am Widerstand gestatten Korrekturen für das Anfahren und auch für das Bremsen. Damit läßt sich die Lokomotive weitgehend einem gewählten Vorbild, zum Beispiel der E 94 der Deutschen Reichsbahn, anpassen. Der Fahrtwendeschalter, das heißt der Handhebel für »Fahrtrichtung«, ist mechanisch gesperrt, solange der Fahrmotor läuft, wie dies bei den ortsfesten Steuergeräten gleichfalls der Fall war.

Das Wagenmaterial wurde zunächst unverändert übernommen. Die Lokomotiven erhielten drehbare, die Schlußwagen feste Magneten zum Auslösen der magnetischen Schlußkontakte. Die drehbaren Magneten können so eingestellt werden, daß sie in der Regel wirkungslos bleiben und nur im Sonderfall — zum Beispiel bei einzeln fahrenden Lokomotiven — ansprechen.

Der Betrieb läuft nun so ab, daß der Lokomotivführer nach Erteilen des Abfahrauftrags seine Lokomotive einschaltet und begleitet. Nach Erreichen der gewünschten Geschwindigkeit legt er den Handhebel in die Mittellage zurück und schaltet rechtzeitig vor dem nächsten

16

17

18

19

Halt auf »Bremsen«. Die Geschwindigkeit der Lokomotive wird auf einer Skala angezeigt.
Da die eingleisige Strecke 65 cm und der zweigleisige Ring 80 cm über Fußbodenoberkante liegen (die Rampen des zweigleisigen Ringes, die in »Adorf« und »Zellwald« anschließen, sind 13,6 und 10,7 ‰ geneigt) und die größte Breite 50 cm beträgt, kann jede Lokomotive auch auf dem ungünstigsten Gleis vom begleitenden Lokomotivführer bequem erreicht werden. Der Lokomotivführer ist also stets in der Nähe seiner Lokomotive und sieht Signale und Gleisanlagen so, wie er sie als Mitfahrender sehen würde.
Während der Unterbau, die Gleisanlagen einschließlich der Weichenantriebe, die Signale und die große Schalttafel neu aufgebaut wurden, sind von den Stellwerken nur die beiden Kraftstellwerke vom Bahnhof »Grüntal« und das Gleisbildstellwerk vom Bahnhof »Schwarzburg« neu.
Die beiden Stellwerke von »Grüntal« (Abb. 20) sind aufgearbeitete Original-Einreihenstellwerke der Deutschen Reichsbahn, das Gleisbildstellwerk von »Schwarzburg« (Abb. 17) ist die zur Zeit modernste Ausführung dieser Art. Die anderen Bahnhöfe erhielten: »Zellwald« die beiden selbstgebauten Einreihenstellwerke von »Aster«, »Schwarzhain« das aus dem Jahr 1950 stammende Gleisbildstellwerk von »Birken« (Abb. 18), »Adorf« die beiden Modelle der mechanischen Stellwerke von »Erika« (Abb. 19) und »Grünmarkt« das 1962 umgebaute Steigersche Stellwerk (Abb. 16) von »Hasel« neben einem noch zu entwickelnden Schlüsselstellwerk an Stelle eines Wärterstellwerks. Damit sind mannigfache Ausbildungsmöglichkeiten an verschiedenen älteren und modernen Stellwerksformen gegeben. Das hat seinen Grund: Der Student soll nicht nur modernste Anlagen vorfinden, sondern auch Gleisanlagen und Stellwerke, deren betriebliche Schwierigkeiten den Gegebenheiten der Praxis weitgehend entsprechen.
Die Anzeige der Gleisbesetzung ist für später vorgesehen, damit die termingemäße Inbetriebnahme des Neuen Eisenbahn-Betriebsfeldes nicht gefährdet wurde. Aus den gleichen Gründen wird auf Blockstellen zunächst verzichtet. Die Fahrpläne wurden daher so aufgestellt, daß zunächst ohne Blockstellen gefahren werden kann.
Auf der zweigleisigen Strecke »Adorf« – »Schwarzburg« sind Einrichtungen für den Gleiswechselbetrieb projektiert, die aber auch erst später eingebaut werden sollen.
Im Rahmen dieser Abhandlung ist es nicht möglich, auf Einzelheiten über die Stellwerke (insbesondere über die neuen) einzugehen.
Das Neue Eisenbahn-Betriebsfeld der Hochschule für Verkehrswesen »Friedrich List« in Dresden umfaßt 440 m Gleis, 40 einfache Weichen, 17 doppelte Kreuzungsweichen, 53 Formsignale, 20 Lichtsignale, 14 Handsteuerlokomotiven, 30 Reisezugwagen, 120 Güterwagen, in 6 Bahnhöfen 9 Stellwerke mit etwa insgesamt 800 Relais. Verlegt wurden etwa 37 km Draht für Bahnstromversorgung und Sicherungsanlagen, um nur einige Zahlen zu nennen. Die Entwicklung bleibt jedoch nicht stehen. Im Fahrzeugbau ist eine neue Kupplung zu erwarten, für die die hauptsächlichsten Werkzeuge bereits vorliegen und die Einzelteile gestanzt wurden. Handsteuerlokomotiven werden eines Tages durch Fernsteuereinrichtungen ergänzt werden, damit gelegentlich bei zu kleinen Übungsgruppen ohne Lokomotivführer vorbildgerecht und fahrdynamisch richtig geübt werden kann. Die Halbleitertechnik erschließt die Möglichkeit hierfür.
Diese Leistung konnte nur in sozialistischer Gemeinschaftsarbeit vollbracht werden, die auch künftig andauert. Von den Vorbereitungsarbeiten, wie Aufstellen der Strecken- und Bahnhofspläne, Fahrpläne, Schaltpläne usw., bis zu Detailfragen der Fertigung und Montage wurden die wichtigsten Probleme gemeinsam beraten, die Termine der einzelnen Arbeitsstufen, die Arbeitsverteilung festgelegt, Geld- und Beschaffungsfragen geklärt. An der Projektierung wirkten unter anderen Hansotto Voigt mit, der seit Jahren durch seine Modellbahnarbeit im Rahmen der Kammer der Technik bekannt ist, und Heinrich Baum, gleichfalls ein ausgezeichneter Modelleisenbahner, der die Holzarbeiten für den Unterbau, die Relaisschränke usw. ausführte. Die Vorarbeiten lagen bei den Mitarbeitern der Hochschule Griesbach, Böhm und Casselt; für die Sicherungstechnik zeichneten Steiger und Ludwig verantwortlich; Beschaffung und Lokomotivbau oblag Kirsten; Bau der Gleisanlagen war im wesentlichen Aufgabe von Brust, während v. Hausen, Berger und Pötsch abwechselnd dort halfen, wo es gerade erforderlich war.
Ein Teil der Kleinserien, wie Weichen, Signale, Weichenantriebe usw., wurde in Heimarbeit hergestellt. Schließlich sind noch die Studenten Beger und Gaitzsch zu nennen, die wesentlich bei der Aufstellung der Arbeitsunterlagen für den Übungsbetrieb mitgeholfen haben, und die ehemaligen Mechaniker der Hochschule und jetzigen Fachschulstudenten Dauberschmidt und Korczynsky, die während ihrer Ferien am Neuen Betriebsfeld arbeiteten.
Ihnen allen gehört unser Dank, daß der erste Zug nach feierlicher Eröffnung termingerecht über die Strecke dieser großzügigsten und größten Modellbahnanlage gerollt ist, die in der Baugröße H0 für Lehrzwecke bisher geschaffen wurde!

20 *Kraftstellwerk vom Bahnhof »Grüntal«*

Daten und Ereignisse der Deutschen Reichsbahn

Zusammengestellt von Dipl.-Hist. KARL-HEINZ GUMMICH

7. Oktober 1964 – 15 Jahre Deutsche Demokratische Republik

in Daten und Ereignissen der Deutschen Reichsbahn

15 Jahre sind für die Entwicklung eines Staates eine relativ kurze Zeit. Und doch hat schon in dieser Zeitspanne der erste Arbeiter-und-Bauern-Staat auf deutschem Boden seine geschichtliche Aufgabe für die Zukunft Deutschlands eindrucksvoll bewiesen. Hier, in der Deutschen Demokratischen Republik, sind Imperialismus und Militarismus ein für allemal überwunden, hier werden die demokratischen, humanistischen, friedlichen und sozialistischen Traditionen des deutschen Volkes verkörpert. Am Beispiel des Eisenbahngeschehens in unserer Republik wird das Neue, das Ringen jedes einzelnen Werktätigen um den umfassenden Aufbau des Sozialismus vor Augen geführt. Hinter jedem nüchtern klingenden Satz in der folgenden Zeittafel, die nur die wichtigsten Ereignisse bei der Deutschen Reichsbahn seit 1949 enthält, stehen unter Führung der Partei der Arbeiterklasse errungene Erfolge.

1949

7. Oktober	Gründung der Deutschen Demokratischen Republik — Professor Dr.-Ing. Hans Reingruber († 14. 1. 1964) wird Verkehrsminister des ersten deutschen Arbeiter-und-Bauern-Staates
13. Oktober	2177 Eisenbahner werden als Aktivisten ausgezeichnet
31. Oktober	Die Lokomotive »Gigant« 52 115 vom Bw Merseburg erreicht in einem ununterbrochenen Einsatz vom 1. bis 31. Oktober eine durchschnittliche tägliche Laufleistung von 371 km. Das Lokpersonal schafft bei einem Kohleverbrauch von 415,6 t eine Leistung von 8 252 000 tkm, wobei es 180 t Kohle einspart
1. November	Die wiederaufgebaute Muldebrücke bei Bitterfeld wird zwei Monate vorfristig dem Verkehr übergeben
18./19. November	Richtungweisende Zentralvorstandssitzung der IG Eisenbahn. Thema: Entwicklung einer breiten Aktivistenbewegung
30. November	Raw Stendal übergibt die 3000. Lokomotive, die es seit Wiederaufnahme der Produktion vor 53 Monaten ausgebessert hat
31. Dezember	Deutsche Reichsbahn hat Jahresplan 1949 übererfüllt. 184 000 Eisenbahner nahmen am Wettbewerb teil, 10 700 wurden Aktivisten

1950

20./22. Januar	1. deutsche Verkehrskonferenz. 700 Teilnehmer beraten in Eisenach über die Erfüllung des Transportplans im Rahmen des Zweijahrplans
26. Februar	Abschluß des Tarifvertrags für die Beschäftigten der Deutschen Reichsbahn, der am 1. April in Kraft tritt. Damit werden zum ersten Mal alle arbeits- und lohnpolitischen Bedingungen für Arbeiter und Angestellte in einem Tarifvertrag vereinbart
31. März	Delegationen der Deutschen Reichsbahn und des sowjetischen Verkehrsministeriums verhandeln in Moskau über die Regelung des Personen- und Güterverkehrs zwischen beiden Ländern
1. Mai	Beginn des neuen Wettbewerbs um den Titel »Brigade der ausgezeichneten Qualität«
5. Juni	Neue Initiative der Aktivisten: 7 Lokbrigaden vom Bw Leipzig-Wahren erreichen eine tägliche Loklaufleistung von 500 km. Eine Woche später haben sie bereits 290 t Kohle eingespart
6. Juni	Gründung der Sportvereinigung »Lokomotive«
14. Juni	Die ersten 14 Lokbrigaden erhalten den Titel »Brigade der ausgezeichneten Qualität«
30. Juni	Deutsche Reichsbahn erfüllt den Zweijahrplan vorfristig
20./24. Juli	III. Parteitag der SED in Berlin — Manifest an das deutsche Volk: »Fünfjahrplan 1951 bis 1955, Beginn einer neuen Epoche in der deutschen Geschichte«. Die Aufgaben der Deutschen Reichsbahn lauten: Die tägliche Beladung ist von 19 750 auf 31 000 Wagen zu steigern, 2300 km Gleis sind zu reparieren und 750 km Gleis neu zu verlegen
30. August/ 3. September	Walter Ulbricht schlägt auf dem 3. FDGB-Kongreß Maßnahmen zur Verbesserung der Lage der Eisenbahner als Anerkennung für ihre gute Arbeit und Maßnahmen zur Steigerung der Arbeitsproduktivität vor
9. Oktober	Die Eisenbahnerverordnung tritt in Kraft, mit der erstmals in Deutschland die Eisenbahner vom Staat geehrt werden
1. November	Baubeginn am südlichen Teil des Berliner Außenrings, der zwar schon vor dem ersten Weltkrieg geplant war, dessen Bau aber erst im Arbeiter-und-Bauern-Staat verwirklicht wird
9. November	Eine Frau aus dem Rbd-Bezirk Schwerin wird die erste Bahnhofsvorsteherin der DDR
9./10. Dezember	Außerordentliche Zentraldelegiertenkonferenz der IG Eisenbahn zur Vorbereitung des 1. Fünfjahrplans. Eine neue Satzung wird beschlossen
11. Dezember	Zum ersten Mal wird eine Frau als Triebwagenführerin bei der Berliner S-Bahn eingesetzt
21. Dezember	Aufnahme der ersten internationalen Schnelltriebwagenverbindung: Berlin—Prag—Berlin

1951

1. Januar	Beginn des Komplexwettbewerbs zwischen Deutscher Reichsbahn und VEB Maxhütte Unterwellenborn zur Senkung der Wagenaufenthaltszeiten
12. Januar	Aufnahme des Eisenbahngrenzverkehrs zwischen DDR und ČSR auf der Strecke Liberec—Zittau—Großschönau—Varnsdorf—Seifhennersdorf
2./4. Februar	2. Verkehrskonferenz der DDR berät in Halle die Aufgaben im 1. Fünfjahrplan. Die Deutsche Reichsbahn hat die Kohleverbrauchsnormen und die Wagenumlaufzeiten zu senken sowie die Komplexwettbewerbe weiterzuführen

1 *Im Herbst 1950 wird mit dem größten Bauvorhaben der Deutschen Reichsbahn begonnen: dem Berliner Außenring. Rund acht Monate später findet die Einweihung des ersten Abschnitts Grünau—Ludwigsfelde statt*

2 *Staatspräsident Wilhelm Pieck empfängt im Juni 1951 aus Anlaß des ersten Tags des deutschen Eisenbahners die mit dem Staatstitel »Verdienter Eisenbahner« Ausgezeichneten*

9. Februar	Raw Zwickau (das später den Namen »7. Oktober« erhält) übergibt den 40000. reparierten Güterwagen
13. April	Erste Rangierbrigade der Deutschen Reichsbahn wird auf Bf Riesa gebildet
14. April	Eröffnung einer neuen Eisenbahnstrecke zwischen Rathenow und Löwenberg
20. April	40 Lokbrigaden beteiligen sich am Wettbewerb um 500000 km störungsfreie Loklaufleistungen
1. Mai	Grundsteinlegung für Gebäude der Fakultät für Verkehrswissenschaften an der Technischen Hochschule Dresden
31. Mai	25933 Güterwagen werden an diesem Tag beladen — die bisher größte Leistung seit Kriegsende
10. Juni	Zum ersten Mal Tag des deutschen Eisenbahners. Erstmals werden entsprechend der Eisenbahnerverordnung 30 Männer und Frauen als Verdiente Eisenbahner ausgezeichnet
10. Juli	Der 24 km lange zweigleisige Abschnitt des Berliner Außenrings zwischen Grünau und Ludwigsfelde wird 6 Monate vorfristig eingeweiht
13. August	Die wiederaufgebaute Westhalle des Hbf Leipzig wird dem Verkehr übergeben
1. Oktober	Eröffnung der Ingenieurschule für Eisenbahnwesen in Dresden
11. Oktober	Ministerratsbeschluß über Prämienzahlung an Eisenbahner bei 50jähriger Betriebszugehörigkeit
7. November	Ernst Kamieth wird im Bww Potsdamer Gbf (Westberlin) vom Westberliner Polizeibüttel Zunker ermordet
12. Dezember	Das »Grünauer Kreuz«, ein wichtiger Teil des Berliner Außenrings, wird dem Verkehr übergeben

1952

9. Januar	Erster Doppelstockzug der Deutschen Reichsbahn wird der Presse vorgestellt
13. Februar	Eisenbahnerkonferenz in Leipzig, Walter Ulbricht unter den Gästen. Themen: Prinzip der persönlichen Verantwortung, wirtschaftliche Rechnungsführung bei der Deutschen Reichsbahn und Erziehung der Kader
30. April	Beginn des ersten internationalen Freundschaftswettbewerbs zwischen Bf Bad Schandau und Bf Děčin
8. Juni	Tag des deutschen Eisenbahners. 41 Beschäftigte der Deutschen Reichsbahn erhalten den Ehrentitel
10. Juni	Westdeutsche Behörden sperren provokatorisch die Strecke Vacha — Unterbreizbach
28. Juni	Verordnung über die Erhöhung der Gehälter der Meister und Ingenieure bei der Deutschen Reichsbahn
1. Juli	Auf Beschluß des ZK der SED wird bei der Deutschen Reichsbahn die Politische Verwaltung mit ihren Politischen Abteilungen in den Reichsbahndirektionen und Reichsbahnämtern geschaffen
9./12. Juli	II. Parteikonferenz der SED beschließt den Aufbau der Grundlagen des Sozialismus in der Deutschen Demokratischen Republik
30. Juli	Erster sozialistischer Wettbewerb zwischen den Reichsbahnausbesserungswerken
30./31. August	1. Jungeisenbahnerkonferenz der Deutschen Reichsbahn beschließt die Aufgaben der jungen Eisenbahner bei der Schaffung der Grundlagen des Sozialismus
1. September	Baubeginn der Strecke Vacha—Unterbreizbach
8. September	Eröffnung der Hochschule für Verkehrswesen Dresden
15. November	Einweihung der Strecke Vacha—Unterbreizbach

1953

1. Januar	Bahnärztlicher Dienst wird selbständige Dienststelle der Deutschen Reichsbahn
15. Januar	Eröffnung der Zentralschule der Politischen Verwaltung der Deutschen Reichsbahn in Hainichen; sie erhält am 10. August 1953 den Namen »Erich Steinfurth«
Februar	Beschluß des ZK der SED zur Verbesserung der operativen Leitung des Eisenbahntransports
17./19. April	2. Konferenz der Deutschen Reichsbahn (in Halle). Hauptthemen: Reorganisation des operativen Dienstes durch Einführung des Dispatchersystems, Anwendung sowjetischer Neuerermethoden
30. April	Bildung des Ministeriums für Eisenbahnwesen
13. Mai	Beschluß des Ministeriums für Eisenbahnwesen und des Zentralvorstands der IG Eisenbahn, im Rba Halle den Vierbrigadeplan zu erproben
14. Juni	Rba Berlin 6 führt den Dispatcherdienst probeweise ein
14. Juni	Tag des deutschen Eisenbahners. 23 Beschäftigte der Deutschen Reichsbahn erhalten den Ehrentitel
1. Oktober	Der Abschnitt des Berliner Außenrings Karow—Birkenwerder wird dem Verkehr übergeben
30. Oktober	Eröffnung der neuen Strecke Templin—Prenzlau

1954

1. Januar	Einführung einer Zusatzrentenversorgung für Berufsgruppen des BuV- und Lokfahrdienstes der Deutschen Reichsbahn
15./17. Januar	3. Konferenz der Deutschen Reichsbahn (in Leipzig). Hauptthemen: Senkung der Wagenumlaufzeit auf 3 Tage, Dispatchersystem, neues Transportplanungsverfahren

Verkehrsminister Professor Reingruber überreicht am 8. September 1952 Magnifizenz Professor Dr.-Ing. Jentsch die Gründungsurkunde der Hochschule für Verkehrswesen Dresden

30. März/ 6. April	IV. Parteitag der SED in Berlin — Dokument zur Lösung der Lebensfragen der Nation
8. April	Grundsteinlegung für Seminargebäude der Hochschule für Verkehrswesen Dresden
21. Mai	Dispatcherkreis Erfurt 2 nimmt erste Streckendispatcheranlage zur Erprobung in Betrieb. Der Dispatcherdienst wird am 10. Juli 1954 bei der gesamten Deutschen Reichsbahn eingeführt
13. Juni	Tag des deutschen Eisenbahners. 28 Beschäftigte der Deutschen Reichsbahn erhalten den Ehrentitel
12. Oktober	Dipl.-Ing. Erwin Kramer, Stellvertreter des Ministers für Eisenbahnwesen, wird mit dem Vaterländischen Verdienstorden in Silber ausgezeichnet

3 *Im August 1951 wird die wiederaufgebaute Westhalle des Leipziger Hauptbahnhofs dem Verkehr übergeben*

5./10. November	Europäische Güterzugfahrplankonferenz in Berlin
12./13. November	1. Verkehrswissenschaftliche Tage an der Hochschule für Verkehrswesen Dresden. Thema: Wissenschaftlicher Gedankenaustausch über Verkehrsprobleme
26. November	Bildung des Ministeriums für Verkehrswesen. Dipl.-Ing. Erwin Kramer wird Minister für Verkehrswesen
16. Dezember	Gründung des Sportklubs »Lokomotive« Leipzig

1955

1. Januar	Neufestlegung der Rbd-Grenzen; aus 37 Einheitsämtern entstehen 27 Reichsbahnämter
1. Januar	Eröffnung des Industrie-Instituts an der Hochschule für Verkehrswesen Dresden

5 *Im Jahr 1953 wird das nach sowjetischem Vorbild geschaffene Dispatchersystem im Rba Berlin 6 und im Mai 1954 im Dispatcherkreis Erfurt 2 erprobt: am 10. Juli 1954 wird der Dispatcherdienst bei der gesamten Deutschen Reichsbahn eingeführt*

4./6. Februar	Ökonomische Konferenz des Verkehrswesens in Leipzig. 900 Teilnehmer beraten über die Einsparung von 20 Millionen DM, Qualifizierung der Kader und Verbesserung der operativen Leitungstätigkeit
21. Februar	Erster durchgehender FD-Zug aus Moskau trifft auf Berlin-Ostbahnhof ein
13. März	Saßnitz-Expreß auf Jungfernfahrt nach München
26./27. März	2. Jungeisenbahnerkonferenz (in Halle). 1354 Verpflichtungen der Jugendlichen werden überreicht, die einen Nutzen von 130000 DM erbringen. Hauptthemen: Festigung der Disziplin und Kampf gegen Unfälle
1. April	Einheitlicher Arbeitszeitbeginn bei der Deutschen Reichsbahn
12. Juni	Tag des deutschen Eisenbahners. 42 Beschäftigte der Deutschen Reichsbahn erhalten den Ehrentitel
1. Juli	Ingenieurschule für Eisenbahnwesen Dresden verabschiedet die ersten 217 Absolventen
1. August	Baubeginn der Strecke Knappenrode—Schwarze Pumpe
1. September	Auf der Strecke Halle—Köthen wird der elektrische Zugbetrieb aufgenommen

12. September — Adenauers Schergen treiben in Dortmund den DDR-Eisenbahner Heino Wenzel in den Tod
11. Dezember — Moderne Relais-Stellwerke werden auf dem Berliner Außenring ihrer Bestimmung übergeben
29. Dezember — Eröffnung der elektrifizierten Strecke Köthen—Schönebeck

1956

7. Januar — Anordnung des Ministerrats über die Altersversorgung der Eisenbahner
20. Januar — Erster zentraler Erfahrungsaustausch der Dispatcher in Leipzig
2. Februar — Walter Ulbricht verleiht 3 Jugendbrigaden der Deutschen Reichsbahn den Ehrentitel »Hervorragende Jugendbrigade der DDR«
24./30. März — III. Parteikonferenz der SED in Berlin — Direktive über den 2. Fünfjahrplan
10. Juni — Tag des deutschen Eisenbahners. 37 Beschäftigte der Deutschen Reichsbahn erhalten den Ehrentitel
14./16. Juni — 2. Verkehrswissenschaftliche Tage an der Hochschule für Verkehrswesen Dresden. Thema: Forschung und Entwicklung der Verkehrswissenschaft im 1. Fünfjahrplan
21. Juni — Bf Lübbenau beginnt als einer der ersten mit dem Vierbrigadesystem
31. Juli — Eröffnung der Generalvertretung der Deutschen Reichsbahn in Stockholm
1. September — Beginn des Komplexwettbewerbs zwischen Deutscher Reichsbahn und VVB Braunkohle im Raum Leipzig
28. September — Der Abschnitt des Berliner Außenrings Saarmund—Golm wird dem Verkehr übergeben
18. Oktober — Verordnung des Ministerrats über die Pflichten und Rechte der Eisenbahner der DDR
10. Dezember — Minister Dipl.-Ing. Kramer besichtigt ersten Doppelstockgliederzug in Görlitz
16. Dezember — Aufnahme des Zugverkehrs zwischen Berlin und Kopenhagen
20. Dezember — Eröffnung des durchgehenden elektrischen Betriebs auf der Strecke Halle—Magdeburg

1957

1. Januar — IG Eisenbahn übernimmt die Sozialversicherung der Eisenbahner
3. Januar — 13 Brigaden der Deutschen Reichsbahn erhalten den Titel »Brigade der besten Qualität«
6. Januar — Vindobona-Expreß auf Probefahrt nach Wien
17. Januar — Raw »7. Oktober« Zwickau führt probeweise 45-Stunden-Woche ein
19./20. Februar — Konferenz der operativen Dienstzweige zu Problemen der Betriebssicherheit, des Arbeitsschutzes und der Leitungstätigkeit
1. März — Alle Raw beginnen mit der 45-Stunden-Woche
1. April — Einführung der 45-Stunden-Woche im Betriebs- und Verkehrsdienst, in der Lok- und Wagenunterhaltung, im Sicherungswesen und in der Bahnunterhaltung
1. April — Vierbrigadesystem wird im gesamten operativen Dienst der Deutschen Reichsbahn eingeführt
27. Mai/8. Juni — Gründung der OSShD auf der II. Ordentlichen Konferenz der Verkehrsminister aller sozialistischen Staaten in Peking
2. Juni — Einführung der 45-Stunden-Woche für das Lok- und Zugbegleitpersonal
9. Juni — Tag des deutschen Eisenbahners. 30 Beschäftigte der Deutschen Reichsbahn erhalten den Ehrentitel
20. Juni — Neubau-Lokomotive 23^{10} wird der Öffentlichkeit vorgestellt
17./23. September — 12. Kongreß der USIC (Union Sportive Internationale des Cheminots = Internationale Sportvereinigung der Eisenbahner) nimmt die Sportvereinigung »Lokomotive« als gleichberechtigtes Mitglied auf
31. Oktober — Verabschiedung der Uniformordnung der Deutschen Reichsbahn
29. November — Einführung des sektionierten Fahrplans auf der Fahrplankonferenz der Deutschen Reichsbahn in Eisenach
15. Dezember — Als erster Bahnhof der Deutschen Reichsbahn hebt Hbf Leipzig die Bahnsteigsperren auf

1958

22. Januar — Aufnahme des planmäßigen Verkehrs zwischen Berlin und Leipzig mit Doppelstockgliederzügen
14. Februar — Raw »7. Oktober« Zwickau wird mit dem Orden »Banner der Arbeit« ausgezeichnet
21. Februar — Berliner Jungeisenbahnerkonferenz ruft zum Wettbewerb anläßlich des V. Parteitags der SED und zum Bau einer Jugendlokomotive auf
27./28. Februar — Konferenz der Deutschen Reichsbahn in Görlitz. Das Kampfprogramm der Eisenbahner zur Vorbereitung des V. Parteitages der SED wird beschlossen
17. März — Aufnahme des elektrischen Betriebs auf der Strecke Roßlau—Dessau—Bitterfeld
25. März — Bf Karl-Marx-Stadt/Hilbersdorf führt die neue Bahnhofsarbeitsordnung ein
31. Mai — Eröffnung des durchgehenden elektrischen Betriebs auf der Strecke Roßlau—Leipzig

6 *Am 21. Februar 1955 trifft auf dem Berliner Ostbahnhof der erste durchgehende FD-Zug aus Moskau ein*

7 *Als erste Strecke der Deutschen Reichsbahn wird die Eisenbahnlinie von Halle nach Köthen elektrifiziert. Seit Inbetriebnahme dieses rund 36 km langen Abschnitts am 1. September 1955 sind inzwischen über 450 km Strecke elektrifiziert worden*

8 *Infolge des wachsenden Verkehrsstromes zwischen Schweden und der Deutschen Demokratischen Republik eröffnet die Deutsche Reichsbahn am 31. Juli 1956 in Stockholm eine Generalvertretung, die im Februar 1960 in eine Verkehrsvertretung der Deutschen Demokratischen Republik umgewandelt wird. Kurze Zeit darauf werden Verkehrsvertretungen unserer Republik in Kopenhagen und in Wien eröffnet*

9 *Die Jungeisenbahner finanzieren als Beitrag zur Schaffung der Grundlagen des Sozialismus in unserem Arbeiter-und-Bauern-Staat im Jahr 1958 den »Expreß Junger Sozialisten«, einen modernen Doppelstockgliederzug*

16. Dezember	»Fahrt frei« veröffentlicht grundsätzliches Referat des Leiters der Politischen Verwaltung, Genossen Robert Menzel, über Fragen der Disziplin, Ordnung, Sicherheit und Qualität der Arbeit im Eisenbahnwesen

1959

1. Januar	Bildung des Medizinischen Dienstes des Verkehrswesens; der Bahnärztliche Dienst wird darin eingegliedert
1. Januar	Hauptdispatcherleitung wird selbständige Dienststelle der Deutschen Reichsbahn
27./28. Februar	Zentrale Jungeisenbahnerkonferenz in Frankfurt (Oder). Aufruf an die jungen Eisenbahner, im Kampf um Disziplin und Ordnung an der Spitze zu stehen
15. März	Baubeginn der Strecke Langhagen—Lalendorf
25./26. März	Rationalisatoren und Neuerer der Deutschen Reichsbahn beraten in Erfurt und beschließen, 3,5 Millionen DM einzusparen
3. Mai	10 Jahre »Fahrt frei«. Walter Ulbricht übermittelt der Redaktion eine Grußadresse
27./28. Mai	Die Rekonstruktionspläne der Rbd-Bezirke werden auf technisch-ökonomischen Konferenzen beschlossen
31. Mai	Aufnahme der Schnelltriebwagenverbindungen Berlin—Brest (»Berolina«) und Berlin—Prag (»Karlex«)
8./11. Juni	3. Verkehrswissenschaftliche Tage an der Hochschule für Verkehrswesen Dresden. Thema: Wandlungen in der Struktur des Güterverkehrs
14. Juni	Tag des deutschen Eisenbahners. 30 Beschäftigte der Deutschen Reichsbahn erhalten den Ehrentitel. Aufruf zur Beladung des »Schwerlastzugs der guten Taten« aus Anlaß des 10jährigen Bestehens der DDR
9./25. Juni	Verkehrsfachleute des Rates für Gegenseitige Wirtschaftshilfe tagen in Berlin
30. Juni	5 Jugendbrigaden erhalten den Titel »Hervorragende Jugendbrigade der Deutschen Reichsbahn«
6. Juli	50 Jahre Fährverbindung Saßnitz—Trelleborg. Das erste Fährschiff der DDR, MFS »Saßnitz«, wird in Dienst gestellt
12. September	Die Spurwechselradsätze der Konstruktion Kramer/Necke werden in Brest erprobt
1. Oktober	Einführung der Prämienzeitlohn-Vereinbarungen bei der Deutschen Reichsbahn
6. Oktober	8 Brigaden der Deutschen Reichsbahn erhalten den Titel »Brigade der sozialistischen Arbeit«
6./7. Oktober	Westberliner Schläger vergreifen sich auf dem Gebiet der Deutschen Reichsbahn in Westberlin an der Staatsflagge der DDR und werden von Eisenbahnern abgewiesen
21. Dezember	Aufnahme des elektrischen Betriebs auf den Strecken Halle—Weißenfels und Merseburg—Mücheln

7. OKTOBER 1964 • 15 JAHRE DDR

8. Juni	Tag des deutschen Eisenbahners. 26 Beschäftigte der Deutschen Reichsbahn erhalten den Ehrentitel
21. Juni	Die Deutsche Reichsbahn übernimmt vom VEB »Karl-Marx« Babelsberg die Lokomotive 23^{10} der Jungeisenbahner. Die jungen Eisenbahner beschließen, den Bau einer zweiten Jugendlokomotive zu finanzieren
10./16. Juli	V. Parteitag der SED in Berlin — Losung: »Der Sozialismus siegt« Darlegung der Perspektive bis 1965
18. Juli	Jungeisenbahner beschließen, den »Expreß Junger Sozialisten« zu bauen
5. Oktober	Ein Eisenbahnerkollektiv mit Minister Dipl.-Ing. Kramer an der Spitze wird für die Entwicklung des Doppelstockgliederzugs mit dem Nationalpreis ausgezeichnet
7. November	Eröffnung der elektrifizierten Strecke Halle—Leipzig
9. Dezember	Brigade Lorenz vom Bf Zwickau arbeitet 20 Monate unfallfrei, wobei sie 184534 Wagen behandelt hat

9

10

11

10 *Am 7. Dezember 1960 empfängt der Erste Sekretär des ZK der SED und Vorsitzende des Staatsrats der DDR, Walter Ulbricht, zum 125. Geburtstag der deutschen Eisenbahnen eine Eisenbahnerdelegation und läßt sich über ihre Arbeit berichten*

11 *Im Oktober 1961 erhalten drei Frauen zum ersten Mal den Facharbeiterbrief als Triebfahrzeugführer von elektrischen Lokomotiven. Fast 30 Prozent der Beschäftigten der Deutschen Reichsbahn sind Frauen, die ihren männlichen Kollegen völlig gleichberechtigt sind*

1960

1. Januar	Reorganisation der Forschungs- und Entwicklungsarbeit des Verkehrswesens der DDR
1. Januar	Gründung des transpress VEB Verlag für Verkehrswesen Berlin
3. Januar	Gründung des ersten Kraftfahrzeugausbesserungswerks der Deutschen Reichsbahn in Greifswald
18. Februar	Eröffnung der Verkehrsvertretung der Deutschen Demokratischen Republik in Stockholm
7. März	Bw Magdeburg-Buckau unternimmt Versuche mit industriellem Fernsehen
9. März	Diesellokomotive V 180 besteht erste Probefahrt
17. März	Ministerrat beschließt Lohnerhöhung für Eisenbahner
4. April	Unterzeichnung des Programms zur Entwicklung komplexer Technologien zwischen der Deutschen Reichsbahn und Chemiebetrieben unter der Losung »Keiner siegt ohne den anderen« in Bitterfeld
7. April	Eröffnung der Verkehrsvertretung der Deutschen Demokratischen Republik in Kopenhagen
8. April	Sozialistische Arbeitsgemeinschaft in Karl-Marx-Stadt/Hilbersdorf untersucht die Strecke Dresden—Karl-Marx-Stadt
30. April	Einweihung des Überseehafens Rostock
30. April	Brigade Kersten von Bm Berlin-Schönholz (Westberlin) erhält Titel »Brigade der sozialistischen Arbeit«
5./6. Mai	1. Zentrale Frauenkonferenz der Deutschen Reichsbahn (in Leipzig). Thema: Förderung der Eisenbahnerinnen
8./10. Juni	Verkehrskonferenz in Leipzig. Thema: Aufgaben für ein einheitliches sozialistisches Verkehrswesen auf der Grundlage des wissenschaftlich-technischen Fortschritts
12. Juni	Tag des deutschen Eisenbahners. 31 Beschäftigte der Deutschen Reichsbahn erhalten den Ehrentitel
19. Juli	Einweihung des Bww Berlin-Lichtenberg
5. August	Eröffnung der Verkehrsvertretung der Deutschen Demokratischen Republik in Wien
2. Oktober	Aufnahme des Städteschnellverkehrs in der DDR
2. Oktober	Raw Dessau übergibt zum ersten Mal Triebfahrzeuge mit Garantiepässen an den Betriebsmaschinendienst
7. Dezember	Festakt zum 125jährigen Jubiläum der deutschen Eisenbahnen. Der Vorsitzende des Staatsrats, Walter Ulbricht, empfängt eine Eisenbahnerdelegation

1961

4. Januar	VEB LEW »Hans Beimler« Hennigsdorf übergibt der Deutschen Reichsbahn die ersten in der DDR gebauten elektrischen Lokomotiven zur Erprobung
2./3. März	4. Jungeisenbahnerkonferenz (in Magdeburg). Bis dahin 2,8 Millionen DM auf das Konto Junger Sozialisten überwiesen; »Touristenexpreß« wird gebaut; Jugendplan der Deutschen Reichsbahn angenommen
1. April	Einführung des Lochkartenverfahrens für Abfertigung und Abrechnung des Wagenladungsverkehrs
13./14. April	2. Zentrale Frauenkonferenz der Deutschen Reichsbahn. Thema: Appell an alle Eisenbahner zu Sauberkeit, Disziplin und Ordnung
15. April	10 Jahre Entwurfs- und Vermessungsbüro der Deutschen Reichsbahn (EVDR)
21. April	Neue Rügendammbrücke wird eingeschwommen
1. Mai	Raw »Wilhelm Pieck« Karl-Marx-Stadt, FEV Blankenburg und die erste komplex-territoriale sozialistische Arbeitsgemeinschaft der Deutschen Reichsbahn und der chemischen Industrie erhalten den Orden »Banner der Arbeit«
28. Mai	Eröffnung der neuen Strecke Neustrelitz—Waren—Lalendorf Beginn des TEEM-Verkehrs
3. Juni	Erster Ölzug mit 1000 t von Kuibyschew nach Leuna passiert die Umspuranlage in Brest
6./9. Juni	4. Verkehrswissenschaftliche Tage an der Hochschule für Verkehrswesen Dresden. Thema: Entwicklung und Durchsetzung des wissenschaftlich-technischen Fortschritts im Transport- und Nachrichtenwesen
11. Juni	Tag des deutschen Eisenbahners. 32 Beschäftigte der Deutschen Reichsbahn erhalten den Ehrentitel
13. August	Sicherung der Staatsgrenze in und um Berlin. Hervorragender Einsatz der Werktätigen des Verkehrswesens bei der Erfüllung der von Partei und Regierung gestellten Aufgaben
1. September	Transportverordnung tritt in Kraft
1. Oktober	1. Zentrale Spartakiade der Kampfgruppen der Deutschen Reichsbahn
26. Oktober	Zum ersten Mal erhalten 3 Frauen den Facharbeiterbrief als Triebfahrzeugführer für elektrische Lokomotiven
8./14. November	LIM-Konferenz in Leipzig
19. November	Eröffnung der neuen S-Bahnstrecke Oranienburg—Pankow
29. November	Automatische Mittelpufferkupplung der OSShD, System Bautzen, erregt Aufsehen in Paris bei den Teilnehmern der UIC-Generalversammlung
5./9. Dezember	CIT-Konferenz in Erfurt überprüft internationale Tarif- und Abfertigungsfragen
8. Dezember	Internationale Pressekonferenz beim Präsidenten der Rbd Berlin wegen wiederholter Provokationen gegen die S-Bahn in Westberlin

1962

15. Januar	Aufnahme des elektrischen Betriebs auf der Strecke Leipzig—Altenburg
1. März	Einweihung des Verbindungstunnels zwischen den Bahnsteigen des S-Bahnhofs und U-Bahnhofs Schönhauser Allee in Berlin
5./6. April	4. Neuererkonferenz der IG Eisenbahn (in Erfurt). Thema: Neuerervorschläge auf der Grundlage des Plans Neue Technik
13. April	Eröffnung der neuen Strecke Förtha—Gerstungen
24. Mai	Walter Ulbricht zeichnet zahlreiche Eisenbahner für ihre Tätigkeit bei der Sicherung der Staatsgrenze nach Westberlin aus
11. Juni	Tag des deutschen Eisenbahners. 29 Beschäftigte der Deutschen Reichsbahn erhalten den Ehrentitel
25. Juni	Eröffnung der 23 km langen zweigleisigen Versuchsstrecke bei Wustermark für elektrische 50-Hz-Traktion

7. OKTOBER 1964 • 15 JAHRE DDR

22. August — Minister für Verkehrswesen Dipl.-Ing. Kramer erhält zum 60. Geburtstag den Vaterländischen Verdienstorden in Gold
3. September — Hochschule für Verkehrswesen Dresden erhält zum 10jährigen Bestehen den Namen »Friedrich List«
11. September — Dispatcherkonferenz in Erfurt. Thema: Für sozialistische Beziehungen im Dispatcherdienst
30. Oktober — Aufruf der Bm Hoyerswerda zu Ehren des VI. Parteitages der SED, mit neuen Methoden den wissenschaftlich-technischen Fortschritt zu erreichen
31. Oktober — Beschluß des Sekretariats des ZK der SED zur Berichterstattung des Präsidenten und des Politleiters der Rbd Cottbus über die Durchsetzung des wissenschaftlich-technischen Fortschritts (Cottbuser Beschluß)
12. November — Prämiensystem für den Dispatcherdienst wird wirksam
6. Dezember — Ministerium für Verkehrswesen der DDR und Ministerium für Öffentliche Arbeit des Königreichs Dänemark treffen Vereinbarungen über den Fährverkehr zwischen Warnemünde und Gedser

1963

15./21. Januar — VI. Parteitag der SED in Berlin — Neues Parteiprogramm: Umfassender Aufbau des Sozialismus in der DDR
13. Februar — Beginn der konzentrierten Kohleabfuhr
21. März — Neuererforum der Hv Bahnanlagen in Magdeburg
29. März — »Tourex« auf Jungfernfahrt in die ČSSR
1. April — Einheitlicher internationaler Personentarif (EMPT) für die sozialistischen Länder tritt in Kraft
19. April — Wissenschaftlich-technische Konferenz der Rbd Erfurt zur sozialistischen Rationalisierung im Eisenbahnwesen
28. April — Erster mit Spurwechselradsätzen ausgerüsteter sowjetischer Zug trifft in Eisenhüttenstadt ein
25. Mai — Eröffnung des elektrischen Betriebs auf den Strecken Altenburg—Zwickau, Zwickau—Leipzig-Wahren und Leipzig-Leutsch—Plagwitz—Gaschwitz
26. Mai — MFS »Warnemünde«, das zweite Fährschiff der Deutschen Reichsbahn, wird in Dienst gestellt

12 *Mit der Sicherung der Staatsgrenze zu Westberlin am 13. August 1961 wird der S-Bahnhof Schönhauser Allee ein Verkehrsknotenpunkt für den Berufsverkehr aus den nördlichen und westlichen Randgebieten Berlins. Das neue moderne Gesicht dieses Bahnhofs symbolisiert am deutlichsten die durch die Sicherungsmaßnahmen notwendigen Verkehrsbauten*

26. Mai — Aufnahme des Knotenverkehrs für Stückgut und Wagenladungen auf der Strecke Königs Wusterhausen—Frankfurt (Oder)
26. Mai — Diesellokomotiven V 180 beginnen Regeldienst auf dem Berliner Außenring
31. Mai — Eröffnung des Rechenzentrums des Verkehrswesens in Berlin
8. Juni — 100-Jahr-Feier im Raw »Ernst Thälmann« Halle
9. Juni — Tag des deutschen Eisenbahners. 31 Beschäftigte der Deutschen Reichsbahn erhalten den Ehrentitel
14. Juni — Beschluß des Ministerrats zur Lösung der Transportaufgaben 1963/1964
21. Juni — Ernst-Moritz-Arndt-Ensemble vom Eisenbahnerklubhaus »Erich Steinfurth« Berlin erhält den Preis für künstlerisches Volksschaffen (erster Klasse)
7. August — Internationales Kolloquium des Ministeriums für Verkehrswesen zu Problemen der einheitlichen europäischen Mittelpufferkupplung
15. September — 1. Zentraldelegiertenkonferenz der IG Transport- und Nachrichtenwesen, die aus der IG Eisenbahn, der IG Post/Energie und der IG Transport gebildet wurde
21. September — 125 Jahre Raw Potsdam
23./28. September — 10. Kongreß des Internationalen Verbandes der Bahnärztlichen Dienste zur Frage der Verhütung von Unfällen und Berufskrankheiten
29. September — Auf dem 35 km langen Streckenabschnitt Halle—Bitterfeld—Muldenstein wird der elektrische Zugbetrieb aufgenommen
1. Oktober — Fährroute Warnemünde—Gedser ist 60 Jahre alt
8. Oktober — An der Rbd-Schule in Halle besteht der 1000. Elektrolokführer der Deutschen Reichsbahn die Prüfung

13 *Im Mai 1963 nehmen die ersten neuen Diesellokomotiven der Deutschen Reichsbahn der Baureihe V 180 ihren Dienst auf dem Berliner Außenring auf*

17. Oktober — Mit einer Höchstbeladung von 41 576 Doppelachsen begrüßen die Eisenbahner die Kosmonauten Valentina Tereschkowa und Juri Gagarin in unserer Republik
18. Oktober — Unterzeichnung einer Vereinbarung über die Prinzipien des Komplexwettbewerbs Kohle—Deutsche Reichsbahn—Staatliches Kohlekontor
24. Oktober — Die Zeitschrift »Deutsche Eisenbahntechnik« feiert ihr 10jähriges Bestehen
14. November — Minister Nationalpreisträger Dipl.-Ing. Kramer wird erneut als Minister für Verkehrswesen in den Ministerrat der Deutschen Demokratischen Republik berufen
14./15. November — Umschlagkonferenz in Rostock zur Rationalisierung des Wagenladungs- und Stückgutverkehrs
26. November — VEB Carl Zeiss Jena übergibt Rechenautomaten vom Typ ZRA 1 an die Deutsche Reichsbahn
20. Dezember — Aufnahme des elektrischen Zugbetriebes auf der 15 km langen Strecke Werdau—Reichenbach

(Redaktionsschluß 31. 12. 1963)

7. Oktober 1969

20 Jahre Deutsche Demokratische Republik

DATEN UND EREIGNISSE DER DEUTSCHEN REICHSBAHN

Zusammengestellt
von Dipl.-Hist./Dipl.-Archivar
THOMAS METTE

In den fünf Jahren seit dem 15. Jahrestag der Deutschen Demokratischen Republik, zu dem im Eisenbahn-Jahrbuch 1964 (S. 55) eine ähnliche Dokumentation veröffentlicht wurde, ist unser Volk weiter zielstrebig vorangekommen und ging nun zur Gestaltung des entwickelten gesellschaftlichen Systems des Sozialismus über. Voller Stolz ringen auch die Eisenbahnerinnen und Eisenbahner unter Führung der Partei der Arbeiterklasse darum, ein den Bedürfnissen der Volkswirtschaft und ihrer Struktur entsprechendes modernes und leistungsfähiges Eisenbahnwesen im einheitlichen sozialistischen Verkehrssystem zu schaffen. Die Erfolge bei der Deutschen Reichsbahn, deren wichtigste Daten die nachfolgende Zeittafel wiedergibt, bilden den Beitrag unserer Eisenbahnerinnen und Eisenbahner zur weiteren Stärkung des internationalen Ansehens unserer Republik, zur ständigen allseitigen Verbesserung der Arbeits- und Lebensbedingungen und zur Festigung der sozialistischen Menschengemeinschaft.

1964

Januar

Elektronische Fernsteuerung auf der Strecke Merseburg—Schkopau in Betrieb genommen

5. Elektrischer Zugbetrieb auf der Strecke Leipzig—Großkorbetha aufgenommen
8. Gemeinsame Ständige Kommission zur Förderung des Eisenbahn-Reise- und Eisenbahn-Güterverkehrs zwischen DDR und Königreich Dänemark gebildet
10. Tagung in Halle über Zusammenarbeit Deutsche Reichsbahn — chemische Industrie
14. Sonderlehrgang zur Vorbereitung von Frauen auf leitende Funktionen in Berlin eröffnet

Februar

1. Betriebsaufnahme des neuen Güterbahnhofs Berlin-Adlershof

3./7. 5. Plenum des ZK der SED beschäftigt sich mit Fragen der ökonomischen Politik und fordert u. a. Verbesserung des Berufsverkehrs

14. Generalvertrag zwischen Ministerium für Verkehrswesen und Mitropa abgeschlossen

Februar/März

Lieferung von Gleisbaugroßgeräten und -maschinen aus der Sowjetunion für die Oberbaumechanisierung

März

1. 50 Jahre Raw Meiningen — Übergabe der ersten auf Ölhauptfeuerung umgebauten Schnellzuglokomotive
5. Vertretung der Polnischen Staatsbahn und des Staatlichen Polnischen Kraftverkehrs in der DDR eröffnet
22. Komplexwettbewerb VVB Braunkohle — VVB Mineralöle — Deutsche Reichsbahn vereinbart

April

1. Mit Beginn der Industriepreisreform treten neue Gütertarife für feste Brennstoffe, metallurgische Rohstoffe und Halbfabrikate, Kali und Zuckerrüben in Kraft

2 Halle des seit Oktober 1964 vollständig rekonstruierten S-Bahnhofs Berlin-Alexanderplatz

16./17. V. Jungeisenbahnerkonferenz in Rostock beschließt Jugendprogramm der Deutschen Reichsbahn
29. Rbd Greifswald und Erdölverarbeitungswerk Schwedt vereinbaren Bildung einer sozialistischen Arbeitsgemeinschaft

Mai
Ministerratsbeschluß über Weiterentwicklung des Wagenladungsknotenverkehrs in der DDR
1. Bf Roßlau erhält Orden »Banner der Arbeit«
31. Eröffnung der direkten Strecke Rostock Überseehafen — Kavelstorf; Inbetriebnahme der Streckenautomatik Neustrelitz—Waren—Lalendorf; Schnelltriebwagenverbindung Berlin—Kopenhagen (»Neptun«)

Juni
14. Tag des deutschen Eisenbahners. 30 Angehörige der Deutschen Reichsbahn erhalten Ehrentitel »Verdienter Eisenbahner der DDR«

Juni/Juli
30./3. 5. Verkehrswissenschaftliche Tage der Hochschule für Verkehrswesen »Friedrich List« Dresden. Thema: Durchsetzung des neuen ökonomischen Systems der Planung und Leitung; Probleme der internationalen Zusammenarbeit im Transport- und Nachrichtenwesen

Juli
1. Gemeinsamer Güterwagenpark (OPW) der RGW-Mitgliedsländer gebildet

August
1. Sowjetisches Gleisbaukombinat erstmals in der DDR eingesetzt, und zwar auf der Strecke Neukieritzsch—Regis-Breitingen

September
1. FDJ-Industriezweigleitung Deutsche Reichsbahn gebildet
5./6. II. Zentrale Spartakiade der Kampfgruppen der Deutschen Reichsbahn in Naumburg
9. Protokoll über Eisenbahn-Güterverkehr zwischen Westdeutschland und Westberlin von Bevollmächtigten beider deutscher Staaten unterzeichnet
25. Zweigleisige Strecke Nassenheide—Fürstenberg in Betrieb genommen
27. Jugendobjekt Schnellverkehr Magdeburg —Berlin übergeben
30. Letzter dreiachsiger Reko-Reisezugwagen verläßt Raw Halberstadt

Oktober
1. Deutsche Reichsbahn wird Mitglied des Europäischen Paletten-Pools (EPP); Beginn der Umbeschriftung der Güterwagen auf gemeinsamen Beschluß von OSShD/UIC
3. Delegation des Verkehrswesens berichtet vor Staatsrat über Ergebnisse im sozialistischen Massenwettbewerb zum 15. Jahrestag der DDR
5. Bw Senftenberg und Kesselschmiede des Raw Halle erhalten Orden »Banner der Arbeit«
6. Neugestalteter Bf Berlin-Alexanderplatz übergeben
23. Abkommen zwischen MfV/Deutsche Reichsbahn und Schwedischen Staatsbahnen über gemeinsamen Fährverkehr zwischen Saßnitz und Trelleborg

November
9./24. VII. Messe der Meister von morgen in Leipzig mit 52 Neuerervorschlägen junger Eisenbahner; 7 davon erhalten Diplome
16. Großumbau von Weicheneinheiten im Rangierbahnhof Dresden-Friedrichstadt zur Automatisierung des Ablaufbetriebs
26. Verkehrspolitische Abteilung bei der DDR-Botschaft in Prag errichtet
29. Gekrümmte Hohlkastenträgerbrücke über das Berliner Adlergestell montiert; erstmals in der DDR Einrolltechnologie für Brücken angewendet

Dezember
1. Elektrifizierte Neubaustrecke (Trassenverlegung) Frankleben — Mücheln mit 271 m langem und 14,5 m hohem Viadukt in Mücheln eröffnet
8. Erste Sitzung des neugegründeten Fahrplanausschusses der Deutschen Reichsbahn in Leipzig

3 Die gekrümmte Hohlkastenträgerbrücke über dem Berliner Adlergestell

10. Freundschaftsvertrag zwischen Hochschule für Verkehrswesen »Friedrich List« Dresden und Hochschule für Eisenbahnwesen Moskau unterzeichnet
15. Neues Streckengleis (Trassenverlegung) zwischen Heringen und Berga-Kelbra in Betrieb genommen
21. Letzte ausgebesserte Schnellzug-Dampflokomotive verläßt Raw »Wilhelm Pieck« Karl-Marx-Stadt; Übergang zur Diesellokausbesserung (V 15, V 60, V 180)

1965

Januar

1. Weitere Tarifänderungen für Güter im Rahmen der Industriepreisreform. Signal- und Fernmeldewerk der Deutschen Reichsbahn gegründet. Zentrale Frachtberechnung und -abrechnung (ZBFA) für feste Brennstoffe eingeführt
2. Mit Gründung der Reichsbahnbaudirektion die Gleisbaubetriebe Berlin, Magdeburg, Naumburg und Dresden gebildet
8. Zentrale Arbeitsgruppe Transportwesen berät in Halle über Perspektivplan
24. Erster Stellvertreter des Ministers für Verkehrswesen der DDR, Staatssekretär Helmut Scholz († 20. März 1967), auf 23. Generalversammlung der UIC in Paris erneut zum Vizepräsidenten berufen

März

10. Zentrale Frauenkonferenz des Verkehrswesens in Berlin. Großversuch zur Einmannbesetzung der Führerstände bei der Berliner S-Bahn. Planmäßige Rekonstruktion vierachsiger Reisezugwagen im Raw Halberstadt aufgenommen
16. Ministerium für Verkehrswesen der DDR und Bundesministerium für Verkehr und Elektrizitätswirtschaft der Republik Österreich, Generaldirektion der Österreichischen Bundesbahnen, vereinbaren Führung von DR/Mitropa-Schlafwagen auf ÖBB-Strecken
26. Abkommen zwischen den Regierungen der DDR und der ČSSR über Zusammenarbeit im Transportwesen

April

Fachgruppe Verkehr beim Forschungsrat der DDR gebildet

1. Industriebankfiliale Reichsbahnbau Berlin der Industrie- und Handelsbank der DDR eingerichtet
24. Neues Empfangsgebäude Jena Saalbahnhof eröffnet

Mai

8. Am 20. Jahrestag der Befreiung vom Hitlerfaschismus erhalten Minister für Verkehrswesen der DDR, Dipl.-Ing. Erwin Kramer, den Orden »Banner der Arbeit«, sein Stellvertreter und Leiter der Politischen Verwaltung der Deutschen Reichsbahn, Robert Menzel, den Vaterländischen Verdienstorden in Silber und das Raw Dessau den Orden »Banner der Arbeit«
11. Minister Kramer trifft mit einer Delegation des Ministeriums für Verkehrswesen der DDR in Kairo ein
18./19. FDJ-Industriezweigorganisation Deutsche Reichsbahn tagt in Erfurt

18./28. Technische Ausschüsse der UIC tagen in Leipzig
21. Erstes Bahnumformerwerk in Karl-Marx-Stadt an das Landesnetz angeschlossen
28. Zweigleisiger Betrieb auf dem Abschnitt Fürstenberg — Neustrelitz — Lalendorf — Plaaz eröffnet
29. Elektrischer Betrieb Zwickau (Sachs.)—Karl-Marx-Stadt-Hilbersdorf aufgenommen
30. Weitere internationale Verbindungen Berlin—Wien (»Sanssouci«) und Berlin—Budapest (»Metropol«) eingerichtet. Schnellverkehr Berlin—Rostock als Jugendobjekt übergeben
31. Letzte rekonstruierte Dampflokomotive in Dienst gestellt

Juni
13. 15 Jahre Tag des deutschen Eisenbahners. 31 Eisenbahnerinnen und Eisenbahner erhalten Ehrentitel

Juli
1. Deutscher Eisenbahn-Gütertarif im Verkehr von und nach Westdeutschland auf den Strecken der Deutschen Reichsbahn in Kraft getreten

August
25. Zielzugprogramm für Speisekartoffeln zwischen den Ministerien für Handel und Versorgung sowie Verkehrswesen und Staatlichem Komitee für Erfassung und Aufkauf vereinbart
31. Lehrbauzug für Gleisbaumaschinisten in Brandenburg übergeben

September
1. Zentralstelle für Berufsbildung im Verkehrswesen errichtet
8. Erste Pädagogische Konferenz des Verkehrswesens in Berlin
13./14. I. Eisenbahnermeisterschaften der DDR im Schießsport und militärischen Mehrkampf in Prosnitz/Rügen
15./20. Sektion Eisenbahnwesen der Ständigen Kommission Transport im RGW tagt in Erfurt
18./20. XX. USIC-Kongreß in Leipzig
24. Elektrischer Betrieb Karl-Marx-Stadt-Hilbersdorf—Freiberg eröffnet
26. Zweigleisiger Betrieb über die Elbbrücke Wittenberg nach Auswechslung von zwei Behelfsüberbauten wieder aufgenommen
28. Zentrales Jugendobjekt im Raw Dresden (Neubau von Ommsu-Wagen) übergeben. Hochschule für Verkehrswesen in Žilina/ČSSR verleiht Minister für Verkehrswesen der DDR, Dipl.-Ing. Erwin Kramer, die Ehrendoktorwürde

Oktober
7. Oberlokführer Bauer und Lokheizer Siegmund vom Bw Leipzig-West werden in »Spiel-mit«-Sendung geehrt
16./23. Eisenbahner unterstützen Manöver »Oktobersturm« der verbündeten Armeen aus der DDR, ČSSR, VR Polen und UdSSR im Bezirk Erfurt
25./30. XXIV. Tagung der Ständigen Kommission Transport im RGW in Leipzig
30. Aufruf zum Wettbewerb der Eisenbahner anläßlich des 20. Jahrestags der Gründung der SED

November
10./21. VIII. Messe der Meister von morgen in Leipzig; 4 Diplome und 6 Urkunden an junge Eisenbahner
24./25. 3. Fachtagung Umschlagtechnik der Kammer der Technik in Leipzig. Thema: Probleme, Wege und Ziele des Behälterverkehrs

Dezember
10. Rübelandbahn Blankenburg/Harz — Königshütte nimmt planmäßigen elektrischen Betrieb auf
15./18. 11. Plenum des ZK der SED; Walter Ulbricht nimmt zu Fragen des Eisenbahnwesens Stellung
17. Teilabschnitt Scharstorf—Kavelstorf mit drei vollautomatischen Gleisbildstellwerken dem Betrieb übergeben
31. Abschluß der Knotenbildung im Stückgutverkehr

4 Am 24. April 1967 wird die Schnellbahnverbindung Halle-Neustadt—Buna/Leuna eröffnet

5 Eine sowjetische Eisenbahnerdelegation überbringt zum 50. Jahrestag der Großen Sozialistischen Oktoberrevolution den Eisenbahnern der DDR ein Freundschaftsbanner

Januar
2. Baubeginn der Eisenbahn-Schnellverbindung Halle-Neustadt—Buna—Leuna
3. Anweisung zur Einführung der 5-Tage-Arbeitswoche in jeder 2. Woche und zur Verkürzung der Arbeitszeit im Verkehrswesen
7./8. Wissenschaftlich-technische Konferenz in Karl-Marx-Stadt über Erhaltungswirtschaft bei Diesellokomotiven
14. Durchführungsprotokoll über Eisenbahn-Güterverkehr zwischen Westdeutschland und Westberlin vom Bevollmächtigten des Ministers für Verkehrswesen der DDR und vom Bevollmächtigten der Hauptverwaltung der Deutschen Bundesbahn unterzeichnet
20. 1. FC Lokomotive Leipzig gegründet
25. Hervorragende Arbeitstaten der Eisenbahner im Ehrenbuch der SED erstmals gewürdigt
26. Wissenschaftliche Konferenz über optimalen Fahrplan im Rbd-Bezirk Halle

März
25. 15. Sitzung der Pushing Group der UIC in Leipzig über Entwicklung der einheitlichen automatischen Mittelpufferkupplung

April
12. Fahrplanänderung bei 8000 Reise- und Güterzügen im Zusammenhang mit der Einführung der 5-Tage-Arbeitswoche in jeder 2. Woche
16. Übergabe der Ehrenbücher an Ministerium für Verkehrswesen, Politische Verwaltung der Deutschen Reichsbahn, und an Zentralvorstand der IG Transport- und Nachrichtenwesen mit den Verpflichtungen der Werktätigen des Verkehrswesens zum 20. Jahrestag der Gründung der SED
18. Delegation der IG Transport- und Nachrichtenwesen bei Rechenschaftslegung über Wettbewerb zum 20. Jahrestag der SED vor dem Politbüro des ZK der SED. Sozialistisches Kollektiv des Gleisbaubetriebes Berlin erhält Namen »Valentina Tereschkowa-Nikolajewa«
19. Rbd Halle, Raw Dessau und Ingenieurbaubetrieb Dresden erhalten als Sieger im Wettbewerb Ehrenbanner der SED
19./23. Experten europäischer Eisenbahnverwaltungen beraten in Leipzig über Reiseverkehr
25./26. Seminar mit Führungskadern des Verkehrswesens in Gotha

Mai
24./30. XI. Tagung der Ministerkonferenz der OSShD in Berlin
26./27. II. Deutsche Eisenbahnermeisterschaften im Schießsport und militärischen Mehrkampf in Prosnitz/Rügen

Juni
6./18. Eisenbahner-Studiendelegation der DDR informiert sich in der UdSSR über neueste Organisation des Dispatcherdienstes
11. Raw Dessau erhält Namen »Otto Grotewohl«
12. Tag des deutschen Eisenbahners. 30 Eisenbahnerinnen und Eisenbahner erhalten Ehrentitel
16. 10000. Fahrt des FMS »Saßnitz« auf der Fährroute Saßnitz—Trelleborg
19. Zirkel schreibender Arbeiter vom Raw Potsdam empfängt Kunstpreis des FDGB
23./24. Konferenz des ZK der SED und des Ministerrats über komplexe sozialistische Rationalisierung und Standardisierung
25. Brigade II vom Bf Berlin-Ostkreuz mit Staatstitel »Hervorragendes Jugendkollektiv der DDR« geehrt

Juni/Juli
27./1. 6. Verkehrswissenschaftliche Tage der Hochschule für Verkehrswesen »Friedrich List« Dresden. Thema: Wege zur weiteren Rationalisierung im Transport- und Nachrichtenwesen

Juli
Kontaktkomitee für Fragen des Verkehrs zwischen DDR und Republik Österreich gebildet
4. Rechenschaftslegung über Arbeit mit der Jugend vor Erweitertem Kollegium des Ministeriums für Verkehrswesen
8. Neuerbautes Diesel-Bw an Hafenbahn Rostock übergeben
23. Vertragsabschluß in Berlin über Import der sowjetischen Diesellokomotive M 62 (V 200)
27. Über neue Eisenbahnbrücke in Riesa eingleisiger Betrieb aufgenommen

August

13. Am 5. Jahrestag der Sicherung unserer Staatsgrenze nehmen Kampfgruppenangehörige der Deutschen Reichsbahn am Empfang beim Staatsrat teil

September

2. Bisher größtes Gleisbildstellwerk der DDR in Dresden-Friedrichstadt in Betrieb genommen
7. Lehrgänge am Institut für sozialistische Wirtschaftsführung im Verkehrswesen in Finsterwalde eröffnet
23. Elektrischer Betrieb auf Abschnitt Freiberg—Dresden aufgenommen; damit durchgehende elektrische Zugförderung Reichenbach—Dresden
27. Rationalisierungskonferenz der HV Maschinenwirtschaft der Deutschen Reichsbahn in Leipzig

Oktober

1. Umzeichnung der Reisezugwagen der OSShD- und UIC-Mitgliedsbahnverwaltungen beginnt
7. Erste direkte Übertragung des Deutschen Fernsehfunks aus einem fahrenden Zug
12. Rationalisierungskonferenz der HV Sicherungs- und Fernmeldewesen der Deutschen Reichsbahn in Leipzig
14. Einsatz des ersten mechanisierten Gleisbauzugs auf der Strecke Halle—Sangerhausen

November

8./9. Rationalisierungskonferenz der HV Bahnanlagen der Deutschen Reichsbahn in Magdeburg
8./20. IX. Messe der Meister von morgen in Leipzig; 4 Diplome und 9 Urkunden an junge Eisenbahner
10. Vorsitzender des Staatsrats der DDR und Erster Sekretär des ZK der SED, Walter Ulbricht, schreibt an Leiter der Politischen Verwaltung der Deutschen Reichsbahn zwecks baldigen Beginns der Prognose und zwecks Durchsetzung der strukturbestimmenden perspektivischen Aufgaben des Verkehrswesens
15. Gewerkschaftsaktiv des Dienstortes Halle ruft zum Wettbewerb zu Ehren des VII. Parteitags der SED auf und orientiert auf komplexes Zusammenwirken der Eisenbahner aller Dienstzweige
16. Erste fahrplanmäßige Zugfahrt der sowjetischen Diesellokomotive V 200 001 (Bw Leipzig-Wahren) nach Zeitz
21. 250000. Güterwagen seit 1945 aus dem Raw »7. Oktober« Zwickau dem Betrieb übergeben
23. KdT-Fachtagung in Leipzig über das System ADAG
24./25. 4. Fachtagung Umschlagtechnik der KdT zur Mechanisierung des Güterumschlags im Ladungsverkehr

November/Dezember

20./2. Untergruppe Eisenbahn der Ständigen Arbeitsgruppe Verkehr im Wirtschaftsausschuß DDR—ČSSR tagt in Leipzig

Dezember

15./17. 14. Plenum des ZK der SED berät im Zusammenhang mit dem Perspektivplanentwurf über Probleme des Verkehrswesens
20. Nach Abschluß der Zentralen Oberbauerneuerung 1966 werden die über 1000 freiwilligen Helfer für ihre vorbildliche Arbeit geehrt

1967

Januar

1. Mitropa besteht 50 Jahre; die Fachzeitschriften »Eisenbahnpraxis«, »Schienenfahrzeuge« und »Signal und Schiene« bestehen 10 Jahre. Mit der 3., abschließenden Etappe der Industriepreisreform treten auch bei der Deutschen Reichsbahn die umfassendsten Veränderungen in Gütertarifen und Beförderungsgebühren (Stückgut-, Großbehälter- und Expreßgutverkehr) in Kraft. Gleisbaubetriebe werden Generalauftragnehmer für Zentrale Oberbauerneuerung. Aus den Bw Dresden-Friedrichstadt, Bw Dresden-Altstadt und Bw Dresden-Pieschen die Großdienststelle Bw Dresden gebildet
14. Erster Einsatz des schwedischen FMS »Skone« auf Fährroute Trelleborg — Saßnitz

Februar

28. Wahl des ersten Produktionskomitees der Deutschen Reichsbahn im Raw »Wilhelm Pieck« Karl-Marx-Stadt. Zentrale Rechenschaftslegung über Förderung der Frauen und Mädchen im Verkehrswesen

März

15. Franz Scheffel, langjähriger führender Funktionär der deutschen Eisenbahnergewerkschaftsbewegung, im Alter von 93 Jahren verstorben
24./30. FDJ-Delegiertenkonferenz der Deutschen Reichsbahn in Pirna

April

11. Freundschaftsmeeting im Berliner Friedrichstadt-Palast mit sowjetischer Eisenbahnerdelegation, die Freundschaftsbanner überbringt. Sieger im Wettbewerb zum VII. Parteitag der SED sind Rbd Halle, Raw Wittenberge und Weichenwerk Brandenburg. Gbf Halle erhält Ehrenbanner des ZK der SED
12. Gleisbaumontagezug als zentrales Jugendobjekt in Wustermark übergeben
17./22. VII. Parteitag der SED beschließt Gestaltung des entwickelten gesellschaftlichen Systems des Sozialismus in der DDR als grundlegende Aufgabe
24. Schnellverkehr Halle-Neustadt—Halle Hbf und Berufsverkehr nach Buna/Leuna eröffnet

Mai

3. Gewerkschaftsaktiv des Dienstortes Frankfurt/Oder ruft anläßlich des 50. Jahrestages der Großen Sozialistischen Oktoberrevolution zum Wettbewerb um Freundschaftsbanner auf
11. Zentrale Kommission des Ministeriums für Verkehrswesen und des Zentralvorstands der IG Transport- und Nachrichtenwesen zur Einführung der 5-Tage-Arbeitswoche gebildet
16. Anweisung zur Einführung der durchgängigen 5-Tage-Arbeitswoche und zur Verkürzung der wöchentlichen Arbeitszeit im Verkehrswesen
17./29. Delegation aus dem Bereich Eisenbahnbau reist in die Sowjetunion
26. Elektrifizierter Streckenabschnitt Weißenfels—Bad Sulza mit Abzweigung nach Camburg/Saale eröffnet
28. Neue Zugnummern für internationale Reisezüge auf Beschluß der Europäischen Fahrplankonferenz. Vorortverkehr

6 Minister Dr. Erwin Kramer übergibt den Siegern im Wettbewerb zum 20. Jahrestag der SED das Ehrenbanner

Schönebeck—Magdeburg Hbf—Wolmirstedt-Zielitz eröffnet

Juni
2. Parteiaktivtagung in Berlin-Schönefeld über Einführung der elektronischen Datenverarbeitung und des Systems ADAG
9. Tag des deutschen Eisenbahners. 31 Eisenbahnerinnen und Eisenbahner, darunter der Minister für Verkehrswesen der UdSSR, B. P. Beschtschew, und sein 1. Stellvertreter, N. A. Gundobin, mit Ehrentitel »Verdienter Eisenbahner der DDR« ausgezeichnet
14. Neuer, mit den Eisenbahnern beratener Vierbrigadeplan bestätigt

Juli
1. Untere Einkommen im Verkehrswesen erhöht
7. Zentrale Ausstellung für künstlerische Fotografie und bildnerisches Volksschaffen bei der Deutschen Reichsbahn in Halberstadt eröffnet
14. Nationalpreisträger Dr. Erwin Kramer wird von der Volkskammer erneut zum Minister für Verkehrswesen berufen.
Empfehlung des ZK der SED an das Ministerium für Verkehrswesen zur Ausarbeitung der Prognose des Container-Transportsystems
15. Elektrischer Betrieb auf dem Abschnitt Bad Sulza—Apolda aufgenommen

August
8. Sechsmillionster Fahrgast auf FMS »Saßnitz«
21. Minister Kramer als »Ehreneisenbahner der UdSSR« ausgezeichnet

August/September
26./20. 260 polnische Bauarbeiter, Meister und Ingenieure leisten bei Oberbauerneuerung der Strecke Frankfurt/Oder—Eisenhüttenstadt wertvolle sozialistische Hilfe

August
28. Fahrplanwechsel zum Beginn der durchgängigen 5-Tage-Arbeitswoche; im gesamten Verkehrswesen deshalb 18000 Fahrplanänderungen mit 1140 Neuleistungen

September
14. Minister Dr. Kramer erhält Ehrenspange zum Vaterländischen Verdienstorden in Gold
16./17. und 23./24.
III. Deutsche Eisenbahnermeisterschaften im Schießsport und militärischen Mehrkampf in Halberstadt und Berlin
19./22. 6. Ausschuß der UIC tagt in Leipzig
20. Abschnitt Laage—Scharstorf als letzter Teil der Magistrale Rostock—Berlin in Betrieb genommen; damit Verkürzung des Transportwegs um 40 km
22. Elektrischer Betrieb auf der Strecke Apolda — Erfurt — Neudietendorf aufgenommen

Oktober
11./13. Unterkommission Brücken der 7. UIC-Kommission tagt unter Vorsitz der Deutschen Reichsbahn in Dresden
14. Raw Berlin erhält zum 100jährigen Bestehen den Namen »Franz Stenzer« (ein von Faschisten im KZ Dachau ermordeter Eisenbahner, Mitglied des ZK der KPD)
17./25. 38. Konferenz des Ausschusses und 11. Vollversammlung des RIV in Erfurt
27. Dienstort Frankfurt/Oder und Raw Wittenberge erhalten Ehrenplakette des ZK der SED für ausgezeichnete Wettbewerbserfolge zu Ehren des 50. Jubiläums des Roten Oktobers
31. 21 Dienststellen und Betriebe der Deutschen Reichsbahn erhalten Ehrenurkunde des ZK der SED

November
1. Großversuch des Systems ADAG beginnt in Zwickau
3./10. Eisenbahnerdelegation der DDR reist mit MS »Völkerfreundschaft« zu den Jubiläumsfeierlichkeiten nach Leningrad
6. Gedenktafel über das Stoppen des Polonia-Zuges durch Erfurter Eisenbahner am 3. September 1920 auf Erfurt Hbf enthüllt
10. Rbd Greifswald erhält als Sieger im Wettbewerb zum 50. Jahrestag des Roten Oktobers das Freundschaftsbanner. Stellvertreter des Ministers für Verkehrswesen, Robert Menzel, wird »Ehreneisenbahner der UdSSR«
15./26. X. Messe der Meister von morgen in Leipzig; von 79 Exponaten aus dem Verkehrswesen erhalten 8 Diplome und 15 Ehrenurkunden
17. Raw »Einheit« Leipzig übergibt letzte ausgebesserte Dampflokomotive und ersten Neubau-Güterwagen (Glmms)
22. Jugendlokbrigade der E 44 178 vom Bw Leipzig-West als »Hervorragende Jugendbrigade der DDR« ausgezeichnet

Dezember
14. Letzte Tagung der FDJ-Industriezweigleitung Deutsche Reichsbahn

1968

Januar

4. Erster 20-Fuß-Container der Deutschen Reichsbahn vorgeführt; erbaut in Rekordzeit im Raw »7. Oktober« Zwickau
25. WIB FEV (jetzt: DR) Blankenburg besteht 10 Jahre

Februar

3. Erste Bahnfernschreib-Selbstanschlußanlage bei der Deutschen Reichsbahn, Knoten-Bafesa Berlin, in Betrieb genommen
7. Seminar mit Führungskadern des Verkehrswesens in Gotha
12./22. Delegation der Bulgarischen Kommunistischen Partei unter Leitung des Kandidaten des ZK der BKP und Leiters der Abteilung Verkehr und Transport beim ZK der BKP, Anton Penew, besucht DDR
20. Gewerkschaftsaktiv des Dienstortes Zwikkau beschließt sozialistischen Wettbewerb zum 20. Jahrestag der Gründung der DDR

März

3. Messe-Schnellverbindung Leipzig Hbf—Hp Technische Messe eröffnet
6. Zentrale Rechenschaftslegung über Frauenförderung im Eisenbahnwesen
15. 1. Zentrale Verkehrssicherheitskonferenz der DDR in Berlin
19./20. Wissenschaftliche Konferenz des Ministeriums für Verkehrswesen in Berlin-Schönefeld. Thema: Anwendung der elektronischen Rechentechnik und Datenverarbeitung im Verkehrswesen

April

4./5. 2. Zentraldelegiertenkonferenz der IG Transport- und Nachrichtenwesen in Halle
6. Sozialistische Verfassung der DDR durch Volksentscheid angenommen
7. Abordnung der Eisenbahnerjugend auf Schrittmacherkongreß in Zeitz ruft zur VI. Jungeisenbahnerkonferenz auf
18. Erzeugnisgruppenverband Gleisanlagenbau in Berlin gegründet

Mai

1. Raw »Einheit« Leipzig erhält Orden »Banner der Arbeit«
2. In Bm Langensalza der erste weibliche Bm-Vorsteher bei der Deutschen Reichsbahn eingesetzt
4. Vorstellungsfahrt des schwedischen FMS »Drottningen« auf der Fährroute Trelleborg—Saßnitz
20. Eisenbahner des Rbd-Bezirks Dresden übergeben in Karl-Marx-Stadt einen Stahlbauzug sowie 100000 M als Spende an Vertreter der Demokratischen Republik Vietnam
21. Triebwagenverbindung Berlin—Malmö (»Berlinaren«) eröffnet
23. Neue Spreebrücke Berlin-Spindlersfeld dem Betrieb übergeben
26. Neues Streckennummernsystem für öffentliche Fahrpläne der Deutschen Reichsbahn eingeführt

Juni

6./7. IV. Deutsche Eisenbahnermeisterschaften im Schießsport und militärischen Mehrkampf in Gotha
7. Mal- und Zeichenzirkel vom Raw Schöneweide empfängt »Preis für künstlerisches Volksschaffen II. Klasse«
9. Tag des deutschen Eisenbahners. 30 Eisenbahnerinnen und Eisenbahner erhalten Ehrentitel
21. Protokoll über weitere wissenschaftlich-technische Zusammenarbeit zwischen UdSSR und DDR im Verkehrswesen in Moskau unterzeichnet
22. Jugendobjekt »Technische Unterhaltung von Diesellokomotiven« des Bw Schwerin sowie Jugendmeisterei »20. Jahrestag der FDJ« des Raw »Wilhelm Pieck« Karl-Marx-Stadt erhalten Titel »Hervorragendes Jugendkollektiv der DDR«
24./28. 7. Verkehrswissenschaftliche Tage der Hochschule für Verkehrswesen »Friedrich List« Dresden. Thema: Probleme der Prognostik im Transport- und Nachrichtenwesen
29./30. Zum 75. Geburtstag von Walter Ulbricht wird die erste Containerzugverbindung der Deutschen Reichsbahn, Dresden—Berlin—Rostock, eröffnet
30. Delegation des Verkehrswesens überbringt Walter Ulbricht Geburtstagsgeschenke

Juni/Juli

30./4. Der Direktor der Transportabteilung des Sekretariats der UN-Wirtschaftskommission für Europa (ECE), F. Masson, besucht DDR

August

27./28. Fachtagung Fahrzeugbau und Verkehr der Kammer der Technik in Leipzig. Thema: Anwendung der elektronischen Datenverarbeitung und der Kybernetik bei der Deutschen Reichsbahn

September

3. Im Bw Leipzig-West wird die 100. von der Sowjetunion an die DDR gelieferte Diesellokomotive V 200 übergeben
29. Schnellverkehr zwischen Gera und Berlin über Jena aufgenommen

Oktober

9./10. Konferenz der Schrittmacher der DR in Leipzig-Markkleeberg
17./18. VI. Jungeisenbahnerkonferenz in Dresden beschließt neues Jugendprogramm
22./25. 9. Plenum des ZK der SED berät grundlegende Aufgaben für die weitere Gestaltung des gesellschaftlichen Systems des Sozialismus

November

8. 5 Eisenbahnersportler werden als erfolgreiche Teilnehmer an der ersten selbständigen Olympiamannschaft der DDR mit dem Vaterländischen Verdienstorden in Bronze ausgezeichnet
18./1. Dez. XI. Messe der Meister von morgen in Leipzig; von 87 Exponaten aus dem Verkehrswesen erhalten 7 Diplome und 17 Urkunden
23. Konstituierung des Komitees des Verkehrswesens zur Vorbereitung des 20. Jahrestages der DDR

Dezember

2. Eröffnung der Containerbahnhöfe Karl-Marx-Stadt-Kappel und Leipzig-Stötteritz
7. Für hervorragende Verdienste in Zusammenhang mit den Hilfsmaßnahmen für die ČSSR werden in Berlin 115 Eisenbahnerinnen und Eisenbahner ausgezeichnet
9. Stellvertreter des Ministers für Verkehrswesen der DDR, Dr. Volkmar Winkler, auf 27. Generalversammlung der UIC in Paris zum Vizepräsidenten der UIC berufen
13. Letzte ausgebesserte Güterzug-Dampflokomotive verläßt das Raw »7. Oktober« Zwickau

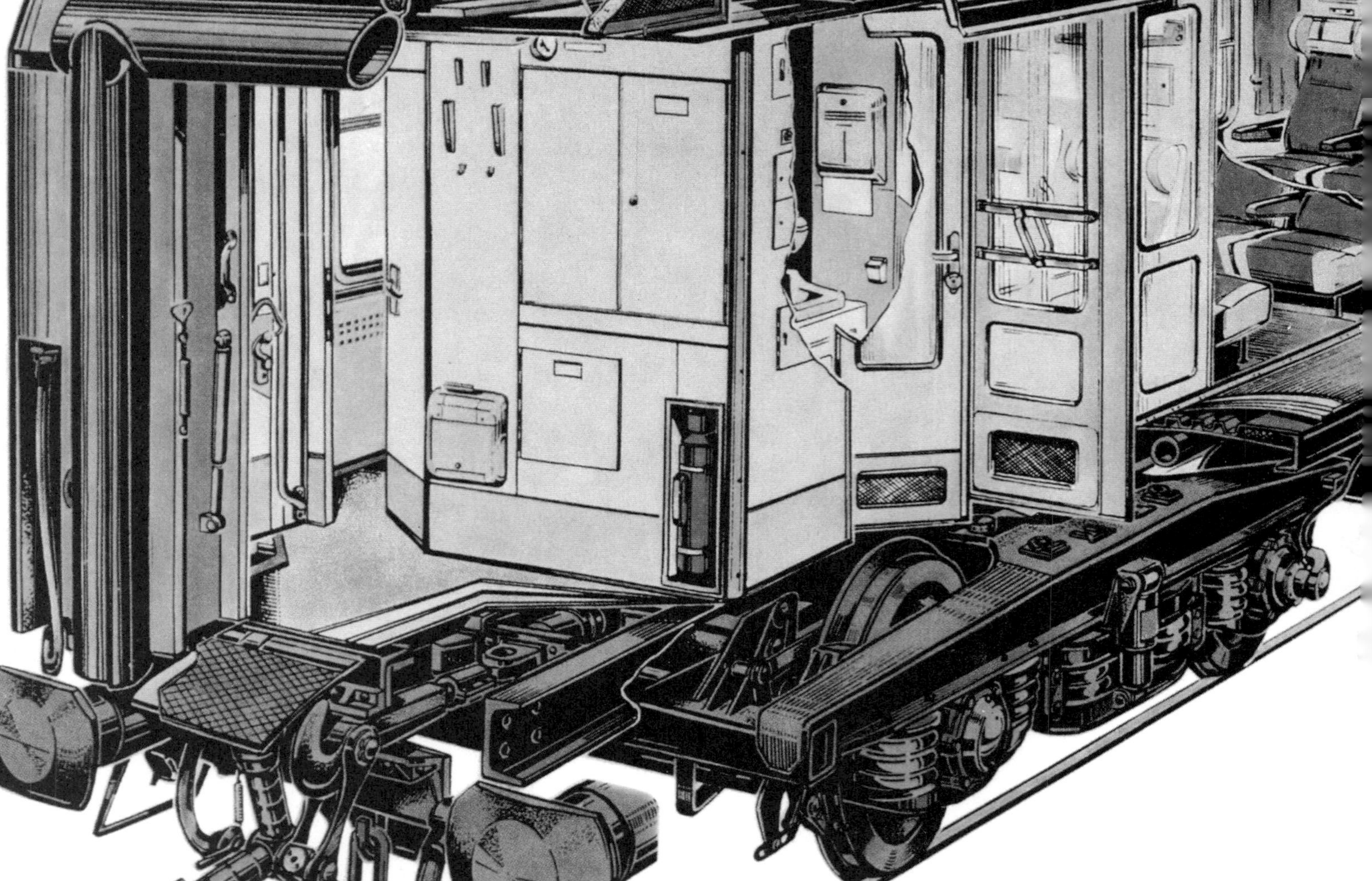